es 1727
edition suhrkamp
Neue Folge Band 727

Gender Studies
Vom Unterschied der Geschlechter

In den letzten Jahren haben die feministischen Forschungen neue Dimensionen in die Kritik der vorgeblich wertneutralen und objektiven Naturwissenschaften eingebracht. Längst ist damit auch eine beeindruckende Fülle an feministischen Arbeiten und Ansätzen zur Geschichte und Theorie der Naturwissenschaften entstanden, von denen erstmalig eine internationale Auswahl im vorliegenden Sammelband vorgestellt wird. Dabei wird zunächst die im angelsächsischen Raum bereits weiter vorangeschrittene Debatte zu »Science and Gender« eingeführt. Sodann werden an verschiedenen historischen Beispielen die patriarchalen Strukturen und Ausgrenzungsmechanismen entschlüsselt, denen Frauen in den naturwissenschaftlichen Fächern begegnet sind.

Barbara Orland lehrt an der Freien Universität Berlin, Elvira Scheich ist am Hamburger Institut für Sozialforschung tätig.

Das Geschlecht der Natur

Feministische Beiträge zur Geschichte und Theorie der Naturwissenschaften

Herausgegeben von
Barbara Orland und Elvira Scheich

Suhrkamp

Die Texte aus dem Amerikanischen
wurden von Xenja Rajewski übersetzt.

edition suhrkamp 1727
Neue Folge Band 727
Erste Auflage 1995

Erstausgabe

Satz: Hümmer, Waldbüttelbrunn
Druck: Nomos Verlagsgesellschaft, Baden-Baden
Umschlagentwurf: Willy Fleckhaus
Printed in Germany

1 2 3 4 5 6 – 00 99 98 97 96 95

Inhalt

Vorwort

Dieses Buch verdankt seine Entstehung einem Engagement, an dem mehr Frauen beteiligt waren, als hier zu Wort kommen. Im Herbst 1988 gründeten einige Frauen den Arbeitskreis »Interdisziplinäre Frauenstudien zu Naturwissenschafts- und Technikforschung«. Gemeinsam war uns (das sind neben den Herausgeberinnen Maria Osietzki, Mechtild Rössler, Hiltraud Schmidt-Waldherr) der Wunsch, den gegenwärtigen internationalen Stand historischer, wissenschafts- und gesellschaftstheoretischer Ansätze zu Technik und Naturwissenschaft aus der Perspektive der Geschlechterverhältnisse zu reflektieren. Während in anderen Feldern von Wissenschaft und Politik die Fragen der Frauenforschung längst zu nachhaltigen Perspektivenänderungen beigetragen haben, so scheint dies noch nicht in gleichem Maße für die naturwissenschaftlich-technischen Bereiche erreicht. Unser Ziel war daher ein doppeltes: Wollten wir uns einerseits selbst vertraut machen mit dem internationalen Stand der »Gender and Science«-Debatte, um in differenzierter Weise »Geschlecht« als eine notwendige Erkenntniskategorie in unsere jeweiligen Arbeitsfelder im Bereich der Wissenschafts- und Technikforschung einzubringen, so war uns gleichzeitig auch an einer kontinuierlichen Ausbreitung des Diskussionsfeldes gelegen, die wir durch Organisation von öffentlichen Veranstaltungen zu erreichen hofften.

Mehrere Vortragsveranstaltungen, Workshops und Arbeitstreffen fanden in den darauffolgenden Jahren u. a. in München, Hamburg, Bochum und Dortmund statt. Im Mai 1990 wurde an der Technischen Universität in Berlin das Internationale Kolloquium »Science and Gender. Aktueller Stand der Auseinandersetzungen um Evelyn Fox Kellers Forschungen zu Naturwissenschaft und Technik« durchgeführt. Die dort gehaltenen Beiträge zeigten die Breite des Themenspektrums, der Fragestellungen und methodischen Verfahrensweisen, die die feministische Analyse der Naturwissenschaften ausmachen. Die Frauenforschung zur Geschichte und Theorie der Naturwissenschaften nimmt auf theoretische Konzepte aus der Psychoanalyse, der Diskurstheorie sowie der wissenschaftshistorischen Dekonstruktion des Naturbegriffs Bezug; die multidimensionale Arbeitsweise von Evelyn Fox Keller hat dies beispielhaft deutlich gemacht. In diesem Kontext beweist die Kategorie Geschlecht ihre Brauchbarkeit in der Entschlüsselung von vielfältigen Prozessen der Beherrschung, Aneignung und Ausgrenzung, die der Herausbildung des modernen wissenschaftlichen Weltbildes und speziell der Entwicklung von Naturwissenschaft und Technik zugrunde liegen.

Die breite Resonanz, die diese Veranstaltung fand, bestärkte uns in der Ansicht, einen Teil der in Berlin gehaltenen Vorträge zur Grundlage eines Buches zu machen, das einen Einblick in die internationalen Arbeiten zu »Gender and Science« vermitteln soll. Allen Referentinnen, deren Beiträge zum deutschsprachigen Stand der Diskussion nicht in das Buch mitaufgenommen wurden, sei an dieser Stelle herzlich gedankt. Maria Osietzki, Regine Othmer-Vetter, Regine Reichwein, Hiltraud Schmidt-Waldherr sowie Regine Zott trugen mit dazu bei, daß eine spannende, anregende und intensive Debatte zustande kam.

Daß die Zweisprachigkeit der Tagung für alle Beteiligten nicht ermüdend wurde, dafür sorgte Renate Aßmus, während Dominique Sandten alle räumlichen und technischen Probleme bewältigte. Bei der Vorbereitung der Tagung hat in besonderer Weise Renate Fuchs Hilfestellung geleistet, in den Räumen der Technischen Universität eine unkomplizierte Aufnahme zu finden, während Carola Sachse und Karin Hausen uns insbesondere in finanztechnischen Fragen zur Seite standen. Eine finanzielle Unterstützung erhielt die Veranstaltung durch die Förderkommission Frauenforschung des Senates für Jugend und Familie sowie durch die Technische Universität, Berlin.

Insbesondere danken wir Mechtild Rössler für ihre Gastfreundschaft in Hamburg, Paris und Berkeley. Diese Gelegenheiten zum Austausch von Ideen, Kontakten und Literatur – aber auch von kulinarischen Vergnüglichkeiten – waren für das Entstehen dieses Buchs unerläßlich.

Barbara Orland
Elvira Scheich

I

Einsichten in die sozialen Strukturen und Denkmodelle der Naturwissenschaften

Die Herausbildung einer feministischen Wissenschaftsforschung steht in einem unmittelbaren Zusammenhang mit der Entwicklung der sozialwissenschaftlichen und gesellschaftstheoretischen Frauenforschung in den letzten 20 Jahren. Themen und Ansätze, die der Frage nachgehen, in welcher Weise die scheinbar neutralen Naturwissenschaften mit dem Unterschied der Geschlechter vermittelt sind, spiegeln eine enge interdisziplinäre Verflechtung.

Die Ausgrenzung von Frauen aus den Strukturen der gesellschaftlichen Öffentlichkeit, ihre Diskriminierung in den unterschiedlichsten sozialen Systemen war und ist Zeichen einer sozialen Ungleichheit zwischen den Geschlechtern, die als grundlegendes Muster unserer Gesellschaft betrachtet werden muß. Das hierarchische Geschlechterverhältnis ist präsent im politischen und philosophischen Diskurs, dessen Begriffe von Subjektivität und Autonomie, von Freiheit und Gleichheit, von Universalität und Transzendenz allein am männlichen Selbst, an der Erfahrung und der sozialen Wirklichkeit von Männern orientiert sind. Feministische Theorie hat gezeigt, daß in diesen Traditionen die Vorstellungen von Weiblichkeit, Körperlichkeit und Natur lediglich als Kontrast zur gesellschaftlichen Selbstbestimmung auftauchen, und damit das Geschlecht als verborgene, aber gleichwohl konstitutive Kategorie eines patriarchalen Denkens deutlich gemacht. Davon ausgehend ist die Rolle von Frauen und Männern in der Wissenschaft als einem immer wichtiger werdenden Teil der gesellschaftlichen Öffentlichkeit zu untersuchen; es sind aber auch die Denkweisen und Begriffe der Naturwissenschaften erneut kritisch zu reflektieren.

Zwischen diesen beiden Aufgaben fächert sich das Spektrum der feministischen Wissenschaftsforschung auf, das Barbara Orland und Mechtild Rössler im einzelnen darstellen. Biographische und institutionelle Ansätze beschäftigen sich mit den Diskriminierungserfahrungen von Frauen und ihren Durchsetzungsstrategien im Wissenschaftsbetrieb, während die inhaltliche Auseinandersetzung mit den Aussagen der Biologie über die Geschlechterdifferenz, deren sexistische Vorannahmen enthüllt. Im politischen Kontext der Ökologiebewegung und in den wissenschaftstheoretischen Arbeiten reichen die Überlegungen weit über die besonderen Interessen von Frauen hinaus, und es wird deutlich, daß es sich hier um eine Kritik handelt, die sich auf die spezifische Art und Weise des Zusammenhangs von Wissenschaft und Gesellschaft richtet.

Zwischen den beiden Ausgangspunkten feministischer Wissenschaftsforschung bildet der Ansatz von Evelyn Fox Keller eine Brücke. Ihre biographischen Arbeiten haben sie zu einer intensiven Reflexion über die Voraussetzungen naturwissenschaftlicher Denkweisen geführt, zu einer Analyse des Objektbezugs in diesen Wissenschaften und der Sprache, in der Natur beschrieben wird. Die Negation von Erfahrungen und Werten, die mit dem Weiblichen assoziiert sind, d.h. die Abspaltung menschlicher Möglichkeiten und Fähigkeiten, stellt demnach ein Fundament des beherrschenden Umgangs mit der Natur dar und bewirkt die zerstörerischen Dimensionen naturwissenschaftlicher Erkenntnis.

In der Auseinandersetzung mit Kellers Überlegungen werden im Beitrag von Jeanne Peiffer kulturelle Differenzen im Denken über die Natur und die Geschlechterdifferenz wahrnehmbar. Peiffer betont insbesondere, wie das Imago der Weiblichkeit, wie eine gesellschaftlich konstruierte Differenz zwischen den Geschlechtern Frauen den Zugang zum Wissen über Natur versperrt. Deshalb plädiert sie dafür, den Anspruch auf Universalität in der feministischen Theorie nicht aufzugeben.

Barbara Orland / Mechtild Rössler
Women in Science – Gender and Science Ansätze feministischer Naturwissenschaftskritik im Überblick[1]

1. Einleitung

Lange Zeit, so stellte 1987 die Wissenschaftshistorikerin Margaret Rossiter rückblickend fest, sei Marie Curie die einzige Naturwissenschaftlerin gewesen, deren Name in der Öffentlichkeit spontan genannt werden konnte. Mit dem stetig anwachsenden Forschungsfeld »Women in Science« stünden Interessierten mittlerweile zahlreiche sozialhistorische Details über weibliche Karrieren in Naturwissenschaft und Technik zur Verfügung. Nun noch immer von einer Unvereinbarkeit der Frauen- und Naturwissenschaftsgeschichte zu sprechen, sei mithin unzulässig.[2]

Inzwischen ist die Entwicklung weitergegangen, und wir können feststellen, daß feministische Wissenschaftskritik ihr inhaltliches und methodisch-reflexives Spektrum ausgebaut hat. Der Spannungsbogen reicht von Positionen zu »Women in Science«, die sich auf die An- und Abwesenheit von Frauen in der Naturwissenschaft konzentrieren sowie die institutionellen Barrieren und deren Folgen studieren, bis hin zu einer sich immer weiter ausfächernden Debatte über das komplizierte Verhältnis von »Gender and Science«. Dabei handelt es sich aber keineswegs um eine zusammenhangslose Addition von Fragestellungen und Arbeitsgebieten. Vielmehr gilt es gerade auch die Wechselwirkung zwischen den Sozialverhältnissen in den Naturwissenschaften und den Androzentrismen in modernen naturwissenschaftlichen Wissensbeständen zu erfassen. »Ich glaube«, so meinte beispielsweise Ruth Bleier, Neurophysiologin und Politikerin der ersten Stunde in der Einrichtung amerikanischer »Women's Studies«-Programme, »es existiert ein Zusammenhang zwischen den wissenschaftlichen Theorien über Geschlechterdifferenzen, der gesellschaftlichen

1 Anders als in der deutschen Sprache meint der Begriff »science«, ohne weitere Adjektive verwendet, nur die naturwissenschaftlichen Fächer. Wir danken Christian Erb für Unterstützung bei Überarbeitung des Textes.

2 Vgl. Rossiter, Margaret, *Foreword*, in: Abir-Am / Outram 1987: XI.

Minderwertigkeit von Frauen und dem faktischen Ausschluß von Frauen als Kollegen und Gleichrangige aus den meisten naturwissenschaftlichen Fakultäten und anderen naturwissenschaftlichen Institutionen« (Bleier 1988: 193, Übersetzung d. Verf.).

Allen Erkenntnisinteressen, Differenzierungen in Fragestellungen und untersuchten Einzelproblemen unterliegt jedoch eine gemeinsame Gewißheit, die mit dem Fortschreiten der Frauenforschung zunehmend an Glaubwürdigkeit gewinnt: »Natur« wurde und wird konstruiert anstatt entdeckt; ihre »Wahrheiten« werden nicht gefunden, sondern von Wissenschaftlern gemacht. Mithin ist »Natur« Teil von Kultur und Geschichte und nicht umgekehrt. »Science is a product of human imagination«, so umschrieb die Biologin Ruth Hubbard diesen Sachverhalt (Hubbard 1990: 50). Folglich laute die Aufgabe der Frauenforschung, zu entziffern, wie Theorie und Geschichte der Naturwissenschaften mit gesellschaftlichen Machtverhältnissen, also mit Kapitalismus, Kolonialismus und Patriarchat, verflochten sind.

Gemäß ihrer inhaltlichen Breite und angesichts eines kollektiven Anspruches nach Selbstreflexivität, Integrationsfähigkeit und Interdisziplinarität umfaßt die feministische Wissenschaftskritik mittlerweile Frauen verschiedenster Herkunft und Profession, die mit ihren unterschiedlichen Ansätzen und methodischen Vorgehensweisen alles andere als einen monolithischen Block, ohne Disput und Konflikte, bilden. Wir werden uns in unserem Überblick über Ansätze, Fragestellungen und methodische Vorgehensweisen ausschließlich auf angloamerikanische Arbeiten konzentrieren mit dem Ziel, diese im deutschsprachigen Raum bislang wenig rezipierten Forschungen bekannt zu machen.[3]

Ähnlich wie in der Bundesrepublik hat auch im angloamerikanischen Raum die feministische Kritik ihre Plätze an verschiedensten Stellen innerhalb, zumeist aber außerhalb der naturwissenschaftlich-technischen Disziplinen bezogen. Zwei Schwerpunktbereiche lassen sich hier feststellen: die Wissenschaftsforschung und die »Women's Studies«. Gerade letztere[4], die – ganz im Unterschied

3 Der Fülle vorhandener Forschungsarbeiten entsprechend existieren bereits einige Bibliographien: Siegal 1985; Ogilvie 1986; Hoyrup 1987; The University of Wisconsin System 1988, 1989; Eldredge/Capron/Kimball 1988.

4 1989 widmete die Zeitschrift *Women's Studies International Forum*, vol. 12, no. 3, der feministischen Naturwissenschaftskritik ein Sonderheft. Regelmäßige Veröffentlichungen zu diesem Thema finden sich auch in den Zeitschriften *Hypatia:*

zur Bundesrepublik – seit den siebziger Jahren an fast allen amerikanischen Universitäten institutionalisiert wurden, bieten Aussteigerinnen neue Betätigungsfelder. Naturwissenschaftlerinnen, die wie die Physikerin Evelyn Fox Keller ihre ehemaligen Arbeitsgebiete verlassen hatten, haben hier neue institutionelle Verankerungen gefunden (Keller 1977). Andere Frauen, wie Ruth Bleier, Ruth Hubbard oder Anne Fausto-Sterling haben statt dessen versucht, sich zwischen ihren Laboratorien und den Hörsälen der »Women's Studies« hin- und herzubewegen (Bleier 1988). Viele der Wissenschaftsforscherinnen waren dabei zunächst im Umfeld einer linken Wissenschaftskritik und der »Science for the People«-Bewegung beheimatet.

Der zweite institutionelle Hintergrund der »Gender and Science«-Debatte wird gebildet von Fächern wie der Wissenschaftssoziologie, der Erkenntnistheorie und Philosophie. Insbesondere in der Wissenschaftsgeschichte finden sich feministische Arbeiten mit dem Schwerpunkt auf Intellektuellen-, Wirtschafts- und Sozialgeschichte einzelner Disziplinen. Ein Forum wissenschaftshistorischer Frauenforschung sind die internationalen Kongresse zur Wissenschaftsgeschichte, die seit nunmehr 50 Jahren regelmäßig stattfinden.[5] Seit dem 16. Internationalen Kongreß 1981 in Bukarest existiert als eigenständige Sektion die »Commission on the Role of Women in the History of Science, Technology and Medicine«.[6] Auf dem darauffolgenden Kongreß 1985 in Berkeley befand Thomas S. Kuhn in seinem Einleitungsvortrag, daß die Frauenforschung und die »Gender and Science«-Debatten den wichtigsten Paradigmenwechsel in der Wissenschaftsgeschichte der letzten Jahre darstellen.[7]

Journal of Feminist Philosophy und *Signs: Journal of Women in Culture and Society*.

5 Als Veröffentlichungen liegen die Abstractbände der Vorträge vor, hg. von der International Union of the History and Philosophy of Science / Division of History of Science, in der Folge abgekürzt als IUHPS.

6 Das zentrale Anliegen der Women's Commission ist nicht nur die Organisation eigener Sektionen auf den regulären Kongressen, sondern auch die Förderung von Regionalkonferenzen (1983 in Ungarn, 1987 in Hanoi, Nord-Vietnam, 1992 in Ungarn) sowie der Austausch und die Kontaktnahme zwischen den Vertreterinnen einzelner Länder, die Herausgabe eines eigenen newsletters und Edition von Sammelbänden. Vgl. z. B. *Proceedings of the South East Asian Seminar* 1987.

7 Von uns im folgenden nicht weiter verfolgt werden internationale Beiträge über die historischen Manifestationen patriarchaler Herrschaft in der Technik und den Inhalten und Methoden der entsprechenden Wissenschaften. Vgl. dazu z. B. Cock-

In den sogenannt »harten« Naturwissenschaften selbst gibt es nach wie vor kaum Foren, in denen es Frauen möglich wäre, ihre Diskussionsstränge zu entwickeln[8], so daß eine immer wiederkehrende Frage ist: »Why so few?« (Rose 1986: 57; Schiebinger 1987: 305; Bleier 1988: 186). Ruth Bleier resümierte 1988, kurze Zeit vor ihrem Tod, den Stand der feministischen Wissenschaftskritik und erklärte den Mangel an feministischen Mitstreiterinnen in den Naturwissenschaften mit dem spröden, abweisenden Charakter dieser Disziplinen, die unzugänglich für die Fragestellungen der Frauenforschung seien (Bleier 1988). Zwar sei der Einfluß der Frauenbewegung nicht zu leugnen und zeige sich v. a. in einer wachsenden Selbstverständlichkeit sowie der steigenden Zahl von Frauen in naturwissenschaftlichen Fächern, dennoch sei der Weg von der Forderung nach einem gleichberechtigten Zugang zu naturwissenschaftlich-technischen Berufen zu einer feministischen Machtanalyse der Naturwissenschaften nicht einfach zu beschreiten. Als Naturwissenschaftlerin verglich sie die Verhältnisse mit der akademischen Arbeitssituation von Sozialwissenschaftlerinnen. Hier, so befand sie, sei die feministische Kritik genau jene Arbeit, für die die Frauen bezahlt werden. Naturwissenschaftlerinnen hätten dagegen ihre Arbeit an der theoretisch und historisch fundierten Kritik der Naturwissenschaften zumeist als Freizeitbeschäftigung zu betreiben. Auch die »Women's Studies« zählte sie in gewisser Weise zu dieser Freizeit, und nicht jede Naturwissenschaftlerin würde es so erleben wie sie selber: »Für mich, eine Neurophysiologin, die gewohnt war, die Wahrheit durch ein Mikroskop zu sehen, war das eine überwältigende intellektuelle Herausforderung« (Bleier 1988: 188, Übersetzung d. Verf.).

Die von Frauen vorangetriebene Kritik in und an den Naturwissenschaften verfolgt mithin auch in ihren Emanzipationszielen

burn 1988, Hacker 1989 und 1990. Einen Literaturbericht über den Stand der internationalen Frauenforschung in der Technikgeschichte gibt Osietzki 1992.

8 Die Fakultäten der »life sciences« sind mehr oder weniger die einzigen naturwissenschaftlichen Disziplinen mit anerkannten Kursen und Fachgruppen zu »Gender and Science«, so z. B. die 1985 gegründete »Biology and Gender Study Group« am Swarthmore College (1989: 172). Aus einem Seminar von Ruth Bleier kristallisierte sich eine Gruppe von Naturwissenschaftlerinnen heraus, die seit 1982 an der University of Wisconcin – Madison kontinuierlich zusammenarbeitet und sich nach dem Datum ihrer ersten Sitzung »The October 29th Group« nannte (dies. 1989). Die Beziehungen zwischen Frauen, Feminismus und Biologie studierte in Großbritannien die »Brighton Women and Science Group«, Kollektivherausgeberin der Aufsatzsammlung *Alice through the Microscope* (1980).

durchaus verschiedene Wege. Diese reichen von der bloßen Gleichberechtigung oder Gleichheit mit Männern bis zu der Forderung nach Autonomie von Frauen im wissenschaftlichen Umgang mit »Natur«, d.h., sie münden in Diskussionen um eine »feministische Naturwissenschaft«. Die leicht zu erahnenden frauenpolitischen Konflikte umschreibt Evelyn Hammonds: »Frauen, die in den Naturwissenschaften tätig sind, beschränken sich auf die Frage: ›Was ist es im Frauenleben, das Frauen davon abgehalten hat, Naturwissenschaft zu betreiben?‹, wohingegen die feministische Wissenschaftskritik fragt: ›Was ist es in den Wissenschaften, das die Beteiligung von Frauen und darüber hinaus anderer marginalisierter Gruppen beschränkt?‹« (Longino/Hammonds 1990: 177, Übersetzung d. Verf.).[9]

Wir werden zunächst die vorliegenden Arbeiten nach ihrem Inhalt, ihrem Erkenntnisinteresse, methodischen Instrumentarium und theoretischen Ansatz zu ordnen versuchen, bevor wir abschließend noch einmal auf die politischen Konflikte der »Gender and Science«-Debatte zu sprechen kommen.[10]

2. Der Blick in das persönliche Leben einzelner Naturwissenschaftlerinnen – Die Biographieforschung

Weder die allgemeine Geschichtsschreibung noch die Naturwissenschaftsgeschichte im besonderen haben lange Zeit etwas zu Frauen in den Naturwissenschaften mitzuteilen gewußt. In dem Vorhaben, die Naturwissenschaftsgeschichte neu zu interpretieren, war es daher ein erster Schritt, Einzel- und Kollektivbiographien von Frauen in und an den Grenzen der Naturwissenschaft und ihrer Institutionen zu erforschen. Schnell stellte sich als verblüffende Erkenntnis ein, daß nicht wenige Frau und dennoch Wissenschaftlerinnen waren. Folglich wurden in der Zwischenzeit zahlreiche Biographien geschrieben oder neugeschrieben, um Le-

9 Vgl. zur Diskussion um das Verhältnis von Naturwissenschaftlerinnen und Feminismus auch Gornick 1983: 147, und zur Frage einer feministischen Wissenschaft Rosser 1989a: 11.

10 Vor uns haben bereits andere den Versuch unternommen, das Feld »Science and Gender« im Spannungsfeld von Frauenforschung und Frauenpolitik zu gliedern. Eine für unser Vorhaben anregende Gliederungsstruktur hat Londa Schiebinger 1987a: 305-332 vorgelegt, vgl. darüber hinaus auch Bleier, Ruth: Introduction, in: Bleier 1986: 1-17; Harding 1986/1990: 17ff.; Rosser 1989a; Keller 1990.

ben und Arbeit einzelner Frauen in ihrer historischen Bedingtheit zu untersuchen. Die Biographien spiegeln Zeitkolorit, Lebensformen und die schwierigen wie widersprüchlichen Bedingungen der Arbeit von Naturwissenschaftlerinnen.[11] Geläufig sind Forschungsfragen wie z. B.: Woran entzündete sich das Interesse der jeweiligen Frau für die Wissenschaft? Wie schaffte sie ihren Eintritt in den Wissenschaftsbetrieb? Unter welchen Bedingungen machte sie ihre wissenschaftlichen Entdeckungen? Was für Reaktionen riefen ihre Leistungen in der scientific community hervor? (Schiebinger 1987a: 313, 314).

Inzwischen lassen sich die biographischen Forschungen in mehrere Strömungen unterschciden:

1. Die Suche nach Frauen in den Naturwissenschaften, deren Leistungen von der Wissenschaftsgeschichte verkannt wurden. Die Arbeit von Alic ist ein Standardwerk für diesen allgemeinen Versuch, »den verleugneten Anteil der Frauen in den Naturwissenschaften« (Alic 1986/1987: 13) aufzudecken.[12] Kritisch anzumerken bleibt, daß diese Arbeiten nicht selten in einer an der Geschichte der »Großen Männer« orientierten Interpretation geschrieben sind. Das bedeutet, daß die wissenschaftlichen Leistungen der Frauen an den gängigen Standards des männlich dominierten Wissenschaftsbetrieb gemessen werden, folglich die meisten Frauen aufgrund des großen Durchhaltevermögens nicht selten heroisiert werden. So notwendig einerseits die Erhellung der verborgenen Geschichte der Frauen in den Naturwissenschaften ist, so vorläufig sind jedoch Darstellungsformen, in denen Frauen in

11 Von den zahlreichen veröffentlichten Arbeiten vgl. z. B.: Sayre 1975 über die Biophysikerin Rosalind Franklin (1920-1958); Gartner 1983 über die Biologin und Ökologin Rachel Carson (1907-1964); Patterson 1983 über die Mathematikerin, Physikerin und Astronomin Mary Sommerville (1780-1872); Keller 1983 über Barbara Mc Clintock (geb. 1902); Schiebinger 1987 über die Astronomin Maria Winkelmann (1670-1720). Ein Zwitterding zwischen Bibliographie und Kurzbiographien ist Ogilvie 1986. Bereits in den fünfziger Jahren hat Edna Yost biographische Details zu zahlreichen Naturwissenschaftlerinnen amerikanischer Herkunft zusammengetragen, vgl. Yost 1943; 1959. Vorträge, gehalten auf dem 18. Internationalen Kongreß für Wissenschaftsgeschichte: Ingrid Guentherodt über die Astronomin Maria Cunitz (1610-1664); Zsuzsanna Agnes Berényi über die bekannteste ungarische Mathematikerin Rósza Péter (1905-1977), vgl. International Union of the History and Philosophy of Science/Division of History of Science 1989.

12 Andere Beispiele dieser Literaturgattung sind: Osen 1974; Hypatia's Sisters 1976; Opfell 1978; Forster 1984; O'Hern 1985.

der Figur der »Ersten« oder »Einzigen« stilisiert werden. Ähnlich wie in der konventionellen Wissenschaftsgeschichte werden die Frauengeschichten ihres Entstehungskontextes beraubt, zu »Tatsachen« der Geschichte gemacht.

2. Noch immer sind die Lebensgeschichten vieler von der Geschichtswissenschaft nicht bemerkter oder übersehener Frauen zu schreiben. Eine Herausforderung bedeutet es ebenso, die Biographien bekannter oder berühmter Frauen neu zu durchdenken.[13] Oft zeigte sich nämlich, daß die männlich dominierte Geschichtsschreibung gefällige Genrebilder zeichnete, die die wissenschaftlichen Leistungen der Frauen nicht ernst nahm oder aber schlicht in moralisierende Betrachtungen über weibliche Klischees verfiel. Ruth Hubbard (1990) verfolgt beispielsweise in der 1968 verfaßten Autobiographie des Nobelpreisträgers James Watson, wie tief in der Sprache seiner Erinnerungen die Ignoranz verankert war, die er und sein Kollege Crick der Biochemikerin Rosalind D. Franklin entgegenbrachten. Ganz zu schweigen davon, daß Watson keine Notwendigkeit dafür sah mitzuteilen, wessen Daten die Grundlage zur Konstruktion des DNS-Modells gebildet hatten, verniedlichte er die Autorität seiner Kollegin auch dadurch, daß er sie im Unterschied zu anderen Labormitarbeitern nur mit dem Vornamen »Rosie« erwähnte. Und obwohl Ruth Hubbard zur gleichen Zeit wie Rosalind Franklin in europäischen Labors lernte und arbeitete, wurde ihr die skandalöse Mißachtung der Arbeiten Franklins durch ihre Kollegen erst 1975 bewußt. Erst die in diesem Jahr erschienene Biographie von Anne Sayre gab präzise Auskünfte über die wissenschaftliche Kooperation zwischen Watson/Crick und Franklin.

Einzelne der bekannteren Naturwissenschaftlerinnen, wie z. B. Lise Meitner, haben mittlerweile die Aufmerksamkeit mehrerer Biographinnen erhalten. Während Ruth Lewin Sime auf dem 18. Internationalen Kongreß für Wissenschaftsgeschichte die Phase von Lise Meitners Emigration 1938 und deren einschneidenden Einfluß auf ihren Status als »leitender Kopf« im Team »Meit-

13 Vgl. z. B. Hibner Koblitz 1983 über die russische Mathematikerin Sofia Kovaleskaja (1850-1891), dazu auch die kommentierende deutsche Zusammenfassung von Stuby 1985; Stein 1985 über die englische Mathematikerin Ada Lovelace Countess of Byron (1815-1852), dazu ebenfalls Bann 1986 und in deutscher Sprache Hoffmann 1987; Giroud 1985 über Marie Curie-Sklodowska.

ner, Hahn und Strassmann« bearbeitete[14], hat Sabine Ernst anhand von Briefen Lise Meitners die Zeit des Ersten Weltkriegs am Chemischen Institut der Universität Berlin und am Kaiser-Wilhelm-Institut für Chemie untersucht. Ihr Interesse galt mehr dem Standpunkt der Österreicherin zum Ersten Weltkrieg sowie der Rolle von Otto Hahn in einer Spezialgruppe zur Vorbereitung des Gaskrieges.[15] Sally Watkins versuchte demgegenüber Meitners Lebensgeschichte allgemeiner nach exemplarischen Barrieren für weibliche Karrieren zu durchforsten (IUHPS 1985). Die jüngst in Deutsch erschienene, salopp recherchierte und in der Intention uneindeutige Dissertation der Amerikanerin Patricia Rife (1990) über Lise Meitner zeigt dagegen, daß die Qualität der biographischen Forschung sehr variieren kann.

Die Unterschiede der biographischen Studien wirken also auf die historiographischen Verfahrensweisen der »Gender and Science«-Forschung zurück, da sie oft mehr Fragen eröffnen denn beantworten. Geschichten wie diejenige der Atomphysikerin Lise Meitner führen an nicht direkt ins Auge springende Grundfragen der »Gender and Science«-Forschung heran und konfrontieren die Autorinnen mit der weiblichen Teilhabe an der Entwicklung patriarchal-zerstörerischer Technik. Sie zeigen, daß weder die Perspektiven einer »Sichtbarmachung« noch die Suche nach weiblichen Erfahrungen in den Naturwissenschaften ausreichen, um die Partizipation und Verantwortung von Frauen an der Entwicklung destruktiver Technologien zu entschlüsseln. Auch die Biographie-Forscherinnen haben daher angesichts der offenkundigen sozialen und ökologischen Kosten bisheriger Naturwissenschafts- und Technikentwicklung darüber zu reflektieren, welche Voorannahmen und Bewertungskriterien sie ihrer Interpretation der Frauengeschichte zugrunde legen. Die widersprüchliche Beziehung zwischen Individualität und intellektuellem Kontext, zwischen Privatheit und Wissenschaftsbetrieb, der Wechselwirkung zwischen Persönlichkeit, Forschungsinteressen und methodischen Präferenzen, nicht zuletzt »the role of vision« (Keller 1983: XIII) in den Studien der Frauen sind einige der notwendigen Fragekomplexe zur Einordnung der Biographien im männlich dominierten Umfeld der Naturwissenschaften. Voraussetzung für eine feministische Biographieforschung wird folglich in Zukunft stärker noch

14 Vgl. den Aufsatz in diesem Band.

15 Vgl. zu beiden IUHPS 1989.

als bisher die Berücksichtigung eines von Androzentrismen befreiten Wissenschaftsbegriffes sein bzw. die Berücksichtigung der Ergebnisse feministischer Wissenschaftstheorie.

3. Ein dritter Versuch, biographische Forschung über Naturwissenschaftlerinnen zu schreiben, konzentriert sich im wesentlichen auf die Erfahrungsräume einzelner Frauen in der Hierarchie der Institutionen und leitet damit bereits zu unserem nächsten Abschnitt über. Ein Beispiel für diesen Ansatz ist der Vortrag von Else Hoyrup über »Women mathematicians« auf dem 17. Kongreß für Wissenschaftsgeschichte in Berkeley (IUHPS 1985). Sie versuchte, die allzu individualistischen Beschränkungen des biographischen Ansatzes mit der Entwicklung einer »collective biography« zu umgehen, indem sie jeder Zeitperiode, nämlich der »period of amateurs« (ca. 1780-1850), »the period of admission of women to the universities« (1850-1900) und der nachfolgenden Periode der ersten »Frauenkarrieren« eine prototypische Figur, sozusagen eine stellvertretende Biographie, zuordnete.

In dieses Genre fällt ebenso die anregende Zusammenstellung von Einzelfällen und Kollektivschicksalen im Sammelband von Pina Abir-Am und Dorinda Outram (1987), die die Absicht verfolgen, den Einfluß des Familienlebens auf die wissenschaftliche Laufbahn einzelner Frauen zu verfolgen. Hierbei geht es nicht nur um die Frage, wie die Frauen Wissenschaft und Privatheit miteinander vereinbarten. Durch bedacht ausgewählte historisch-empirische Studien lenken die Autorinnen die Aufmerksamkeit auf den Prozeß der langsamen Verdrängung wissenschaftlicher Forschung aus dem häuslich-amateurhaften Kontext. Ein Prozeß, der im frühen 19. Jahrhundert seinen Ausgang nahm mit dem folgenreichen Ergebnis, daß seitdem Frauen nur unter erschwerten Bedingungen, d.h. zumeist unter dem »sponsorship« und der Fürsorge eines Vaters, Ehemannes oder Bruders, zur wissenschaftlichen Arbeit fanden, einer »marital collaboration«, wie es Marilyn Bailey Ogilvie nennt (ibid.: 104).

3. Die verschlungenen Gänge im Wissenschaftsbetrieb – Institutioneller Ansatz

Eine weitere Sparte von Arbeiten versucht durch Neuinterpretation von Quellen zur Geschichte von Universitäten, Forschungseinrichtungen, Laboratorien sowie durch Auswertung von statistischen Materialien, z. B. über Beschäftigungsverhältnisse von Frauen in naturwissenschaftlichen Disziplinen, die Sozial- und Alltagsgeschichte der Naturwissenschaften aus der Perspektive weiblicher Erfahrungen zu erfassen. Aufgespürt werden sollen die territorialen und hierarchischen Barrieren, die wissenschaftliche Institutionen Frauen gegenüber aufbauen.

Außerdem geht es darum, die kulturellen Erfahrungen, die in der männlichen, mittelschichtsorientierten, heterosexuellen, weißen und westlichen Welt dominieren, in ihren institutionellen Ausprägungen zu reflektieren.[16] Oder wie Elizabeth Fee es umschrieb: Auch ein(e) Wissenschaftler(in) kann nicht aus seiner/ihrer Haut heraus. Folglich sollte die Beziehung zwischen der Arbeit der Wissenschaftler(innen) und ihrer persönlichen Geschichte von Erfahrungen und Beziehungen im Betrieb der Wissenschaften studiert werden. Durch welches Wertesystem sehen sie die Welt, und welche Bedürfnisse und Interessen verfolgen sie an ihrem Arbeitsplatz und in der Durchsetzung ihrer Forschungsarbeiten (Fee 1986: 42 ff.)?

Richtungweisend für den »institutionellen Ansatz« war die Arbeit der Wissenschaftshistorikerin Margret Rossiter *Women Scientists in America: Struggles and Strategies to 1940* (1982).

Ihr Ziel war und ist es[17], den bislang vom mainstream der Wissenschaftsgeschichtsschreibung übersehenen weiblichen Alltag auf verschiedenen Hierarchiestufen im Wissenschaftsbetrieb zu untersuchen. Denn unbemerkte Beiträge von Frauen zur Wissenschaft finden sich keineswegs nur im Bereich der akademischen Berufsgruppen, sondern auch auf der Ebene der anderen Mitarbeiterinnen. Zwei zentrale Mechanismen der Diskriminierung fand sie heraus: erstens die Art, einen bestimmten Arbeitsplatz

16 Bislang noch in den Anfängen steht die in den USA von schwarzen Frauen betriebene Kritik an Naturwissenschaft und Technik, die sich entschieden vom eurozentrischen Blick auf die Wissenschaft distanziert wie auch von der feministischen Wissenschaftskritik weißer Mittelschichtsfrauen. Eine erste Sammlung kurzer Biographien und Aufsätze, die sich historisch wie aktuell mit den besonderen Ausgrenzungsmechanismen gegenüber farbigen Frauen beschäftigen, brachte 1989 die von schwarzen Frauen herausgegebene Zeitschrift *SAGE: A Scholarly Journal on Black Women* (SAGE 1989; darüber hinaus Kahle 1982).

17 Gegenwärtig ist Rossiter damit beschäftigt, die Fortsetzung dieser Arbeit von 1940 bis heute zu schreiben. Vgl. unveröffentlichter Vortrag Universität California Berkeley vom 9. 5. 1991: *What happened to Women Scientists after 1940?*

oder -bereich als frauenspezifisch zu deklarieren (z. B. Kataloge von Ausstellungen zu erstellen oder auch die Archivierung und Dateneingabe in Computer). Die zweite Ursache der Behinderung weiblicher Karrieren sah Rossiter in den Professionalisierungsstrategien, wie sie auch von den Frauen selbst entwickelt wurden. Mit einer besseren oder zusätzlichen Ausbildung – »Überqualifikation« – versuchten manche Frauen ihre z. T. unsicheren Arbeitsplätze in den Forschungseinrichtungen zu halten. Dennoch mußten selbst die akademisch ausgebildeten Frauen ständig um die Anerkennung ihrer Professionen streiten und sahen ihre Arbeiten nicht selten von Laborchefs angeeignet, die mit weiblichen Arbeitskräften gleichermaßen ihren Bedarf an ausbeutbaren innovativen Ideen wie an billigen Laborkräften befriedigten.[18]

Der von Rossiter vorgelegte historiographische Ansatz ist zwischenzeitlich auf verschiedenste Wissenschaftszweige, Forschungsinstitute und -projekte übertragen worden, wie die Sektionssitzungen zur Frauenforschung auf den internationalen Kongressen für Wissenschaftsgeschichte zeigten[19]: Eva Isaakson berichtete aus einer Studie über das »Carte du Ciel«-Projekt, das zwischen 1893 und 1930 am Observatorium in Helsinki durchgeführt wurde, um einen Katalog sämtlicher Himmelskörper zu erstellen. Immerhin 19 Frauen verbrachten z. T. ihr gesamtes Berufsleben in diesem Projekt und stellten photographische Platten einzelner Himmelsausschnitte her, korrigierten die Koordinaten usw. Gerade die Routinearbeit in Großprojekten war – wie auch anderswo – die Domäne der Frauen. Diese Sisyphus-Arbeit, ohne die solche umfangreichen Projekte nicht auskommen konnten, wurde aber in der öffentlichen Anerkennung der Projekte zumeist vergessen. Ruhm und Ehre behielten sich die männlichen Leiter vor.

18 Die Fragen und Ergebnisse Rossiters aufgreifend fragte die Biologin Marion Namenwirth nach den Formen struktureller Mißachtung von Frauenarbeit in der biologischen Forschung, wie sie derzeit in den USA praktiziert wird. Ihre Einblicke in den Arbeitsalltag und in die Zwänge moderner Labors bestätigen die historischen Einsichten Rossiters. Noch immer wirkt die Propagierung von Stereotypen der Weiblichkeit äußerst funktional, um Frauen die Unfähigkeit zur naturwissenschaftlichen Analyse zu bescheinigen. Gepaart mit einer Arbeitsatmosphäre, die durch einen entschlossenen männlichen Ton geprägt wird, wirke dies als Mittel zum systematischen Ausschluß von Frauen aus den Aufstiegsmöglichkeiten (Namenwirth 1986: 18ff).

19 Vgl. zu allen nachfolgenden Beispielen: IUHPS 1985/1989.

Mit dem universitären Umfeld beschäftigen sich verschiedene Studien. Anne Hibner-Koblitz untersuchte die Bedingungen russischer Frauen an der Universität Zürich, die zwischen 1860 und 1870 dort insbesondere Naturwissenschaften und Medizin studierten: Allein 148 russische Frauen waren eingeschrieben, für diese Zeit eine unglaublich hohe Zahl, die sich durch die Veränderung der politischen Situation im Zarenreich nach 1873 schlagartig verringerte. Éva Vámos fand heraus, daß in Ungarn Frauen bereits im ausgehenden 19. Jahrhundert, also noch bevor sie an den Universitäten zugelassen waren, Mitglied in wissenschaftlichen Vereinigungen werden konnten. Einzig die naturwissenschaftlichen Gesellschaften verweigerten unter Verweis auf den weiblichen Geschlechtscharakter Frauen den Zutritt.

Lisa Mae Robinson bearbeitete in ihrem Vortrag *Riding the Rails: Mary Engle Pennington and the Refridgerated Transportation of Poultry and Eggs* die Anfangszeit der Lebensmittelchemie. Um die Jahrhundertwende war in den USA der gekühlte Transport von Eiern und Geflügel zwar bereits möglich, allerdings auf Kosten von Geschmack und Qualität. 1910 war der öffentliche Protest von Verbrauchern gegen beschädigte Lebensmittel so stark, daß sich das United States Department of Agriculture einschaltete und ein Verbot der Kühltransporte erwog. Zeitgleich ließ man in einem von der Chemikerin Mary Engle Pennington geleiteten Laboratorium wissenschaftliche Versuche zur Gefrierung von Eiern und Geflügel durchführen. Ohne amtliche Erlaubnis fuhr Pennington selbst auf den Zügen mit und stellte chemische und technische Untersuchungen an. Sie wurde dadurch bald als »daring young women riding the rails to protect America's food supply« bekannt und war eine der ersten, die Frauen einen Platz sowohl in der schnell wachsenden Nahrungsmittelindustrie als auch im Bereich der Nahrungsmittelforschung sicherte.

Einer besonderen Erwähnung bedarf die umfangreiche Studie von Londa Schiebinger *The Mind has no Sex? Women in the Origins of Modern Science* (1989), die die Periode der sogenannten wissenschaftlichen Revolution bis zur späten Aufklärung umfaßt, eine Zeit also, als die Ideen von Bacon, Descartes und Newton die wissenschaftliche Welt radikal wandelten. Schiebinger diskutiert ihre Spurensuche nach Frauen und deren besonderen Beiträgen zur Herausbildung der »modernen« Wissenschaften durch eine Verknüpfung von individuellen Biographien mit zeitgenössischen

Organisationsformen, den »Institutional Landscapes« der Wissenschaften, durch Analyse der wissenschaftlichen Definitionen der »weiblichen Natur« vor dem Hintergrund kultureller Bedeutungen von Geschlecht. Die Ausgrenzung von Frauen aus den sich seit dem 17. Jahrhundert neu formierenden wissenschaftlichen Institutionen geschah keineswegs sofort, und schon gar nicht automatisch. Bis zum Ende des 18. Jahrhundert waren in den expandierenden Wissenschaften – im Unterschied zu den mittelalterlichen Universitäten – durchaus noch kulturell anerkannte und institutionell abgesicherte Räume, in denen sich Frauen dem Studium der »Natur« widmen konnten. So beschreibt Schiebinger die Pariser Salons bekannter Aristokratinnen und Mäzenatinnen, geschätzt von naturwissenschaftlich interessierten Männern wie Frauen gleichermaßen, in denen es ein besonderer Ausdruck von Wohlhabenheit und Modebewußtsein war, sich ein naturhistorisches Kabinett zu halten, in dem die reichen Konsumentinnen wissenschaftlicher Kuriositäten ihre Muscheln, Stalaktiten, Insekten, Fossilien oder auch Glasmurmeln ausstellten. »Science written for the ladies« wuchs in ganz Europa zu einem populären Schrifttum heran, das erst mit der Französischen Revolution verschwand. Schiebinger erzählt darüber hinaus die Geschichte von Frauenakademien, in denen sich die privilegierten Frauen mit Naturphilosophie beschäftigten und die Sterne studierten (immerhin 14% aller zwischen 1650 und 1710 in Europa bekannten Astronomen waren Frauen). Und sie zeigt, wie in den Zünften spezielle Frauenhandwerke die Möglichkeit zum Studium von Naturprozessen gaben. Erst mit dem wachsenden Einfluß solcher wissenschaftlichen Gesellschaften wie der Royal Society in London oder der Académie Royale des Sciences in Frankreich und mit dem zügigen Aufbau neuer Universitäten als Lehr- und Forschungsanstalten verschlechterten sich die Verhältnisse der Frauen, und selbst von ihren Fachkollegen anerkannte Wissenschaftlerinnen wurden qua Geschlecht aus den Hallen des (männlichen) Geistes herausgehalten. Noch 1910, als Marie Curie für eine Mitgliedschaft in der Académie des Sciences vorgeschlagen wurde, stimmten die Herren mit 92 zu 52 Stimmen dagegen jemals eine Frau zum Mitglied der Akademie zu wählen.

In solchen Entscheidungen fanden all jene biologistischen Ideologien eine Bestätigung, die seit dem Zeitalter der Aufklärung den zunehmend rigider gehandhabten Ausschluß von Frauen aus den

Institutionen der Wissenschaft mit deren Körperlichkeit begründeten. Schiebinger verfolgt insbesondere die Beiträge der medizinisch-biologischen Forschung zur Konstruktion der männlichen und weiblichen Geschlechtscharaktere und zeigt, wie mit der Professionalisierung der Anatomie als männlich dominierter Fachsparte der Medizin im ausgehenden 18. Jahrhundert dieses »unbekannte weibliche Gattungswesen« kreiert wurde, emotional und dennoch passiv in sexuellen Dingen, dafür aber v. a. seinen mütterlichen Trieben gehorchend. Das weibliche Schicksal, so Schiebingers lakonischer Kommentar, offenbare sich seither im Skelett.[20]

4. »Women look at Biology« – Feministische Kritik der biologischen Wissenschaften

Die Beschäftigung mit den biologischen Wissenschaften[21] wird von Feministinnen mit besonderer Aufmerksamkeit betrieben. Zum einen finden sich hier genau jene Felder, in denen Wissenschaftlerinnen noch am ehesten anzutreffen sind. Nach einer in der *New York Times* (21. Mai 1991) veröffentlichten Statistik über die USA befinden sich unter den Fakultätsmitgliedern (wissenschaftliches Personal) in der Physik 3% Frauen, in den Ingenieurwissenschaften sogar nur 2%, aber in den »life sciences« wie der Biologie oder Biomedizin immerhin 22%. 1987 lag der Anteil pro-

20 In ihren nachfolgenden Studien hat sich Schiebinger in noch stärkerem Maße der Frage gewidmet, inwieweit der kulturelle Kontext der männlichen und europäischen Naturwissenschaftler ihre Implikationen, Prioritäten und Praktiken der Naturforschung beeinflußten. So fragt sie u. a., warum sich die Naturforscher für die Ähnlichkeiten und Unterschiede in der Anatomie von Schwarz-Afrikanern und Frauen interessierten, oder auch warum die bereits von Aristoteles verwendete Kategorie des »Vierfüßlers« im 18. Jahrhundert – dem Zeitalter der Klassifizierungen – durch den auf die weibliche Brust verweisenden Begriff der »Säugetiere« (engl., »mammals«) ersetzt wurde (vgl. Schiebinger 1993). Vgl. ebenso auch ihren Beitrag in diesem Band.

21 Die Abgrenzung der Inhalte biologischer Forschung, wie sie im deutschsprachigen Raum gegenüber Medizin, Anthropologie, Zoologie, Botanik, Verhaltensforschung, Ökologie etc. einerseits und der Chemie und Physik andererseits, gegenwärtig gebräuchlich ist, hat durch den enormen Aufschwung der Zell- und Molekularbiologie in Verbindung mit der Gentechnik eine stark einseitige Ausrichtung auf mikroanalytische Studien erhalten. Da der uns präziser erscheinende englische Ausdruck »life sciences« nicht zu übersetzen ist, sprechen wir hier von den biologischen Wissenschaften im Plural.

movierter Frauen an amerikanischen Universitäten in den Biowissenschaften bei 34%, in der Chemie 21%, Geowissenschaften 17%, Mathematik 17%, Physik 9%, Ingenieurwesen 9% (Rose 1989: 34).[22]

Entscheidender jedoch ist, daß die Biowissenschaften als »objektive« Naturwissenschaften seit dem ausgehenden 18. Jahrhundert in wachsendem Maße Argumente, Ideen und Theorien im Umgang mit der menschlichen und nicht-menschlichen Natur lieferten, die den westlichen Gesellschaften als Werkzeuge zur Regelung von Herrschaftsverhältnissen dienten. Mußte in anderen Disziplinen aufwendig entschlüsselt werden, in welcher Weise sich eine Wissenschaft konstituiert hat, um »Geschlecht« als Wertmaßstab zu eliminieren, so machten es die Biowissenschaften der Frauenforschung gleichsam einfach. Schließlich gehört es zu ihrem genuinen Aufgabenkatalog, empirisches Tatsachenwissen über das biologische Geschlecht der Männer und Frauen bereitzustellen. In diesem Sinne versprach die wissenschaftshistorische Betrachtung dieser Disziplinen, nicht nur ehemals als »natürlich« anmutende Bereiche des Frauseins in neuem Licht zu betrachten, sondern auch die menschliche »Biologie« selbst als ein soziales Konstrukt zu erkennen.

Die gemeinsame Ausgangsfragestellung, mit der die unterschiedlichsten Felder biologischer Forschung einer Untersuchung unterzogen wurden, war daher diejenige nach der Rolle der Wissenschaften bei der Schaffung eines sorgfältig ausgearbeiteten Modelles der physiologischen und moralischen Andersartigkeit von Frauen in der westlichen Zivilisation. In gewisser Weise bedeutete es ein Paradoxon, daß die reduktionistischen Vorstellungen von der »Natur« der Geschlechterdifferenz im Sinne einer überhistorischen, universellen und überkulturellen »Geschichte des Menschen« gedacht waren, also im Prinzip beide Geschlechter betrafen, trotzdem das »Objekt biowissenschaftlicher Begierden« oft nur weiblich war. Auch dann, wenn der Fokus wissenschaftlicher Aufmerksamkeit »männlich« oder »menschlich« war, kulminierten die gesellschaftspolitischen Schlußfolgerungen immer wieder

22 Freilich darf nicht übersehen werden, daß auch in den Biowissenschaften Frauen zumeist auf den befristeten Positionen wie »research associate« oder »staff scientist« zu finden sind und auch in diesen Fächern weibliche Karriereverläufe von den männlichen Netzwerkstrukturen behindert werden; vgl. dazu genauer Rose 1989.

in dem Versuch, den Frauen eine Inferiorität nachzuweisen oder »ihren« Platz in der Gesellschaft zu bestimmen.

Die Fülle von Studien, die sich im Rahmen feministischer Biologiekritik mit der Geschichtlichkeit biologischen Wissens befaßt haben, läßt sich grob in drei Themengebiete einteilen: biologistische Konstruktionen der Geschlechterdifferenz[23], Genealogie und Fortpflanzung in der Geschichte der menschlichen Evolution[24], Historizität des »weiblichen« Körpers als Mittler zwischen »Natur« und »Gesellschaft« und sich wandelndes Körpererleben von Frauen.

Die disziplinären Kontexte biologischer Forschungen, die solche Fragen tangieren, erweitern und differenzieren sich dabei in dem Maße, wie wir uns der Gegenwart annähern. Wer heutzutage eine ausgedehnte »naturwissenschaftliche« Studie zu geschlechtsspezifischen Differenzen in Intellekt und Temperament vornehmen wollte, so meint Cynthia Eagle Russett (1989: 155) nicht ohne Sarkasmus, der fände reichlich empirisches Datenmaterial, welches von verschiedensten Sparten der Biologie zur Verfügung gestellt werde, die als Folge einer sich mit der Wende zum 20. Jahrhundert rapide spezialisierenden und in wachsendem Maße experimentell arbeitenden Biologie sich endgültig von »geisteswissenschaftlichen« Traditionen entfernt haben.[25] Neben den humanmedizinischen Fächern sind es seitdem die Genetik, die Endokrinologie, die Neurophysiologie, die Evolutionsbiologie wie die Entwicklungsbiologie und Embryologie, die Anthropologie und schließlich die Verhaltensforschung im Bereich der Tiersoziologie, die Informationen über die Geschlechterdifferenz zur Verfügung stellen und Fragen etwa folgender Art stellen: Welchen Einfluß hat die Vererbung auf das geschlechtsspezifische Verhalten? Welches sind genetische und hormonelle Komponenten der Geschlechtscharaktere? Welche prä- und postnatalen Hormoneinflüsse sind in der Herausbildung und Veränderung einer Persönlichkeit aufzuspüren? Welche Auskünfte geben Struktur und Funktion des Gehirnes über die Differenz der Geschlechter ebenso wie vergleichende Intelligenztests?

23 Vgl. die Beiträge von Nancy Tuana und Joan Cadden in diesem Band.

24 Vgl. die Aufsätze von Donna Haraway, Londa Schiebinger und Elvira Scheich in diesem Band.

25 In die ersten Jahrzehnte des 20. Jahrhunderts fallen daher auch die verstärkten Initiativen zur Begründung der empirisch arbeitenden Psychologie und Soziologie. Auch die Anthropologie proklamierte in dieser Zeit ihre Unabhängigkeit von der »Biologie« (vgl. Russett 1989: 156).

In alle diese »modernen« Forschungsfelder der Biowissenschaften sind androzentrische Verzerrungen in die Ausgangshypothesen wie die Datenaufbereitungen eingeschrieben. Ruth Doell/Helen Longino (1983), Anne Fausto-Sterling (1985) und Nelly Oudshoorn (1990) enthüllen beispielsweise kulturell geprägte Geschlechterstereotypen im theoretischen Fundament der Endokrinologie, insbesondere in der Geschichte der Geschlechtshormone. Andere Autorinnen zeigten dies bereits in den siebziger und frühen achtziger Jahren an der Hirnforschung. Sie beschrieben die Absurdität der Geschlechts-, Klassen- und »Rassen«-Kategorisierungen solcher von Biologen und Physiologen im ausgehenden 19. Jahrhundert angestellten Überlegungen, nach denen weibliche Gehirne kleiner seien als männliche, weil die Ovarien und der Uterus zu viel Energie beanspruchten. Die Konsequenz solcher Erkenntnisse war beispielsweise die Forderung, Mädchen vom Unterricht fernzuhalten, wenn die Menstruation begänne, und die Warnungen davor, daß ohne eine solche Fürsorge die Fortpflanzungsorgane einschrumpfen würden, mit der Gefahr einer langfristig sinkenden Geburtenrate.[26]

Seitdem sich die Biologie immer stärker auf biochemische, mikro- und molekularbiologische Methoden stützt und vor allem die reduktionistischen Positionen dominieren, die den Gesamtorganismus aus seinen Bestandteilen zu erklären versuchen, wandeln sich auch die Modellbegriffe der Geschlechterdifferenz. Während sich früher die Unterschiede der Geschlechter in den Organen manifestierten, so sind seit dem Übergang zur Molekulargenetik, die ab den dreißiger Jahren mit den physikalisch-chemischen Analysen von Wissenschaftlern wie Hermann J. Muller begonnen wurden, nunmehr auch in der Struktur der Gene Ursachen für die Geschlechterdifferenz zu suchen.[27] Das »Gen« konstituiert also

26 Hubbard 1990: 27; vgl. zur Hirnforschung darüber hinaus Hubbard/Lowe 1979; Star 1979: 61 ff.; Sayers 1982; Bleier 1984; Fausto-Sterling 1985: 90ff.; Russett 1989: 53f. Zur Geschlechterdifferenz in der Intelligenzforschung vgl. Shields 1982: 769ff.; Longino 1990: 166f.

27 Vgl. allgemein zu »Genes und Gender«: Hubbard/Lowe 1979; Fausto-Sterling 1985: 61 ff.; Hubbard 1990: 70-86. Bislang hat sich auch im angloamerikanischen Raum die feministische Biologiekritik noch wenig mit der mikro- und molekularbiologischen Beherrschung der »nicht-menschlichen Natur« auseinandergesetzt, will sagen Definition, Mechanisierung und Neukonstruktion von Lebewesen im Zeitalter der Gentechnik. In diese Richtung weist der Aufsatz von Keller (1987) zur Bedeutung der Populationsgenetik in der Entwicklungsbiologie.

die Geschlechterdifferenz als Objekt der Forschung neu, aber indem diese analytische Kategorie der Biologie auf weibliche und männliche Körper angewendet wird, zwingt sie die Aussagen über Geschlechterunterschiede auch in neue Formalismen. Anne Fausto-Sterlin (1989: 326ff.) hat in einer sprachanalytischen Rekonstruktion der Entdeckungsgeschichte des für die Geschlechtsselektion zuständigen Gens auf dem menschlichen Y-Chromosomen (1987 von Entwicklungsbiologen am MIT entdeckt) herausgearbeitet, wie unbewußte Annahmen über ein bestimmtes Geschlecht, versteckt in den Deskriptionen der Forschungsergebnisse, unglaubwürdige Theorien über die biologische Entwicklung der Geschlechter zur Folge haben. In den Arbeitsergebnissen der MIT-Forschergruppe werde zwar mit der universellen »Sprache des Menschen« gearbeitet. Bei genauerer Betrachtung jedoch fänden sich lediglich Aussagen über die männliche Geschlechtsentwicklung, denn »Sex determination = Male determination« (ibid.: 327). Die weibliche Entwicklung werde hingegen nach dem Prinzip der Abwesenheit bearbeitet. Außerdem stellt sie fest, daß für die Entwicklungsbiologen Sex klar und präzise abgrenzbar sei. Weil sie von einem unkomplizierten Dualismus ausgehen, der nicht in Frage gestellt wird, erlaube die Forschung auch nur die normative Vorstellung einer Heterosexualität.

Die Bedeutung »biologischen« Wissens über die Differenz der Geschlechter ist in herausragender Weise von dem Entwicklungsgedanken beeinflußt worden, der als Ausdruck der Darwinschen Evolutionstheorie seit dem 19. Jahrhundert in breitester Weise die Vorstellungen von der Natur veränderte und Eingang in die Schulbücher fand. Völlig unabhängig davon, ob so manche soziobiologische Argumentationsweise moderner Darwinisten sich überhaupt auf die von Darwin entwickelte Theorie berufen kann, war es eine von der Frauenforschung dennoch zur Kenntnis zu nehmende Tatsache, daß unter Berufung auf die Evolution Annahmen über die Fortpflanzungsstrategien einen bemerkenswerten Nachdruck erhielten (Russett 1989: 3). Selbst die Vergewaltigung wird in der Wahrnehmung der »angewandten Soziobiologie«, wie Anne Fausto-Sterling (1988: 219ff.) herausgearbeitet hat, zum Bestandteil einer ganzen Anzahl von Fortpflanzungsstrategien, die sich im Laufe der Jahrtausende entwickelt haben, um die »reproduktive Tauglichkeit« des Männchens zu maximieren.

Mehrere Autorinnen beschäftigen sich folglich mit den Androzentrismen im Umfeld der Evolutionsforschung, angeregt nicht zuletzt durch Ruth Hubbard, die 1979 die provokante Frage stellte: *Have only Men evolved?* (1979/1989), um sich mit dem viktorianischen Bild des »aktiven Männchen« und des »passiven Weibchen« zu befassen. Sie selbst legte damit eine erste feministische Kritik der Grundanschauungen zu Fortpflanzung und Vererbung in der Darwinschen Evolutionstheorie vor, wie er sie 1859 unter dem Titel *Über die Entstehung der Arten durch natürliche Zuchtwahl oder die Erhaltung der begünstigten Rassen im Kampf ums Dasein* entwickelt hatte. Dabei ging es ihr insbesondere um den Nachweis einer wechselseitigen Beeinflussung des Darwinismus und der viktorianischen Gesellschaftsdoktrin in der zweiten Hälfte des 19. Jahrhunderts.[28] Unter Zuhilfenahme der Naturwissenschaft wurde begründet, was gesellschaftlich erwünscht war: männliche Vorherrschaft sicherte sich den Zugriff auf die »weibliche Fruchtbarkeit« und damit im Sinne einer männlichen Genealogie die Rechte an der nächsten Generation, konstruierte eine häusliche Domäne um Kinderaufzucht und Regeneration. In symbolischer Weise wurde die Kultur über die Natur gestellt.

Der in der Darwinschen Theorie gelegte Baustein zum Verständnis der Evolution und seine Vorstellungen von der frühen menschlichen Entwicklung (Fedigan 1986: 28, 29) begünstigten einen linearen Fortschrittsbegriff, nach dem die menschliche Entwicklung von »primitiven« Stadien der Sozialität über verschiedene Epochen technologischen und sozialen Fortganges der Entwicklung zum höchsten Stand der Zivilisation fortschreitet. Daß dabei gerade die Forschungen zum menschlichen Verhalten in seinen frühesten Formen voll von Androzentrismen sind, sehen feministische Kritikerinnen in einer Überinterpretation des letztlich geringen Datenmaterials begründet. Gerade in der Evolutionsgeschichte, in der die Biologie ihre Versionen der Geschichte vom Ursprung der Menschheit erzählt, können kontextuell beeinflußte Hintergrundannahmen der Wissenschaftler die Forschungen in besonderer Weise beeinflussen. »Die Vergangenheit ist ein umstrittenes Gebiet«, meint deshalb die Biologin und Wissenschaftshistorikerin Donna Haraway (1991: 21).

So ist die gegenwärtige Forschung zur menschlichen Evolution

28 Vgl. Hubbard 1979, 1989, S. 305ff.; ebenso Fausto-Sterling 1985, 1988; ebenso auch Lowe u. Hubbard 1983; Fedigan 1986: 27ff.; Hubbard 1990: 87ff.; vgl. dazu auch den Beitrag von Elvira Scheich in diesem Band.

ein lebhaftes Untersuchungsfeld, das die Wissenschaftsphilosophin Helen Longino (1990: 103 ff.) in zwei Fachsparten aufteilt: Untersuchungen zur anatomischen und zur sozialen Evolution.[29] In der »anatomischen Evolution« steht das Interesse an körperlichen Dispositionen im Vordergrund, in der »sozialen Evolution« Intelligenz und Sozialverhalten. Während die Theorien zur Evolution der menschlichen Anatomie den Beteiligten klar und einfach erscheinen, da sie sich auf die Funde von Fossilien, Knochenstükken, Zähnen, Skeletteilen und einigen Fußabdrücken stützen, ist die Erforschung beispielsweise der sich entwickelnden Intelligenz – basierend auf fossilen Schädeln, deren Größen und Zeichnungen der Hirnstruktur als Datenbasis genommen werden – weitaus schwieriger zu erfassen. Deshalb sind auch unter den Forschern Analysen des interaktiven Verhaltens in seiner Beziehung zur Anatomie heftig umstritten. Um die Datenlage zur sozialen Evolution über die fossilen Funde hinaus zu erweitern, bedient sich die Evolutionsforschung daher auch der primatologischen Beobachtung »moderner« Affen und Menschenaffen sowie des anthropologischen Studiums menschlicher Gesellschaften, von den australischen Aborigines bis hin zu den Jägergesellschaften der Eskimos, Indianer in Alaska und Nordkanada und den Sammlergesellschaften in Afrika.

Während androzentrische Lesarten menschlicher Evolution die Annahmen präferieren, nach denen bei den frühesten Hominiden die Männer als Jäger »Man-the-Hunter« und die Frauen als Sammlerinnen »Woman-the-Gatherer« fungierten, fanden sich bereits früh weibliche Kritikerinnen dieser Hypothesen.[30] Da die Werkzeugnutzung als Angelpunkt der Verhaltensentwicklung betrachtet wird, war ein entscheidender Unterschied, daß die männlich geprägten Theorien die Herstellung der Steinwerkzeuge zur Jagd ins Zentrum stellten, während die Anthropologinnen die weiblichen Sammlertätigkeiten mit organischen Materialien als Ursprung des Werkzeuggebrauches ansahen. In der »gynozentrischen« Geschichte der Evolution waren also Frauen diejenigen mit den größeren Beiträgen zur Entwicklung der menschlichen Intelligenz. Helen Longino kritisiert an diesen Beispielen die Parallelen

29 Vgl. als weitere Autorinnen zur Evolutionsforschung: Zihlman 1978; Leibowitz 1983; Haraway 1989/1991.

30 Vgl. Longino 1990: 103 ff.; einen Überblick über die verschiedensten feministischen Ansätze der Primatenforschung gibt Haraway 1989.

in der Geschlechtstypisierung und resümiert, daß von den Werkzeugobjekten nicht umstandslos auf ihren implementären Charakter zu schließen ist. Je nachdem, welche Geschlechtscharaktere als Vorbild dienen, entstehen auf diese Weise höchst unterschiedliche Bilder vom »Australopithecus«.

In eindrucksvoller und z. T. dramatischer Weise haben sich diese Inanspruchnahmen von Geschlechtertypisierungen in der Primatenforschung ausgewirkt, wie Donna Haraway (1989a) in ihrer umfangreichen und methodisch innovativen Studie herausarbeitet. Mit Hilfe des Gebrauches narrativer Erzählstile und der sozialen Macht einer Naturwissenschaft entfaltet die Primatenforschung für verschiedene Auditorien die Geschichte von Affen und Menschenaffen als industrialisierte und postindustrielle Versionen der menschlichen Vergangenheit und Entwicklung. Weit entfernt davon, ausschließlich eine beschreibende Wissenschaft zu sein, die sich auf die Beobachtung und Interpretation des Primatenverhaltens beschränkt, ist die Primatologie ein machtvoller politischer Diskurs nicht nur über Ursprungsmythen, sondern auch über die soziale Praxis der Konstruktion von und Verhandlung über die Grenzziehungen zwischen dem »Selbst« und dem »Anderen«, zwischen Mensch und Tier, Sex und Geschlecht, Männern und Frauen, Kultur und Natur. In den Worten Donna Haraways ist sie eine Wissenschaft der »Differenz«, die seit Ende der sechziger Jahre viele Frauen und auch Feministinnen in die Feldforschung brachte, um das kollektive »Wir« der weißen, westlichen »fraternity« der Primatenforschung durch eigene, »frauenzentrierte« Forschungen zu korrigieren.[31]

Zu guter Letzt sind all jene Arbeiten feministischer Biologiekritik zu erwähnen, die sich auf die Demystifizierung und Dekonstruktion des »weiblichen Körpers« als »naturwissenschaftlicher Tatsache«[32] konzentrieren, wie sie v. a. von Medizin und Anthropologie geprägt und von den modernen Fortpflanzungstechniken zur Vollendung gebracht wurden.[33]

31 Vgl. ihren Aufsatz in diesem Band.

32 Diese Arbeiten stehen in einem größeren Zusammenhang der »Body History«, die hier nicht erörtert werden kann. Vgl. zu der überaus umfangreichen Literatur die kommentierende Bibliographie von Duden 1989.

33 Da sich die Diskussion der Fortpflanzungsmedizin im feministischen Umfeld längst zu einem eigenständigen Diskurs mit einer umfangreichen Literatur entwickelt hat, verzichten wir an dieser Stelle auf eine weitere Exploration dieses Themas.

Um die Fiktion zu überwinden, daß gerade die Körperlichkeit der Frauen einen besonderen Ausdruck von »Naturnähe« zeige und in die Sphäre physiologischer Erfahrung verweise, die »im Theater der Geschichte hinter den Kulissen bleibt« (Pomata 1983: 116), haben verschiedene Autorinnen mit der Historisierung dieser »universellen Körpererfahrung« begonnen. Inmitten einer – unter dem Stichwort »Body-Politics« (Jacobus/Keller/Shuttleworth 1990) geführten – immer komplexer werdenden Debatte tritt eine Erkenntnis allerdings klar hervor: Wir können nicht von einem »weiblichen Körper« sprechen, als ob dieser eine unveränderliche Gestalt durch die Geschichte bewahrt habe. Es gibt keine manifeste Erfahrungsebene der »Körperlichkeit«, dic durch die Jahrhunderte hinweg Kontinuität verspricht. Vielmehr entwickelt sich diese in Übereinstimmung mit den verschiedenen kulturellen und politischen Verhältnissen und wird insbesondere durch die wissenschaftlichen Aktivitäten der jeweiligen Zeit geformt.

Emily Martins anthropologische Studie (1987/1989) über die Wahrnehmung von Menstruation, Geburt und Menopause bei Frauen aus verschiedenen Schichten im heutigen Baltimore, Susan Bordos (1990) Analyse der Anorexieerfahrungen oder Paula Treichlers (1990) Anmerkungen über die sogenannte »Krise der Geburt«: Alle bestätigen, wie vielschichtig und wirkungsvoll die kulturelle Kontrolle der Wahrnehmung des eigenen Körpers funktioniert und wie tiefgehend selbst auf der Alltagsebene der Einzug von »Körper«-Technologien die Vorstellungen vom Fortpflanzungsgeschehen beeinflußt hat. Obwohl »das Bild des eigenen Körpers« (Martin 1989: 95) eine Kluft zwischen persönlichen Vorstellungen bzw. eigenen Terminologien der von Emily Martin befragten Frauen und den wissenschaftlich-technischen Verfahren der Gynäkologie und Geburtshilfe erkennen läßt, gelingt es ihnen doch nicht, der Dominanz vorherrschender kultureller Auffassungen zu entgehen, deren Definition freilich in den Einflußbereich der Medizin fällt.

Diese Definitionsmacht der Medizin analysiert Ludmilla Jordanova anhand medizinischer Texte und Bilder des »weiblichen Körpers« als »powerful instrument of ordering the universe« (Jordanova 1989: 134). Das Geschlecht allgemein und das »weibliche« Geschlecht im besonderen, so eines ihrer Ergebnisse, gehört mit zu den zentralsten Metaphern der Medizin überhaupt. Abgelesen werden kann das an den Bildern, die die Medizin des 19. Jahrhunderts unter Zuhilfenahme der zeitgenössischen Geschlechterstereotypen für bestimmte Krankheiten bemühte. Depression, Angst, Schlaflosigkeit und Migräne wurden meist »weiblich« gezeichnet, Sportverletzungen dagegen am männlichen Modell ausgeführt (ibid.: 144).

Die Macht wissenschaftlicher Diskurse interessiert Feministinnen in dem Maße, wie sich das Bewußtsein darüber schärft, die Sprache als elementaren Bestandteil einer ideologisch gefärbten sozialen Realität der Ungleichheit anzusehen.[34] Dabei ist es aber auch für die feministische Wissenschaftstheoretikerin und -historikerin nicht einfach, eine Linie zwischen der Geschlechtsidentität als sozialem Konstrukt und den Fakten biologischer Differenzierungen zu ziehen, wovon die virulente Kontroverse um das Verhältnis von »Sex« (biologisches Geschlecht ohne kulturelle Differenzierung) zu »Gender« (kulturelle Differenz bis hin zur Negierung von biologischem Geschlecht) zeugt.[35] Da auch feministische Antworten, Reaktionen oder Bezugnahmen auf Erklärungsmuster, die die gesellschaftliche Position der Frauen mit »Biologie« in Verbindung bringen, nicht losgelöst von den jeweils aktuellen politischen Auseinandersetzungen zu sehen sind, bleiben feministische Ansätze gelegentlich nicht unberührt von den Vorzügen eines biologischen Determinismus.[36] So erweist sich die Unterscheidung zwischen »Sex« und »Gender« zunächst zwar als notwendige Voraussetzung, um die biologischen Wissenschaften zu untersuchen und die Entstehung und Wirkung ihrer Theorien in Wechselbeziehung zum Geschlechterverhältnis zu studieren; Die Beziehung zwischen beiden in wachsendem Maße selbstverständlich benutzten Termini im feministischen Diskurs ist damit noch keineswegs geklärt.

34 Auch Feministinnen streben daher aktuell eine stärkere Zusammenarbeit mit der Linguistik und Literaturwissenschaft an. Wichtige Beiträge zur Analyse literarischer Techniken in naturwissenschaftlichen Texten liegen z. Zt. von der Literaturwissenschaftlerin Gillian Beer vor (vgl. dies. 1983; 1990). Aus der Filmtheorie kommend bearbeitet Teresa de Lauretis (1987) ebenfalls solche Fragestellungen.

35 Vgl. dazu auch die Ausführungen von Evelyn Fox Keller zu »nature/science« in diesem Band; zur Diskussion des »Sex-/Gendersystem« außerdem Harding 1990: 11 ff.

36 Lynda Birke setzt sich z. B. kritisch mit den Anleihen bei der Biologie innerhalb ökofeministisch orientierter Debatten auseinander. Auch hier sieht sie deterministische Tendenzen, wenn Frauen aufgrund ihrer Gebärfähigkeit und Sorge um das leibliche Wohl als der Natur näherstehend angesehen werden (Birke 1986: 118 ff.).

Einfacher wird die Aufgabe zwar, wenn wissenschaftliche Theorien der Vergangenheit – Thesen, die sich inzwischen als falsch oder unpräzise erwiesen haben – auf ihre kulturellen Fundamente hin untersucht werden. Allerdings stellt sich hier die theoretische Herausforderung, zu unterscheiden zwischen den »realen« Frauen – Frauen als Akteurinnen in der Geschichte – und den spezifischen Repräsentationen des »Weiblichen« in wissenschaftlichen Theorien. So zeigt z.B. die sozialhistorische Studie von Rima D. Apple (1987) über die Entwicklung der Babynahrung seit dem 19. Jahrhundert und den fortwährenden Streit um die Frage »Muttermilch contra Flaschennahrung« die komplexen Interaktionen zwischen Naturwissenschaftlern, Medizinern, Industrien und Müttern um die »scientific motherhood« und die »richtige« Ernährung des Säuglings. Allein an den sich wandelnden Bedeutungen des Begriffes »deliver« (entbinden) kann Paula Treichler (1990) nachweisen, wie tief die technologische und professionelle Dominanz der medikalisierten Geburt ins allgemeine sprachliche Verständnis des Vorgangs eingesickert ist.

Auch innerhalb der Frauenbewegung des 19. Jahrhunderts, so Mary Poovey (1990: 29), waren unklare Übergänge zwischen realen Frauen und der rhetorischen Figur »der Frau« in den theoretischen Formulierungen verschiedenster Disziplinen immer wieder Quelle zahlreicher Mißverständnisse, die zu der notwendigen theoretischen Unterscheidung von »Frauen als Objekt in den Diskursen anderer« und »Frauen als Subjekt« geführt haben.[37] Poovey setzt sich dabei insbesondere mit dem Problem auseinander, ob und inwieweit es Frauen historisch möglich war, Einfluß auf die dominanten Repräsentationen des »weiblichen Körpers« zu nehmen. Am Beispiel der viktorianischen Debatte um die Prostitution im England der vierziger Jahre des vorigen Jahrhunderts geht sie der Frage nach, in welcher Weise die Darstellung der weiblichen Sexualität als Abbild einer sich selbst aufopfernden, sexuell passiven und moralischen »Natur« literarische Beiträge von Frauen zur weiblichen Subjektivität und Sexualität prägte und erschwerte. Die auf beängstigende Weise der »weiblichen Sexualität« bürgerlicher Provenienz widersprechende Figur der Prostituierten spiegelte sich auch in den literarischen Arbeiten von Frauen.[38]

37 Vgl. zu dieser Diskussion auch Lauretis 1987: 1-26.

38 Vgl. z.B. auch den Beitrag von Sally Shuttleworth (1990) über die Wechselbezie-

Die feministische Analyse naturwissenschaftlich-technischer Diskurse und Repräsentationen entlang der Figur des »weiblichen Körpers« steht noch in den Anfängen, und dennoch verspricht sie viel. Mit dem »weiblichen Körper« wird Politik gemacht, eine Politik, die für weit mehr steht als für ein Verständnis biologischer Vorgänge. Wie die Herausgeberinnen des Bandes *Body/Politics* zu Recht feststellen (Jacobus/Keller/Shuttleworth 1990: 9, 10), geht es vielmehr um einen sozialen Körper, verleugnet oder diszipliniert, ideologisch chiffriert oder als Modell verschiedenster Phantasien gestaltet. Dank wissenschaftlicher Diskurse erscheint uns der »weibliche Körper« vertraut sowohl für Auseinandersetzungen um Zeugung und Fortpflanzung, um Krankheit, Menstruation, Anorexie, und über allem als Platz, auf dem der Streit um die sexuelle Differenz (ebenso wie die Differenz zwischen den Rassen) ausgetragen wird. Aber wie auch immer der »weibliche Körper« imaginiert wird, indem damit begonnen wird, die Sprache und Bilder zu entwirren, mit denen soziale Funktionen der Geschlechter definiert werden, besteht ebenso die Möglichkeit, andere Denkweisen als die »wissenschaftlich« gesicherten Annahmen über soziale und politische Beziehungen zuzulassen.

5. Geschlecht, Umwelt und Geschichte: Der »Environmental Approach«

Im Zusammenhang mit den durch die Alternativ-, Ökologie- und Frauenbewegungen initiierten neuen Ansätzen in der historischen Umweltforschung entwickelte sich auch der Themenkomplex »Gender and Environmental History« (Merchant 1990). Immer mehr Frauen in den »weichen« Naturwissenschaften, insbesondere der Biologie, den Geowissenschaften oder den in diesem Prozeß neu entstandenen Fächern wie »Conservation and Ressource Studies«, Landschaftsplanung und Naturschutz, haben begonnen, sich damit zu beschäftigen. Insgesamt will die feministisch-ökologische Kritik einerseits das Wechselverhältnis von Geschlecht, Wissenschaft und Umwelt hinterfragen, andererseits fordert sie darüber hinausgehend einen neuen Umgang mit ökologischen Problemen und zielt auf eine integrativ-ökologische, nicht-zerstörende,

hung von gynäkologischen Diskursen und populärwissenschaftlichen Unterweisungen von Frauen zur Menstruation.

nicht-sexistische und nicht-rassistische Forschung. Dabei wird in je zwei Dimensionen auf die verschiedenen Ebenen von Produktion (Technologie und ihre sozioökonomischen Bedingungen und Beziehungen), Ökologie und Bewußtsein (Bereich der Ideen, Ethik, Mythen und symbolischen Konstruktion von Natur) eingegangen: einerseits als Analyse der Machtbeziehungen zwischen den Geschlechtern in all diesen Bereichen; andererseits im Kontext der Frage der biologischen und sozialen Reproduktion von Gesellschaft und Natur.

Ynestra King (King 1983: 16-22) kritisiert als dezidierte Ökofeministin, daß die herkömmlichen dualistischen Philosophien die Beziehungen zwischen Frauen und Natur negieren, die sie folglich als ein alternatives Konzept einführt. Sie möchte zudem das Verhältnis »Frau und Natur« stärken und besteht darauf, daß Frauen in gewisser Weise »stellvertretend« für die Natur sprechen könnten. King ist mit ihrem abstrakten »pro-nature-stand« eine Vertreterin der ökofeministischen »standpoint theory«, die Frauen als historisch einmalige Wesen ansieht, die die Brücke zwischen Natur und Kultur bilden könnten und sollten. Im Ökofeminismus, so schreibt sie, ist Natur die zentrale Kategorie. Diese sei der Ausgangspunkt für eine ökofeministische Theorie, die die Wechselbeziehungen zwischen der Naturbeherrschung und der historischen Position von Frauen analysieren will.

Die wichtigste Vertreterin des »Environmental Approach« ist Carolyn Merchant, die in ihrem bekannten Buch *Tod der Natur* (Merchant 1980/1987) das theoretische Fundament für eine Natur- und Umweltgeschichte legte, mit der sie das Gewebe von wissenschaftlichen Naturbegriffen, industriell-technischem Umgang mit Natur und Geschlechterverhältnissen analysierte.

In Teilen vermittelt diese frühe Untersuchung einen simplifizierenden Eindruck, nach dem von einem grundlegend positiveren Verhältnis von Frauen zu Natur ausgegangen werden könnte. Während Merchant selbst diesen vereinfachten Schluß nicht zieht, wird allerdings in einigen der in Folge entstandenen Publikationen aus dem Umfeld des »Ecofeminism« diese Annahme weiter ausgearbeitet. Zumeist handelt es sich dabei um Beiträge aus dem Kontext neuer mythologischer Bewegungen, denen es nicht so sehr um eine Analyse der Geschlechterbeziehungen als vielmehr um die politisch motivierten Erprobungen neuer Lebensstile und Weltsichten geht. Als Beispiele bekannterer Vertreterinnen wären

Mary Daly mit *Gynecology* (Daly 1978/1981) und die literarische Studie von Susan Griffin (Griffin 1989) zu erwähnen, oder auch das Themenheft *Mother(earth)hood* der Zeitschrift *On the Issues* (1991).

Merchant hat ihren Ansatz inzwischen weiterentwickelt. Sie benutzt einen weit gefaßten Reproduktionsbegriff: Jede Art muß sich biologisch reproduzieren, aber für den Menschen ist darüber hinaus die soziale Reproduktion gesellschaftlicher Beziehungen, d. h. das Erlernen von sozialen Normen sowie Verhalten in Strukturen, Institutionen und Traditionen, von spezifischer Bedeutung; er ist also gleichermaßen in eine soziale und eine biologische Reproduktion eingebunden. Merchant unterscheidet hier zwischen den Ebenen der Arterhaltung, der Familie und Genealogie, der sozialen Normen und politischen Strukturen.[39] Dies ist ihr theoretisches Konzept für den Zusammenhang der Ablösung von Herrschaftsformen, den Wandel des Naturumganges und die vielfältigen Wechselwirkungen in diesem Veränderungsprozeß.[40]

Merchant hat am Beispiel von Neu-England die Veränderungen von Ökologie und Gesellschaft, von Geschlechterverhältnis und Wissenschaft auf lokaler Ebene exemplarisch untersucht, um den Wurzeln der heutigen Umweltkrise auf die Spur zu kommen. In ihrer Untersuchung *Ecological Revolutions* (Merchant 1989) vertritt sie die Auffassung, daß wir heute vor einer neuen »globalen ökologischen Transformation« stehen, deren Ursprung in der »kolonialen ökologischen Revolution« im 17. Jahrhundert und der nachfolgenden »kapitalistischen ökologischen Revolution« liegen. In drei Stufen siedelt sie den für das Verständnis der heutigen Entwicklung entscheidenden historischen Prozeß an: Im Übergang von den indianischen Gemeinschaften über die Agrargesellschaft zur industriellen Urbanisierung ist die Herauslösung der Produktion aus dem Reproduktionszusammenhang zu studieren. Sie zieht das Fazit, daß »ökologische Revolutionen« als Vor-

39 »1. intergeneration reproduction of species,
2. intergeneration reproduction of daily life,
3. reproduction of social norms,
4. reproduction of political structure« (Merchant 1989: 17).

40 Merchant orientiert sich hier an Claude Meillassoux (1976) und unterscheidet die Subsistenzproduktion auf der Ebene der lokalen Gemeinschaft, während im Kapitalismus Produktion und Reproduktion in zwei differierenden Sphären angesiedelt sind und sich folglich auch in ihrem Verhältnis zueinander verändern müssen. Die geschlechtliche Arbeitsteilung bildet sich in neuer Form heraus.

gänge anzusehen sind, in denen Gesellschaften ihr Verhältnis zur »Natur« jeweils grundlegend neu bestimmen. Sie entstehen aus den Spannungsverhältnissen zwischen Produktion und Reproduktion sowie Produktion und Umwelt. Das Ergebnis dieser Revolutionen und Veränderungsprozesse sind neue Konstruktionen von »Natur«, sowohl auf der materiellen als auch der Ebene des menschlichen Bewußtseins (Merchant 1989: 23).

In einem der Themenhefte von *Hypatia* (Spring 1991) werden die unterschiedlichen Strömungen des ökologischen Feminismus kritisch beleuchtet. Während die Autorinnen einerseits festhalten, daß mit diesem Ansatz zwar das Wechselverhältnis von Herrschaft über Frauen und Natur in den verschiedenen historischen, empirischen, theoretischen, konzeptuellen und symbolischen Dimensionen herausgearbeitet werden könne, stecke allerdings die auf der Basis der weltweiten Umwelt- und Frauenbewegung entwikkelte »ökofeministische Theorie« von ihrer Methodik und Konzeption her noch in den Anfängen.

In ihrer Kritik der bereits erwähnten Ynestra King streicht Patricia Jagentowics Mills (Jagentowics Mills 1991: 170) heraus, daß hier die Natur wiederum als weiblich personifiziert werde und daß Frauen als verantwortlich für alles Lebende dargestellt würden, um unsere »Mutter Erde« zu retten. Eine theoretisch problematische Figur sieht Jagentowics Mills insbesondere im konstruierten »Selbst« der Natur, das für sich selbst sprechen solle. Der Natur wird sozusagen eine eigene Identität zugesprochen. Die politische Bewegung der Frauen-Befreiung und der Frauen-Rechte (insbesondere der Rechte auf den eigenen Körper) seien somit hinfällig. Auch kritisiert Jagentowics Mills (ibid.: 162) die zu statische und abstrakte Betrachtung von Natur.

Val Plumwood (Plumwood 1991) problematisiert im gleichen Heft den neuen ethischen Anspruch der ökofeministischen Theorie. Dieser gehe von der Kritik an männlicher Rationalität und Objektivität aus, die als ein Kernproblem der Unterdrückung von Natur und Frau gesehen werde, und ziele auf eine neue herrschaftsfreie Ethik. Der moralische Anspruch werde zwar formuliert, aber bislang von den Ökofeministinnen politisch nicht konkretisiert und somit kaum eingelöst. Auf diese Weise kann entstehen, was immer wieder aus den ökofeministischen Schriften hervorblitzt: in der versöhnlichen Beziehung zwischen Frauen und ihrem Naturverhältnis findet sich ein Quell für zahllose Romantisierungen, die v. a. auf der nicht weiter problematisierten Gegenüberstellung von Biologie und Sozialem basieren. Angesichts der gerade in den USA vorangetriebenen eindrucksvollen Forschungen zu Geschlecht als sozialer Kategorie kann es daher nur überraschen, daß in den ökofeministischen Ansätzen vielfach eine Reduktion auf biologische Kategorien stattfindet, die unreflektiert auf Frauen als soziales Geschlecht übertragen werden.

6. Theorieansätze zu »Gender and Science« – Epistemologische Entdeckungen

Der Verzicht auf geschlechtsneutrale Termini allein versöhnt noch nicht Wissenschaft und Geschlechterpolitik. Den Anspruch auf Universalität, Objektivität und Neutralität wissenschaftlicher Erkenntnis in Frage zu stellen war deshalb ein frühes Programm der feministischen Kritik. Doch erst in den letzten fünfzehn Jahren wurde eine epistemologische »Gender Analysis« entwickelt, die mit strukturellen Erklärungsansätzen darangeht, die Inhalte und Methoden der Naturwissenschaften, die ihnen zugrundeliegenden Annahmen und Hypothesen sowie die philosophischen Aspekte in unserer (d. h. der westlichen, weißen, abendländischen) Konzeption von Wissen und Wahrheit zu beleuchten. Der spezifisch männliche Charakter der neuzeitlichen Wissenschaftskultur war zunächst an den zentralen Kategorien ihres Selbstverständnisses zu dechiffrieren; die Vorstellungen von Universalität, Objektivität und Neutralität des wissenschaftlichen Wissens wurden im Kontext des Geschlechterverhältnisses und der kulturellen Differenz zwischen den Geschlechtern neu interpretiert.

Dabei war das Ziel der Analyse keineswegs darauf beschränkt, die Grundüberzeugungen von Wissenschaft durch eine völlig neue, »weibliche« Erkenntnistheorie zu ersetzen, vielmehr bemühen sich diese erkenntnistheoretischen Arbeiten insbesondere um den Versuch, feministische Perspektiven für eine Erneuerung der Wissenschaften anzudeuten, ohne die Reflexion auch der eigenen Vorannahmen und Terminologien aus den Augen zu verlieren. In ihren Ausrichtungen, ihrem Vorgehen und ihren methodischen Problemen treffen die epistemologischen Untersuchungen der feministischen Naturwissenschaftskritik auf ähnliche Probleme wie andere Versuche, naturwissenschaftliches Denken auf seine gesellschaftliche Herkunft und Bedeutung zu beziehen. Dies gilt zumal für den Widerspruch zwischen dem objektiv-neutralen Gehalt naturwissenschaftlicher Aussagen und ihrer politischen Funktionalisierung. Dies gilt aber auch für die Frage: Was kommt nach einer Kritik bisheriger erkenntnistheoretischer Traditionen der Naturwissenschaft?

Die feministischen Positionen stehen in wissenschaftskritischen Traditionen, aus denen sie sich entwickelt haben bzw. auf die sie sich berufen. Da ist vor allem die marxistische Philosophie zu nennen, aus deren Kontext einzelne Autorinnen den Weg zur feministischen Kritik an den Weltbildern und Begriffen der Naturwissenschaften gegangen sind. Der Zusammenhang von Klasse und Geschlecht bzw. Geschlecht und Rasse gehört heute in der angloamerikanischen Frauenforschung zu den grundlegenden kategorialen Bestimmungen, um Herrschaft und soziale Ungleichheit zu erfassen. Die Widerspiegelung dieser strukturellen Herrschaftsverhältnisse in den wissenschaftlichen Entwürfen der Natur deutlich zu machen war auch das Anliegen der frühen Vertreterinnen eines von der marxistisch orientierten Wissenschaftskritik herkommenden Feminismus, u. a. Elizabeth Fee (Fee 1986), Nancy Hartsock (Hartsock 1983) und Hilary Rose (Rose 1986). Hartsock sieht den »Feminist Standpoint«[41] als eine unabdingbare Antwort auf den Dualismus zwischen Mensch und Natur der kapitalistisch-androzentrischen Gesellschaft. Ohne eine Kritik des Kapitalismus und des bürgerlichen Geschlechterverhältnisses sei keine Veränderung im gesellschaftlichen und wissenschaftlichen Naturumgang zu bewirken. Sie fordert eine allgemeine materialistische Theorie des Wissens, die die geschlechtliche Arbeitsteilung miteinbeziehe und deshalb auch die historisch einmaligen Erfahrungen von Frauen umfasse. Ebenso gehen Elizabeth Fee und Hilary Rose davon aus, daß wesentliche Elemente der wissenschaftlichen Denkformen und des neuzeitlichen Wissens über Natur auf der Trennung von Produktion und Reproduktion in der bürgerlichen Gesellschaft basieren. Eine feministische Epistemologie müßte – so ihre These – von der Arbeit der Frauen und insgesamt von einer komplexeren Gestaltung der materiellen Verhältnisse ausgehen, als dies bislang durch die marxistische Kritik geschehen ist, und versuchen, die herrschenden Dichotomien

41 Vgl. dazu weiter unten die Ausführungen zu Sandra Harding.

zwischen privat und öffentlich, zwischen bezahlter und unbezahlter Arbeit aufzulösen. Rose erhofft sich auf diese Weise mehr Ganzheitlichkeit, Harmonie und Vielfältigkeit gegenüber Reduktionismus, Herrschaft und Linearität im Denken.

Gegenwärtig treten einige Autorinnen mit differenzierten Ansätzen je persönlichen Stils besonders in den Vordergrund. Davon wollen wir diejenigen, die die Debatte derzeit am einflußreichsten prägen, im folgenden einzeln vorstellen:

Evelyn Fox Keller, Physikerin, die auch in der mathematischen Biologie tätig war und dann zur Wissenschaftsforschung gewechselt ist, hat den Versuch einer interdisziplinären und multidimensionalen Analyse naturwissenschaftlichen Denkens unternommen. In ihrem vielbeachteten Buch *Reflections on Gender and Science* (Keller 1985/1986) untersucht sie die »innere Welt der Subjekte und Objekte« (Keller 1986: 73), wie sie in den modernen Naturwissenschaften zum Ausdruck kommt. Die einzelnen Aspekte ihres Themas gliedern sich in Einzelstudien zur Geschichte, zur Psychologie und zur Metaphorik der Naturwissenschaften. Im besonderen hat sie sich in ihrer Untersuchung der Interaktion zwischen dem Naturwissenschaftler und seinem Forschungsgegenstand zugewandt. Sie arbeitet heraus, wie bei der Entstehung neuzeitlicher Wissenschaft eine hierarchische Geschlechterbeziehung zum Modell für das Verhältnis des Forschers zur Natur wird, wie in der Metapher der »keuschen Ehe« Selbstkontrolle des Wissenschaftlers und Kontrolle der Natur zusammenfließen und für das wissenschaftliche Selbstverständnis bestimmend werden. In einem weiteren Schritt kritisiert sie mit Hilfe psychoanalytischer Deutungsmuster die herrschenden kulturellen Wissenschaftsideale und enthüllt die unter dem Mantel der Unpersönlichkeit verborgene besondere Subjektivität des modernen wissenschaftlichen Denkens. Sie gibt eine entwicklungspsychologische Darstellung des kindlichen Identitätsbildungs- und Ablösungsprozesses, der geschlechtsspezifisch unterschiedlich vollzogen wird. Die Vorstellung von der Autonomie des Subjekts, die sich dabei durchsetzt, ist an der männlichen Erfahrung orientiert, an der Abgrenzung (von der Mutter) über die Geschlechterdifferenz. Wissenschaftliche Objektivität, die spezifische Beziehung des Wissenschaftlers zur Natur, wiederholt dieses Muster mit zwei entscheidenden Konsequenzen: Objektivität wird zu einer Haltung, die durch radikale Distanzierung vom Gegenstand geprägt ist, und sie erscheint als rein männliche Eigenschaft. Keller kann dann zeigen, daß die Modelle und Theorien der modernen Physik und Biologie eine solche Einstellung zum Forschungsobjekt reflektieren und auch, daß eine Differenz Auswirkungen auf das Denken eines Wissenschaftlers bzw. einer Wissenschaftlerin über die Natur hat.

In Kellers nachfolgenden Arbeiten sind nach wie vor psychoanalytische Ansätze zentral, die, wie sie in der Einleitung zu dem Sammelband *Secrets of Life – Secrets of Death* (1992) bemerkt, »(f)or both good and bad reasons most historians, philosophers, and sociologists of science have come to regard (...) as something of an embarrasment« (Keller 1992: 8). Um die Struktur und die Form biologischer und physikalischer Theorien auf ihre unausgesprochenen und unbewußten Intentionen zu analysieren, untersucht sie den affektiven Inhalt einer Sprache von den »Geheimnissen der Natur« (Keller 1990a und 1990b). Daß die Rede von Geheimnissen nicht nur einfach den Zugang zu Naturerkenntnis meint, sondern darüber hinaus ganz explizit die Aufforderung zum (technischen und experimentellen) Handeln beinhaltet, wird sichtbar durch den Blick auf die Geschichte der neuzeitlichen Wissenschaft, der die Vorgänge der Reproduktion und Generativität noch lange Zeit ein Mysterium blieben, mit dem die Frau umgeben war. Noch in dem Vorhaben der Molekularbiologen, das »Geheimnis des Lebens« zu entdecken, und dem der Atomphysiker, die Bombe zu bauen, erkennt Keller als wesentliche Gemeinsamkeit die Verschmelzung »of phallic, anal and birth imagery« (Keller 1992: 50), die archaische Züge trägt und die sich auf die Aneignung, Negation und Auslöschung des Weiblichen richtet.

An Beispielen aus der Evolutions- und Molekularbiologie arbeitet Keller heraus, wie durch Sprache, durch verschiedene strukturierende Metaphern, die sie programmatisch unter dem Titel »atomic individualism« zusammenfaßt, gesellschaftliche Werte in das theoretische Denken transportiert und die Entwicklung in den Naturwissenschaften beeinflußt werden. Die methodische Prämisse, daß das Funktionieren eines Systems durch die Eigenschaften seiner einzelnen Teile vollständig beschrieben werden kann, privilegiert in der Biologie die Auffassung, nach der jede Interaktion zwischen Organismen als Konkurrenz beschrieben werden kann (Keller 1991). Keller weist darauf hin, daß damit Widersprüche in der biologischen Theorie auftreten, denn für zweigeschlechtliche Arten kann Fortpflanzung nicht als individuelle Eigenschaft beschrieben werden (Keller 1987). Die reduktionistische Sichtweise des biologischen Geschehens versucht, ihre Probleme durch den Wechsel auf die Ebenen kleinerer biologischer Einheiten, z. B. in der Populationsgenetik vom Organismus zum Gen, zu lösen. Dann nämlich findet sie die Gegebenheiten für eine mathematische Modellierung: Austauschbarkeit der Einheiten, zufällige Interaktionen, einfache Strukturen – die bevorzugten Gegenstände naturwissenschaftlicher Theorien (Keller 1989). In der Genetik hat diese Ausrichtung zu einer Vereinseitigung der Fragen und zu einer Ausblendung bestimmter Themen geführt. Alles, was der Vorstellung widersprach, daß Mutationen spontane Vorgänge seien, daß die genetische Information immer nur von der DNA zur Zelle gegeben werden kann, wurde für Jahrzehnte abgelehnt, paßte nicht zur Lokalisierung des Lebens im Gen, zu seiner Definition als Code und nicht zur Neubestimmung der Ziele biologischer Forschung als Kontrolle und Herstellung des Lebens. Keller zeigt, daß durch die sprachliche Konvention, die Zufälligkeit und Zielgerichtetheit die Wechselwirkungen zwischen dem Entstehen von Variationen und Anpassungsvorgängen kein Thema waren und selbst dann, wenn sie beschrieben wurden, als solche nicht erkennbar waren. Viele der hier auftretenden Probleme lassen sich – so Keller – durch einen Wechsel der Beschreibungsebene schlüssig erklären. Allerdings ist dies kein Übergang zu einer noch kleineren Einheit, sondern vielmehr umgekehrt die Sicht auf den Kontext des genetischen Geschehens, sein Kontinuum und seine Komplexitäten (Keller 1992: 161 ff.).

Die Naturwissenschaften sind allerdings nicht bloß als ein Diskurs über die Natur zu verstehen, Keller sieht sie vor allem auch als »agent of change« (1992: 76). Die Hindernisse, die einem Verständnis der »conjunction between knowledge, power and desire« entgegenstehen, erkennt Keller sowohl auf seiten der Naturwissenschaftler, die an der Vorstellung von »reiner« Wissenschaft festhalten, als auch auf der Seite einer Wissenschaftsforschung, die die Frage nach der »Wahrheit« von denen der Anwendung trennt. In einer Auseinandersetzung mit dem Konstruktivismus formuliert sie ihre Interpretation der wissenschaftlichen Theorieentwicklung und stellt sich das Problem, die Partikularität des wissenschaftlichen Denkens sowohl in ihren sozialen als auch in ihren psychischen Dimensionen zu fassen (Keller 1992: 73 ff.).

Mit einer Biographie über die Maisgenetikerin Barbara McClintock, *A Feeling for the Organism* (Keller 1983), hatte Keller ihre Folge von Arbeiten zu dem Thema »Wissenschaft und Geschlecht« begonnen. Die Auseinandersetzung mit der Rolle einer Frau im Wissenschaftsbetrieb, mit McClintocks wissenschaftlichem Naturumgang, der die Verbundenheit mit der Natur betont, führte sie zu den Fragen nach der Bedeutung der kulturellen Differenz zwischen den Geschlechtern für die Struktur wissenschaftlicher Theorien. Kellers Studien münden im Grunde in zwei Visionen: Erstens führt ihre Absage an die Interpretation der Natur als weibliches, dem (männlichen) Wissenschaftler fremdes und gegenübergestelltes Objekt zu der Perspektive eines anderen, sich den herrschenden »Objektivitätsgesetzen« verweigernden Blicks auf Natur. Und zweitens spricht sie sich dezidiert für einen Pluralismus in den Wissenschaften aus, den sie in dem Reichtum der Natur und der Vielfalt dessen, was Natur ist und sein kann, begründet. Wissenschaftspolitisch gesehen vertritt sie die These, daß darin die Chance liegt für eine notwendige, grundsätzliche Neuorientierung von Wissenschaft, die der Vielfalt menschlicher Bedürfnisse gerecht wird.

Die Philosophin Sandra Harding greift in *The Science Question in Feminism* (1986/1990) methodologische Themen und Fragestellungen der Frauenforschung auf.[42] Im Feminismus unterscheidet sie drei epistemologische Programme: den »feminist empiricism«, die »feminist standpoint theory« und den »feminist postmodernism«.

Den »feminist empiricism« beschreibt sie als den Blick, der den Sexismus und Androzentrismus in der Forschung erkennt, soweit er mit Hilfe bereits existierender methodologischer Normen korrigierbar sei. Frauen bzw. Feministinnen seien in der Lage, weniger vorurteilsbeladene Untersuchungen durchzuführen als Männer in ihrer nur scheinbar objektiven Herangehensweise. Aufgrund ihrer anderen Forschungsinteressen könnten sie die androzentrischen Verzerrungen wissenschaftlicher Beobachtung und Theorie aufdecken. Die Formulierung eines eigenen erkenntnistheoretischen Standpunkts von Frauen verallgemeinert diese Differenz, indem sie die individuellen und partiellen Interessen von Frauen in einem strukturellen Unterdrückungs- und Diskriminie-

42 Vgl. hierzu auch Longino 1988: 570, sowie Harding/Osietzki/Scheich 1991.

rungszusammenhang interpretiert. Vertreterinnen dieser Richtung ziehen den Schluß, daß aus der gesellschaftlichen Perspektive von Frauen ein adäquateres Verstehen von Natur und sozialem Leben erwachsen kann. Hierbei stellt sich die Frage, ob es überhaupt einen »feminist standpoint« geben kann, wenn die soziale Erfahrung von Frauen nicht nur über die Kategorie »Geschlecht«, sondern auch über Rasse, Klasse und Kultur geprägt ist. Gerade an dieser undifferenzierten Vereinnahmung könnte eine konzeptionelle Kritik ansetzen. Das »feminist standpoint«-Konzept geht für Harding über in den »feminist postmodernism«, den sie in einem Beitrag von Donna Haraway erkennt: *A manifesto for Cyborgs* (1991: 149-182). Damit sei ein neues Feld feministischer Wissenschaftsforschung eröffnet, die sich der Kritik am Eurozentrismus der weißen, westlichen Wissenschaften anschließt und die gegenwärtig zu neuen kulturübergreifenden Ansätzen führt. Insbesondere sind die blinden Flecke einer feministischen Wissenschaftskritik aufzudecken, deren Fragen – solange sie nicht reflektiert werden – vom abendländischen Wissenschaftsparadigma geprägt und an seinen Denkweisen orientiert sind.

In ihrem neuen Buch *Whose Science, Whose Knowledge. Thinking from Women's Lives* führt Harding (Harding 1991) ihre Interpretation des postfeministischen Ansatzes weiter. Sie plädiert dafür, ein komplexeres Verstehen davon zu entwickeln, wie westliche Wissenschaft und Wissensmodelle in Gesellschaft und Kultur eingebettet sind – vor allem, wie in diesem historischen Prozeß Frauen, aber auch andere Marginalisierte zum »Anderen« der herrschenden Kultur konstruiert wurden. Sie fragt nach dem Erkenntnisinteresse und dem Denken dieser »Anderen« und untersucht die Beziehung zwischen Erfahrung und Wissen aus der Sicht der Ausgegrenzten, der Farbigen, der Menschen in der Dritten Welt, der Homosexuellen und Lesben. Aus dem Dialog marginalisierter Gruppen und der wechselseitigen Kritik ihrer Perspektiven erhofft sie sich eine präzisere Analyse der Ungleichzeitigkeiten in der gesellschaftlichen Herrschaft, wie sie aufgrund der Spaltung von Rasse, Klasse, Geschlecht usw. entstehen. Das Ziel soll dabei keineswegs nur eine einzige, neue und »richtige« Sichtweise sein, sondern die selbstreflexive Erweiterung verschiedener Standpunkte. Im kritischen Diskurs der Unterdrückten entstehe eine neue erkenntnistheoretische Position, die des »multiple subjects«, die auch die Frauenbewegung nicht unverändert lasse.

Abschließend resümiert sie die Transformationen von Feminismus und Wissenschaft in diesen Prozessen und meint, daß im Prinzip feministische Wissenschaft bereits existiere. Damit übergeht sie allerdings die Phase einer fundierten theoretischen Analyse und einer komplexen Interaktion, die sie an anderer Stelle fordert. Vielfach verfällt sie so vereinfachten holistischen Annahmen, indem sie davon ausgeht, daß Frauen generell die Fähigkeit besäßen, komplexe interaktive Prozesse besser zu verstehen.

Helen Longino stellt als Philosophin traditionelle Vorstellungen, Theorien und Methoden der Naturwissenschaften in Frage, ist aber insbesondere auch in der kritischen Reflexion der feministischen Wissenschaftskritik hervorgetreten.

Longino hat zu den Büchern von Keller (*Reflections on Gender and Science*), Fausto-Sterling (*Myths of Gender*) und Harding (*The Science Question in Feminism*) kritisch angemerkt (Longino 1988), daß zum einen die Ziele, die Inhalte und die Methodologie von naturwissenschaftlicher Forschung ungenügend dargestellt und reflektiert würden (z. B. vermische Harding immer Sozialwissenschaften und Naturwissenschaften); andererseits werde nicht genau zwischen einer Kritik von Wissenschaft und der Kritik der positivistischen Philosophie von Wissenschaft unterschieden. Sie plädiert für eine getrennte Untersuchung der »Natur« in den verschiedenen Disziplinen und der Wissenschaftspraxis selbst. Gleichzeitig möchte sie in diesem Prozeß die unterschiedliche Rolle des Individuums und der gesellschaftlichen Bedürfnisse in der Entwicklung von wissenschaftlichen Theorien stärker beachtet sehen.

Unter Wissenschaft versteht sie außer den Inhalten und Fragen der Forschung auch die technische Infrastruktur für die Produktion von Wissen sowie die sozialen Institutionen und Praktiken des Wissenschaftsbetriebes. In ihrem Aufsatz *Feminist critiques of rationality: critiques of science or philosophy of science* (1989) skizziert Longino dementsprechend drei Strategien der feministischen Kritik an einer männlich geprägten Rationalität, nämlich die Wissenschaftskritik, die Methoden- und Philosophiekritik und die Kritik der Institutionen und Strukturen. Die Aufgabe der Wissenschaftskritik sei es, sowohl die sexistischen und rassistischen Inhalte als auch die Ideologien und Interessen von Wissenschaft herauszuarbeiten. Sie betont hier besonders eine feministische Kritik an der Industrialisierung von Wissenschaft – »big science« –

und der Wissenschaft unter dem Einfluß des Staates, die die Auswirkungen der ökonomischen und politischen Verflechtungen auf die theoretischen Konzepte betrachtet. Der Reduktionismus wissenschaftlicher Theorien wird von Longino als das Produkt einer spezifisch männlichen Rationalität als herrschender Form von Wissensaneignung und Wissensproduktion aufgefaßt; Frauen in der Wissenschaft bemühen sich eher um einen kontextuellen, reflexiven Ansatz, der das gesamte Umfeld der eigenen Forschung mit einbezieht. Zum Schluß stellt sie fest, daß der Feminismus aus der Nische der reinen Kritik herauskommen sollte, denn erst mit der Einführung von neuen erklärenden Theorien und Konzepten könnten androzentrische Annahmen wirklich überwunden werden.

In ihrem Buch *Science as Social Knowledge* untersucht Longino (1990) das Verhältnis von sozialen Werten und Normen einerseits und wissenschaftlicher Erkenntnis andererseits. Wieder gilt ihr Augenmerk der Frage, wie Werte und Normen in die Methoden, Zielen und Praktiken der Wissenschaftlergemeinde eingehen. Aus philosophischer und wissenschaftssoziologischer Perspektive ist für sie hier der Begriff der Objektivität zentral. In diesem Zusammenhang berücksichtigt sie insbesondere die bisherigen Forschungen zur Geschlechterdifferenz, die Modelle der Verhaltensbiologie und Hormonforschung. Sie faßt Wissenschaft als per se gesellschaftliches Wissen und trägt damit ein Konzept vor, das jenseits der Alternative »Good Science, Bad Science« liegt. An eine feministische Wissenschaft stellt sie den Anspruch, daß sie die verschiedentlich geäußerten Vorstellungen zu Komplexität, Interaktion und Ganzheit unter Beweis stelle, da diese bislang keineswegs ausformuliert seien (1990: 187).

Donna Haraway hat sich in ihrer Hauptstudie (1989a) auf die Primatologie konzentriert und deren wissenschaftliche Praktiken und Diskurse als »Menschwerdungsgeschichtsschreibung« charakterisiert.[43] Die Primatenforschung wie auch die Verhaltensbiologie betrachtet Haraway als Möglichkeit, die Grenzziehungen zwischen »Natur« und »Kultur« zu studieren und den Definitionen von »Natur« nachzugehen, um zu zeigen, wie das gesellschaftliche und wissenschaftliche Verständnis von Natur jeweils im politischen Prozeß ausgehandelt wird. Wie die Ideen der Frei-

43 Vgl. dazu auch ihren Aufsatz in diesem Band.

heit und Gleichheit, so gehört ihrer Auffassung nach auch der Begriff der »menschlichen Natur« zum politischen Diskurs der westlichen Kultur. Haraways methodische Vorgehensweise dabei läßt sich in zwei Richtungen unterscheiden: Zum einen unternimmt sie eine Analyse des gesellschaftlichen Diskurses über Affen und Menschen und vor allem der außergewöhnlichen Faszination für »Andersartigkeit«, die diese Schriften enthüllen. Im Kontext der Primatenforschung geht es um die menschlichen Ursprünge, und damit zugleich auch um Grenzziehungen gegenüber der Natur als dem »Anderen«. Weiterhin untersucht sie das »ganze Leben der Primatenforscher/innen«, ihre Lebensweisen, Persönlichkeiten, familiären Verhältnisse sowie professionellen Strategien und Entwicklungswege und verschränkt diese mit den Forschungsprogrammen der Primatologie und ihrer Bedeutung in verschiedenen Foren der politischen Öffentlichkeit, etwa am Beispiel der Raumfahrt.

Donna Haraway geht mit ihrer Position auf Distanz zu den Wissenschaften. Ihr methodisches Vorgehen der narrativen Analyse will die in der neuzeitlichen Wissenschaftstradition gesetzten Grenzen zwischen »Natur« und »Kultur«, zwischen »Mensch« und »Tier« überschreiten, da beide soziale Konstruktionen sind.

Ihre Ausführungen geraten folglich zu dichten Essays »politischer Wissenschaft«, die analytische Techniken der Dekonstruktion und der narrativen Analyse benutzen, um neue Lesarten von Wissenschaft als Politik und Wissenschaft als Kultur zu ermöglichen. Aber in diesem Sinne sind wissenschaftliche Theorien für Haraway nicht nur Herrschaftslegitimation, sondern auch eine wichtige Ressource für den Widerstand gegen Herrschaft. Wissenschaft ist weder »einstimmig« noch eine simple Vortäuschung einer kulturellen Mythologie über die reale Welt. In der Analyse Haraways spielen daher die Überprüfungen feministisch orientierter Diskurse in der Primatenforschung eine prominente Rolle. Nicht nur zeigt sich hierin ganz allgemein, wie die Metaphorik der Primatologie sich historisch verändert hat. Es wird auch die Begrenztheit eines unreflektierten Austausches des »universal man« durch eine »universal woman« sichtbar.

Inzwischen sieht sich die Wissenschaftshistorikerin Haraway als Mitglied einer globalen Oppositionsbewegung[44], die versucht,

44 Eine Sammlung ihrer wichtigsten Arbeiten ist 1991 unter dem Titel *Simians, Cyborgs, and Women. The Reinvention of Nature* erschienen.

die Geschichte der westlichen Zivilisation und ihrer Ursprünge in Frage zu stellen und eine Kritik an der abendländischen Aufklärung zu entwickeln. Sie beschreibt ihren Weg zur feministischen Wissenschaftskritik als den einer US-amerikanischen, sozialistischen Feministin der siebziger Jahre, die die Biologie verließ, um über die modernen westlichen Erkenntnisse zu Affen, Menschenaffen, Männern und Frauen zu schreiben und sich in dieser Arbeit in wachsendem Maße über die als unsichtbar bezeichneten, d.h. nicht auffallenden Kennzeichen ihres Status als weißer Frau bewußt wurde. War sie zunächst daran interessiert zu zeigen, wie die Geschichte der »Natur« in den biologischen Wissenschaften analog zur Aufspaltung von Produktion und Reproduktion begriffen und beschrieben wurde und welche Folgen dies für Frauen, Farbige und nicht-menschliche Beteiligte hatte, so wandte sie sich in der Folgezeit immer mehr den Strategien und narrativen Formen der Debatte um die »women's experience« unter Feministinnen zu. Unter dem Motto: »One story is not as good as another« (Haraway 1989: 348) befragte sie die Kategorien, Koalitionen und Oppositionen in den Forschungsstrategien und Schreibweisen von Frauen, speziell der feministischen Kritikerinnen an der Primatenforschung.[45]

Ihre Position hat sich weiterentwickelt zu einer »multiply marked cyborg feminist, who tried to keep her politics, as well as her other critical functions, alive in the unpromising times of the last quarter of the twentieth century« (Haraway 1991: 1). Mit der Metapher des »Cyborg Feminism«[46] versucht sie die Hoffnung zu umschreiben, daß feministische Methoden vielleicht mehr als andere dazu fähig sind, spezifische historische und politische Positionen zu halten, die fortwährend parteilich sind, ohne die Suche nach wichtigen Verbindungen mit anderen Einsichten aufzugeben.

45 Vgl. dazu insbesondere die in Teil 2 ihres Buches *Simians, Cyborgs, and Women* zusammengefaßten Artikel zum Thema: »Contested Readings: Narrative Natures« (Haraway 1991: 71-126).

46 Unter einem »Cyborg« versteht Haraway einen kybernetischen Organismus, einen Hybrid aus Maschine und Organismus, ein Geschöpf der sozialen Realität wie der Fiktion. »Cyborgs are post-Second World War hybrid entities made of, first, ourselves and other organic creatures in our unchosen ›high-technological‹ guise as information systems, texts, and ergonomically controlled labouring, desiring, and reproducing systems. The second essential ingredient in cyborgs is machines in their guise, also, as communications systems, texts, and self-acting, ergonomically designed apparatuses« (Haraway 1991: 1).

Im »Cyborg«, dieser doppelgesichtigen Chimäre von High-Tech-Produktionen und lebendigen Organismen, verkörpert sich der Versuch einer positiv interpretierten Überwindung der Grenzen zwischen menschlichen und anderen Organismen und Maschinen, anstatt wie im männlichen Selbstverständnis der Wissenschaften die Grenzen zu betonen. Sie weigert sich, die Masken des »Selbst« in Abgrenzung zum »Anderen«, die laufend von den herrschenden Erzählweisen angeboten werden, zu übernehmen. Statt dessen fordert sie dazu auf, in der feministischen Debatte über die »wissenschaftliche Objektivität« abgelehnte Metaphern organischer und technologischer Visionen aufzugreifen, um vordergründige Positionen, multiple Vermittlungen und partielle Perspektiven zu transformieren in Richtung auf mögliche Allegorien für eine feministische Wissenschaft und Politik. Haraways allgemeine Begeisterung für die Überschreitung von Grenzen blieb in der feministischen Diskussion nicht unumstritten, viel Beachtung und Anerkennung fand jedoch ihr Beitrag zu den erkenntnistheoretischen Konsequenzen für die feministische Kritik, den sie in ihrem vielbeachteten Artikel *Situated Knowledges* (Haraway 1988) dargelegt hat.

»›Our‹ relations with ›nature‹ might be imagined as a social engagement with a being who is neither ›it‹, ›you‹, ›thou‹, ›he‹, ›she‹, nor ›they‹ in relation to ›us‹« (Haraway 1991: 3). Vielleicht zeigt sich dann die »Natur« als »Koyote«, als der »verschlagene Gauner«, wie sie es umschreibt, der uns die historisch sich wandelnden menschlichen Beziehungen zur »Natur« vor Augen führt und darauf hinweist, daß die miteinander umgehenden Partner zutiefst inhomogen sind. Und vielleicht, so drückt Haraway ihre Hoffnung aus, gelingt uns ein neues Verständnis von uns selbst durch die Wiederaneignung sprachlicher Bezeichnungen, die nicht-repräsentativ, historisch zufällig und kunstvoll vom spontanen, notwendigen und famosen Überfluß der »Natur« berichten.

7. Schlußbemerkung

Wie die Frauenforschung sich in den Feldern von Wissenschaft und Politik im Laufe ihrer Existenz differenziert hat, so weist auch die feministische Naturwissenschaftsforschung angloamerikanischer Herkunft ein überaus lebendiges, komplexes und anwachsendes

Arbeitsgebiet auf. Obwohl nach wie vor Frauenstudien in den »harten« Naturwissenschaften nicht zu finden sind, von diesen nicht nur negiert, sondern vehement abgelehnt werden, ist dennoch eine beeindruckende Fülle von Forschungen entstanden, die gewissermaßen mit einem Blick von außen die Forschungsmethoden, Inhalte und Strukturen der Naturwissenschaften betrachten und kritisieren. Das vor allem unterscheidet die »Science and Gender«-Diskussion von anderen Feldern der wissenschaftlichen Praxis, speziell der sozial- und humanwissenschaftlichen Fächer. Ja, mehr noch hat es zu arbeitsteiligen Modellen in der feministischen Wissenschaftskritik geführt, die sich am deutlichsten bei den epistemologischen Fragen nach der inhaltlichen Struktur von Wissenschaft, ihren Methoden, Annahmen und Hypothesen zeigt. Denn der feministische Blick auf die Naturwissenschaften hat weitreichende Folgen für die Praxis in den Naturwissenschaften und wird folglich von Praktikerinnen mit größerer Vorsicht betrieben als von den »Aussteigerinnen« und denjenigen Frauen, die mit philosophischem oder sozialwissenschaftlichem Werkzeug argumentieren (vgl. Longino/Hammonds 1990). Insbesondere dann, wenn die philosophische Wertehierarchie einzelner Disziplinen und die westlichen, abendländischen, männlich dominierten und weiß gefärbten Konzeptionen von Wissen, Objektivität und Wahrheit, einschließlich ihrer Erkenntniswege, in Frage gestellt werden, taucht automatisch die Notwendigkeit neuer Wertungen, alternativer Methoden und Forschungskonzeptionen auf.

Vom Ende unseres Überblickes fällt daher noch einmal ein anderes Licht auf die bisher geleistete Arbeit. Reicht die elaborierte feministische Kritik aus, um die Zielsetzungen gegenwärtiger, männlich-instrumenteller und reduktionistischer Forschungen zu beeinflussen? Wie lassen sich die vielfältig anregenden Ergebnisse der »Science and Gender«-Debatte zu einer Überwindung der verhängnisvollen Verbindung von Geschlechtertypisierungen, Technologie und Macht nutzen? Was bedeutet in der Konsequenz die unter den Forscherinnen akzeptierte Erkenntnis, daß es sich bei der naturwissenschaftlichen Forschung um eine zutiefst soziale Praxis handelt? Wird in diesem Sinne die wachsende Zahl von Frauen in der Praxis naturwissenschaftlicher Forschung einen Wandel herbeiführen?

Wenn, wie Ruth Hubbard sagt (1990: 209), der gänzliche Verzicht auf Wissenschaft einer Utopie gleichkommt, dann bleibt die

Frage nach einer neuen Naturwissenschaft. Eine Frage, die unter den hier erwähnten Kritikerinnen zugespitzt ist auf die Überlegungen zum »ob« und »wie« einer feministischen Naturwissenschaft und als solche kontrovers diskutiert und alles andere als entschieden ist.

Fragen, die sich hierbei aufdrängen, sind: Inwieweit sollte beispielsweise die feministische Forschung in die Wissenschaft hinein und inwieweit sollte sie in ihrem eigenen Interesse, um so radikal wie möglich Kritik formulieren zu können, draußen bleiben? Hat nicht die feministische Kritik gerade ihre besondere Qualität darin gezeigt, daß sie als radikale Kritik von außen formuliert wird, d. h., daß sie nicht zwingend den Rücksichtnahmen und Strukturen des herrschenden Wissenschaftsbetriebes verhaftet ist, gleichwohl aber sich anpassen kann?

Eine andere Frage ist: Kann es überhaupt feministische Forschungsansätze, feministische Theorien in den Naturwissenschaften geben, könnte eine feministische Naturwissenschaft entwickelt werden? Was haben wir darunter zu verstehen, wenn auf der einen Seite klar ist, daß feministische Reinterpretationen androzentrischer Verzerrungen wie z. B. die gynozentrischen »Women-the-Gatherer«-Theorien feministischer Evolutionsforscherinnen der siebziger Jahre nicht mehr befriedigen können, da sie wie ihre männlichen Vorgänger in der Dualität der Geschlechterstereotypen agieren?

Und wie auch an den Ergebnissen der Biographieforschung gezeigt, besteht die Aufgabe heute längst nicht mehr nur in der Beschreibung des Lebens von Naturwissenschaftlerinnen, sondern vielmehr der Sozialgeschichtsschreibung der Produktion naturwissenschaftlich-technischen Wissens im Spiegel des Geschlechterverhältnisses, die die besonderen Bedingungen von Wissenschaftlerinnen berücksichtigt. Wir meinen damit keineswegs, daß die Suche nach Frauenschicksalen und weiblichen Leistungen in den Naturwissenschaften obsolet geworden sei, sondern denken eher an solche Fragen: Wie gehen wir mit der Tatsache um, daß wir Frauen auch in solchen von der Frauenbewegung kritisierten Forschungsbereichen wie der Herstellung der Atombombe oder der Gentechnologie finden? Auf welche Weise können die von Frauen entwickelten Wissenschaftsauffassungen, z. B. diejenige einer Barbara McClintock, die auf Ordnung und nicht auf Gesetzen, die auf Respekt und nicht auf Herrschaft beruht, ins Verhältnis gesetzt werden zu ihrer Vereinnahmung durch herrschende, mechanistisch orientierte und auf Profit ausgerichtete Wissenschaftspolitik, im Falle McClintocks der manipulativen Gentechnologie? Daraus folgt, daß naturwissenschaftliche Forschungen von Frauen und ihre Ergebnisse nicht a priori gut, nützlich und sinnvoll für die menschliche Gesellschaft sind, nur weil sie von Frauen produziert wurden.

Die zahlreichen vorgestellten Studien belegen, daß gerade in der Breite der Untersuchungen eine Vielfalt von theoretischen und methodischen Ansätzen, politischen und persönlichen Zielen und programmatischen Entwürfen und Visionen für eine neue Wissenschaft verborgen liegt. Ob diese oftmals optimistischen Ideen und Visionen einiger Feministinnen in die Praxis der Naturwissenschaften integriert werden können, bleibt offen.

Eines jedenfalls scheint gewiß: Die feministische Naturwissenschaftskritik kann wohl kaum aus einer Position der Unschuld heraus plaziert werden. Wie vor allem die epistemologischen Diskussionen zu »Gender and Science« zeigen, gibt es keine Kategorien der »Weiblichkeit«, die unberührt von Macht und Politik einen versöhnlicheren Naturumgang versprechen. Auch scheint uns deutlich geworden zu sein, daß die feministische Beschäftigung mit »Natur« und Naturwissenschaft nicht den androzentrischen Machtmechanismen eines Zwanges zur Wahrhaftigkeit und Objektivierung verfallen sollte. Vielmehr gilt es kritische Distanz gegenüber dem Versuch zu wahren, den eigenen »anderen« Standort gegenüber der Kritik zu verschließen. Dies würde auch eine Überwindung des Grabens zwischen sozialwissenschaftlich bzw. wissenschaftshistorisch orientierten Zugängen zu Naturwissenschaft und Technik und denjenigen der Naturwissenschaftlerinnen und Technikerinnen erfordern.

Literatur

Abir-Am, Pnina u. Dorinda Outram (Hg.), *Uneasy Careers and Intimate Lives. Women in Science 1789-1979*, New Brunswig, London 1987.

Alic, Margaret, *Hypatia's Heritage*, London 1986. Deutsch: *Hypatias Töchter. Der verleugnete Anteil der Frauen an der Naturwissenschaft*, Zürich 1987.

Apple, Rima D., *Mothers & Medicine. A Social History of Infant Feeding 1890-1950*, Madison Wisconsin 1987.
Bann, Joan, *The Calculating Passion of Ada Byron*, Hamden 1986.
Beer, Gillian, *Darwin's Plots: Evolutionary Narrative in Darwin, George Eliot, and Nineteenth Century Fiction*, London 1983.
Beer, Gillian, *Translation or Transformation? The Relations of Literature and Science*, in: *Notes Rec. of the Royal Society London* 44, 1990: 81-99.
Birke, Lynda, *From sin to sickness: Hormonal theories of lesbianism*, in: Hubbard, Ruth u. a. (Hg.), *Biological Woman – The Convenient Myth*, Cambridge 1982: 78-94.
Birke, Lynda, *Women, Feminism and Biology. The Feminist Challenge*, Sussex 1986.
Birke, Linda u. Vines Gail, *Beyond Nature versus Nurture: Process and Biology in the Development of Gender*, in: *Womens Studies International Forum* 10, 1987: 555-570.
Bleier, Ruth, *Science and Gender. A critique of biology and its theories on Women*, Oxford, New York 1984.
Bleier, Ruth, *Feminist Approaches to Science*, New York 1986.
Bleier, Ruth, *Science and Belief: A Polemic on Sex Differences Research*, in: *The Impact of Feminist Research in the Academy*, ed. by Christine Farnham, Bloomington 1987: 111-130.
Bleier, Ruth, *A Decade of Feminist Critiques in the Natural Sciences*, in: *Signs* 14, 1988: 186-195.
Bordo, Susan R., *The Cartesian Masculinisation of Thought*, in: *Signs* 11, 1986: 439-456.
Bordo, Susan R., *The Flight to Objectivity. Essays on Cartesianism and Culture*, Albany 1987.
Bordo, Susan R., *Reading the Slender Body*, in: Jacobus/Keller/Shuttleworth 1989: 69-82.
Brighton Women and Science Group, *Alice Through the Microscope: the Power of Science over Women's Lives*, London 1980.
Cockburn, Cynthia, *Machinery of Dominance: Women, Men and Technical Knowhow*, London 1985. Deutsch: *Die Herrschaftsmaschine. Geschlechterverhältnisse und technisches Know-how*, Hamburg 1988.
Dagg, Anne Innis, *Harem and other Horrors. Sexual Bias in Behavioral Biology*, Ontario 1983.
Daly, Mary, *Gyn/ecology. The Metaethics of Radical Feminism*. London 1978. Deutsch: *Gyn/Ökologie. Die Methodik des Radikalen Feminismus*, München 1981.
Duden, Barbara, *A Repertory of Body History*, in: *Fragments for a History of the Human Body*, Part 3, ed. by Michel Feher (with Rawna Naddaf, Nadia Tazi), New York 1989: 471-578.
Eldridge, Mary, Capron Margaret u. Jane A. Kimball, *Athena meets Pro-*

metheus: Gender, Science and Technology. A Selected Bibliography. The Womens Resources and Research Center, Davis 1988.
Fausto-Sterling, Anne, *Myths of gender: Biological theories about women and men*, New York 1985. Deutsch: *Gefangene im Geschlecht? Was biologische Theorien über Mann und Frau sagen*, München 1988.
Fausto-Sterling, Anne, *Life in the XY Corral*, in: *Womens Studies Int. Forum* 12, 1989: 319-331.
Fedigan, Linda Marie, *The Changing Role of Women in Models of Human Evolution*, in: *Annual Reviews of Anthropology* 15, 1986: 25-66.
Fee, Elizabeth, *Critiques of Modern Science. The Relationship of Feminism to other Radical Epistemologies*, in: Bleier 1986: 42-56.
Forster, Margaret, *Significant Sisters*, London 1984.
Gartner, Carol B., *Rachel Carson*, New York 1983.
Giroud, Françoise, *An honorable woman: Marie Curie-Sklodowska*, New York, London 1985.
Gornick, Vivian, *Women in science: Portraits from a world in transition*, New York 1983.
Goddard, Nancy u. Mary Sue Henifin, *A Feminist Approach to the Biology of Women*, in: *Womens Studies Quarterly* 12, 1984: 11-18.
Griffin, Susan, *Women and Nature: The Roaring Inside Her*, New York 1978. Deutsch: *Frau und Natur. Das Brüllen in ihr*, Frankfurt 1987.
Hacker, Sally, *Pleasure, Power, and Technology*, Winchester, Mass. 1989.
Hacker, Sally, *»Doing it the Hard Way«. Investigations of Gender and Technology*, ed. by Dorothy Smith und Susan M. Turner, Winchester, Mass. 1990.
Haraway, Donna, *Situated Knowledges: The Science Question in Feminism and the Privilege of Partial Perspective*, in: *Feminist Studies* 14, Fall 1988: 575-599.
Haraway, Donna, *Primate Visions, Gender, Race and Nature in the World of Modern Science*, New York 1989a.
Haraway, Donna, *The Biopolitics of Postmodern Bodies: Determinations of Self in Immune System Discourse*, in: *differences: A Journal of Feminist Cultural Studies* 1, 1989b: 3-43.
Haraway, Donna, *Monkeys Aliens and Women: Love, Science and Politics at the Intersection of Feminist Theory and Colonial Discourse*, in: *Feminist Studies Int. Forum* 12, 1989: 295-312.
Haraway, Donna, *Simians, Cyborgs, and Women. The Reinvention of Nature*, New York 1991.
Harding, Sandra u. Merill B. Hintikka (Hg.), *Discovering Reality: Feminist Perspectives on Epistemology, Metaphysics, Methodology and Philosophy of Science*, Boston 1983.
Harding, Sandra u. Jean F. O'Barr (Hg.), *Sex and Scientific Inquiry*, Chicago 1987.

Harding, Sandra, *The Science Question in Feminism*, Ithaca 1986. Deutsch: *Feministische Wissenschaftstheorie. Zum Verhältnis von Wissenschaft und sozialem Geschlecht*, Hamburg 1990.
Harding, Sandra, *Whose Science, Whose Knowledge. Thinking from Women's lives*, Ithaka, New York 1991.
Harding, Sandra, Maria Osietzki u. Elvira Scheich, *»Multiple Subject« Feminist Perspectives on Postmodernism, Epistemology and Science*, Diskussionspapier 3-91, Hamburg: Hamburger Institut für Sozialforschung 1991.
Hartsock, Nancy, *The Feminist Standpoint: Developing the Ground for a specifically feminist historical materialism*, in: Harding/Hintikka 1983: 283-310.
Herzenberg, Caroline L., *Women Scientists from Antiquity to the Present: An Index*, West Cornwall, Conn. 1986.
Hibner Koblitz, Ann, *A convergence of lives. Sofia Kovaleskaja: scientist, Writer, Revolutionary*, Boston 1983.
Hirsch, Marianne u. Evelyn Fox Keller (Hg.), *Conflicts in Feminism*, New York, London 1990.
Hoyrup, Else, *Women of Science, Technology, and Medicine: A Bibliography*, Roskilde 1987.
Hoffmann, Ute, *Computerfrauen. Welchen Anteil haben Frauen an Computergeschichte und -arbeit?* München 1987.
Hubbard, Ruth u. Marian Lowe, *Women Look at Biology Looking at Women*, Boston 1979.
Hubbard, Ruth, *Have only men evolved?* in: Hubbard u. a. (Hg.), *Women Look at Biology Looking at Women.* Cambridge 1979. Deutsch: Hubbard, Ruth, *Hat die Evolution die Frauen übersehen?* in: List/Studer 1989: 301-333.
Hubbard, Ruth, *The Politics of Womens Biology*, London 1990.
Hypatia's Sisters, *Biographies of women scientists – Past and Present*, Seattle 1976.
International Union of the History and Philosophy of Science / Division of History of Science (Hg.), *The XVIIth International Congress of History of Science.* University of California, Berkeley, 31. July-8. August 1985, Vol. 1, *Abstracts of papers presented in scientific sections*, Vol. 2, *Abstracts of papers presented in symposia*, edited by Office for History of Science and Technology, Berkeley 1985.
International Union of the History and Philosophy of Science / Division of History of Science (Hg.), *XVIIIth International Congress of History and Science. General Theme: Science and Political Order, Wissenschaft und Staat*, 1st-9th August 1989, edited by Fritz Krafft u. Christoph J. Scriba, Abstracts, Hamburg-München 1989.
Jacobus, Mary, Evelyn Fox Keller u. Sally Shuttleworth (Hg.), *Body/Politics. Women and the Discourses of Science*, New York: Routledge 1990.

Jagentowics Mills, Patricia, *Feminism and Ecology: On the Domination of Nature*, in: *Hypatia* 6, Spring 1991: 162-178.
Jordanova, Ludmilla, *Sexual Visions. Images of Gender in Science and Medicine between the Eighteenth and Twentieth Centuries*, Madison, Wisconsin 1989.
Kahle, Judith Butler, *Double Dilemma: Minorities and Women in Science Education*, West Lafayette 1982.
Keller, Evelyn Fox, *The Anomaly of a Woman in Physics*, in: *Working it out*, ed. by Sarah Rudick u. Pamela Davies, New York 1977: 78-91.
Keller, Evelyn Fox, *Feminism and Science*, in: *Signs* 7, 1982: 589-602.
Keller, Evelyn Fox, *A Feeling for the organism: The life and work of Barbara McClintock*, San Francisco 1983.
Keller, Evelyn Fox, *Reflections on Gender and Science*, London/New Haven 1985. Deutsch: *Liebe, Macht und Erkenntnis. Männliche oder weibliche Wissenschaft?* München, Wien 1986.
Keller, Evelyn Fox, *Reproduction and the Central Project of Evolutionary Biology*, in: *Biology and Philosophy* 2, 1987: 383-396.
Keller, Evelyn Fox, *Demarcating Public from Private Values in Evolutionary Discourse*, in: *Journal of the History of Biology* 21, 1988: 195-211.
Keller, Evelyn Fox, *Holding the Center of Feminist Theory*, in: *Womens Studies International Forum* 12, 1989: 313-318.
Keller, Evelyn Fox, *Gender and Science*, in: *The Great Ideas Today*, Chicago 1990(a), in diesem Band S. 64ff.
Keller, Evelyn Fox, *Secrets of God, Nature, and Life*, in: *History of the Human Sciences* 3, 1990(b): 229-242.
Keller, Evelyn Fox, *Language and Ideology in Evolutionary Theory: Reading Cultural Norms into Natural Law*, in: *The Boundaries of Humanity*, eds. J.J. Sheehan u. M. Sosna, 1991: 17-29.
Keller, Evelyn Fox, *Secrets of Life – Secrets of Death. Essays on Language, Gender and Science*, New York 1992.
Kimball, Meredith M., *Women and Science: A Critique of Biological Theories*, in: *International Journal of Womens Studies* 4, 1981: 318-338.
King, Ynestra, *The Ecology of Feminism and the Feminism of Ecology*, in: *Journal of Social Ecology* 1, 1983: 16-22.
King, Ynestra, *Healing the Wounds: Feminism, Ecology and Nature / Culture Dualism*, in: Alison M. Jaggar u. Susan Bordo (Hg.), *Gender / Body / Knowledge*, New Brunswick 1989.
Lankford, John u. Slavings, Rickey L., *Gender and Science: Women in American astronomy, 1859-1940*, in: *Physics today* 43, March 1990: 58-65.
Lange, Lynda, *Woman is not a Rational Animal: On Aristotle's Biology of Reproduction*, in: Harding / Hintikka 1983: 1-15.
Lauretis, Teresa de, *Technologies of Gender: Essays on Theory, Film and Fiction*, Bloomington 1987.

Leiboweitz, Lila, *Origins of the sexual division of labour*, in: Lowe/Hubbard 1983: 123-147.

List, Elisabeth u. Herlinde Studer (Hg.), *Denkverhältnisse und Kritik*, Frankfurt 1989.

Lloyd, Genevieve, *The Man of Reason. »Male« and »Female« in Western Philosophy*, London. Deutsch: *Das Patriarchat der Vernunft. »Männlich« und »Weiblich« in der westlichen Philosophie*, Bielefeld 1985.

Longino, Helen E., *Science, Objectivity and Feminist Values*, in: *Feminist Studies* 14, Fall 1988: 561-574.

Longino, Helen, *Feminist Critiques of Rationality: Critiques of Science or Philosophy of Science?* in: *Women's Studies International Forum* 12, 1989: 261-269.

Longino, Helen, *Science as Social Knowledge*, Princeton 1990.

Longino, Helen E. u. Ruth Doell, *Body, Bias and Behavior: A Comparative Analysis of Reasoning in Two Areas of Biological Science*, in: *Signs* 9, 1983: 206-227.

Longino, Helen E. und Evelyn Hammonds, *Conflicts and Tensions in the Feminist Study of Gender and Science*, in: Hirsch/Keller 1990: 164-183.

Lowe, Marian u. Ruth Hubbard (Hg.), *Women's Nature: Rationalizations of Inequality*, New York 1983.

Martin, Emily, *The Woman in the Body: A Cultural Analysis of Reproduction*, Boston 1987. Deutsch: *Die Frau im Körper*, München 1989.

Meillassoux, Claude, *Die wilden Früchte der Frau. Über häusliche Produktion und kapitalistische Wirtschaft*, Frankfurt 1976.

Merchant, Carolyn, *The Death of Nature: Women, Ecology and the Scientific Revolution*, San Francisco 1980. Deutsch: *Der Tod der Natur. Ökologie, Frauen und neuzeitliche Naturwissenschaften*, München 1987.

Merchant, Carolyn, *Ecological Revolutions, Nature, Gender and Science in New England*, Chapel Hill, London 1989.

Merchant, Carolyn, *Gender and Environmental History*, in: *The Journal of American History* 76, March 1990: 1117-1121.

Namenwirth, Marian, *Science seen Through a Feminist Prism*, in: Bleier 1986: 18-41.

Ogilvie, Marylin Bailey, *Women in Science. Antiquity to the 19th Century. A Biographical Dictionary with annoted Bibliography*, Cambridge 1986.

O'Hern, Elizabeth Moot, *Profiles of Pioneer Women Scientists*, Washington 1985.

On the Issues. The Magazine of Substance for Progressive Women: In the Support of Mother(earth)hood, vol. XIX, Summer 1991.

Opfell, Olga, *The lady laureates: Women who have won the Nobel prize*, New Jersey 1978.

Osen, Lynn M., *Women in mathematics*, Cambridge, Massachusetts 1974.
Oudshoorn, Nelly, *On the making of sex hormones: Research Materials and the production of knowledge*, in: *Social Studies of Science* 20, 1990: 5-33.
Osietzki, Maria, *Männertechnik und Frauenwelt. Technikgeschichte aus der Perspektive des Geschlechterverhältnisses*, in: *Technikgeschichte* 59, 1992: 45-72.
Patterson, Elisabeth M., *Mary Somerville and the cultivation of science 1815-1840*, The Hague 1983.
Plumwood, Val, *Nature, Self and Gender: Feminism, Environmental Philosophy and the Critique of Rationalism*, in: *Hypatia* 6, no. 1, Spring 1991: 3-27.
Pomata, Gianna, *Die Geschichte der Frauen zwischen Anthropologie und Biologie*, in: *Feministische Studien* 2, 1983: 113-127.
Poovey, Mary, *Speaking of the Body: Mid-Victorian Constructions of Female Desire*, in: Jacobus/Keller/Shuttleworth 1990: 29-46.
Proceedings of the South East Asian Seminar of Developping Countries, Hanoi, Vietnam, 8.-10. Januar 1987. With the cooperation of the U.S. Committee for Scientific Cooperation with Vietnam and the Women's Commission of the International Union of the History and Philosophy of Science.
Rife, Patricia, *Lise Meitner. Ein Leben für die Wissenschaft*, Düsseldorf 1990.
Rose, Hilary, *Hand, Brain and Heart: A Feminist Epistemology for the Natural Sciences*, in: *Signs* 9, 1983: 73-90.
Rose, Hilary, *Beyond Masculinist Realities: A Feminist Epistemology for the Sciences*, in: Bleier 1986: 57-76.
Rose, Suzanna, *Women Biologists and the »Old Boy« Network*, in: *Women Studies Int. Forum* 12, 1989: 349-354.
Rosser, Sue V., *Resistance of the Science and Health Care Professions to Feminism*, New York 1988.
Rosser, Sue V., *Ruth Bleier. A Passionate Vision for Feminism and Science*, in: *Women Studies Int. Forum* 12, 1989: 249-252.
Rosser, Sue V., *Feminist Scholarship in the Sciences. Where are we now and When Can We Expect a Theoretical Breakthrough*, in: Tuana 1989: 3-16.
Rossiter, Margaret, *Women Scientists in America. Struggles and Strategies to 1940*, Baltimore 1982.
Russett, Cynthia Eagle, *Sexual Science. The Victorian Construction of Womanhood*, Cambridge Ma./London 1989.
SAGE. A Scholarly Journal on Black Women: Science and Technology, Vol. VI, No. 2, 1989.
Sayers, Janet, *Biological Politics: Feminist and Antifeminist Perspectives*, London 1982.

Sayers, Janet, *Feminism and Science – Reason and Passion*, in: *Women's Studies International Forum* 10, 1987: 171-179.
Sayre, Anne, *Rosalind Franklin and DNA: A Vivid View of What It Is Like To Be a Gifted Woman in an Especially Male Profession*, New York 1975.
Schiebinger, Londa, *Skeletons in the Closet: The First Illustrations of the Female Skeleton in Eighteenth-Century Anatomy*, in: *Representations* 14, Spring 1986, ed. by The Regents of the University of California: 41-82.
Schiebinger, Londa, *The History and Philosophy of Women in Science: A Review Essay*, in: *Signs* 12. 1987: 305-332 (1987a).
Schiebinger, Londa, *Maria Winkelmann at the Berlin Academy. A Turning Point for Women in Science*, in: *ISIS* 78, 1987: 174-200 (1987b).
Schiebinger, Londa, *The Mind Has No Sex? Women in the Origins of Modern Science*, Cambridge 1989.
Schiebinger, Londa, *The Anatomy of Difference: Race and Sex in Eighteenth-Century Science*, in: *Eighteenth-Centuries Studies* 23, 1990: 387-405.
Schiebinger, Londa, *Nature's Body. Gender in the Making of Modern Science*, Boston 1993.
Shields, Stephanie A., *The Variability Hypothesis: The History of a Biological Model of Sex Difference in Intelligence*, in: *Signs* 7, 1982: 769-797.
Shuttleworth, Sally, *Female Circulation: Medical Discourse and Popular Advertising in the Mid-Victorian Era*, in: Jacobus / Keller / Shuttleworth 1990: 47-68.
Siegal, Patricia J. u. K. T. Finley, *Women in the Scientific Search: An American Bio-Bibliography 1724-1979*, Metuchen, New York 1985.
Star, Susan Leigh, *The Politics of Right and Left: Sex Differences in Hemispheric Brain Asymmetry*, in: Hubbard u. a. 1979: 61-74.
Stein, Dorothy, *Ada: A life and a legacy*, Cambridge 1985.
Stuby, Anna Maria, *Sofja Kovalevskaja – »Prinzessin der Naturwissenschaften«. Ein Beitrag zur Entheroisierung*, in: Feministische Studien 4, 1985: 87-106.
Tang Halpin, Zuleyma, *Scientific Objectivity and the Concept of »The Other«*, in: *Womens Studies International Forum* 12, 1989: 285-294.
The Biology and Gender Study Group, *The Importance of Feminist Critique for Contemporary Cell Biology*, in: Tuana 1989: 172-187.
The University of Wisconsin System, Womens Studies Librarian (Hg.), *Women and Science: Issues and Resources*, Madison, Wisconsin 1989.
The University of Wisconsin System, Womens Studies Librarian (Hg.), *The History of Women and Science, Health and Technology: A Bibliographic Guide to the Professions and Disciplines*, Madison, Wisconsin 1988.

Treichler, Paula A., *Feminism, Medicine, and the Meaning of Childbirth*, in: Jacobus/Keller/Shuttleworth 1990: 113-138.
Tuana, Nancy (Hg.), *Feminism and Science*, Bloomington 1989.
Yost, Edna, *Women of Modern Science*, Philadelphia 1943.
Yost, Edna, *American Women of Science*, New York 1959.
Zihlman, Adrienne L., *Women and Evolution, Part II: Subsistence and Social Organization among Early Hominids*, in: *Signs* 4, 1978: 4-20.

Evelyn Fox Keller
Geschlecht und Wissenschaft: Eine Standortbestimmung[1]

1. Einleitung: Die Bedeutung von Gender

Schemata zur Klassifizierung von Menschen sind zwangsläufig vielfältig und höchst variabel. Verschiedene Kulturen wählen und betonen verschiedene Kriterien, wenn sie Menschen ihrer eigenen oder einer anderen Kultur in Gruppen einteilen: sie können Größe, Alter, Farbe, Beschäftigung, Vermögen, Heiligkeit, Weisheit oder eine Menge anderer Merkmale hervorheben. Alle Kulturen aber differenzieren zumindest viele ihrer Mitglieder nach dem Geschlecht. Was als Hauptindikator des Geschlechterunterschiedes gilt und die besondere Bedeutung, die diesem Unterschied beigemessen wird, variiert zweifellos, aber aus ziemlich offensichtlichen Gründen lassen sich die Menschen überall darauf ein, Menschen, die sie als männlich bezeichnen, von denen, die sie als weiblich bezeichnen, zu unterscheiden. Und in den meisten Fällen sind sie sich sogar darin einig, wer wie bezeichnet wird. Einige marginale Fälle ausgenommen, weisen diese grundlegenden Kategorisierungen, zumindest wenn sie auf erwachsene Menschen im reproduktionsfähigem Alter angewendet werden, auffällige überkulturelle Übereinstimmungen auf: unterschiedliche Kulturen werden jede mögliche Ansammlung von Menschen in die beiden gleichen Gruppen aufteilen. Aus diesem Grund tendieren wir zu der Annahme, daß das Wort Geschlecht zumindest in einer Hinsicht Merkmale benennt, die uns von der Natur vorgegeben sind.[2] Man könnte sogar sagen, daß die universellen reproduktiven Konsequenzen des Geschlechtsunterschieds zu einer ebenso universellen Beschäftigung mit der Bedeutung dieses Unterschiedes Anlaß geben.

Aber trotz all der gesellschaftsübergreifenden Übereinstimmung bezüglich einer solchen minimalen Klassifizierung finden

1 Überarbeitete Fassung meines Artikels *Gender and Science*, in: *Great Ideas Today*, New York 1990.

2 Eine etwas andere Sicht vertritt Thomas Laqueur, *Making Sex*, Cambridge, Harvard Univ. Press, 1990.

wir eine ebenso bemerkenswerte kulturelle Variabilität in der Weise, wie die Menschen diese Abgrenzung gestaltet haben und weiterhin gestalten; in der Bedeutung, die sie ihr geben; in den Eigenschaften, die sie mit einschließt; in der Rolle, die sie beim Ordnen der menschlichen Realität über die unmittelbaren Bereiche biologischer Reproduktion hinaus spielt; selbst in der Rolle, die ihr beim Ordnen der nicht-menschlichen Welt zukommt. Eben um diese Variabilität hervorzuheben, führten amerikanische Feministinnen in den siebziger Jahren die Unterscheidung zwischen *sex* und *gender* ein, wobei der Begriff »gender« die Bedeutung von Männlichkeit und Weiblichkeit bezeichnen sollte, die eine gegebene Kultur mit den Geschlechtskategorien männlich und weiblich verbindet.[3]

Anfänglich war mit dieser Unterscheidung die Absicht verknüpft, auf die Relevanz nicht-biologischer (d.h. sozialer und kultureller) Faktoren hinzuweisen, die die Entwicklung zu Männern und Frauen bestimmen, und damit den Wahrheitsgehalt von Simone de Beauvoirs berühmtem Diktum: »Man kommt nicht als Frau zur Welt, man wird es« zu unterstreichen. Es ging darum, eine Verschiebung der Aufmerksamkeit zu bewirken: von der altehrwürdigen und möglicherweise ubiquitären Frage nach der Bedeutung des sexuellen Unterschiedes (d.h. der Bedeutung von männlich und weiblich) hin zu der Frage, auf welche Weise solche Bedeutungen konstruiert werden. In Donna Haraways Worten: »*Gender* ist ein Konzept, das entwickelt wurde, um die Naturalisierung des Geschlechterunterschiedes aufzuheben.«[4]

Sehr rasch jedoch nahmen Feministinnen die noch beträchtlich größere Reichweite der analytischen Funktionen wahr, die diese vielschichtige Kategorie anbietet, und sie begannen sie ebenso rasch zu nutzen. Von einer anfänglichen Konzentration auf Geschlecht als kultureller Norm, die die psychosoziale Entwicklung der einzelnen Männer und Frauen leitet, wandte sich die Aufmerksamkeit bald dem Geschlecht als einer kulturellen Struktur zu, die die sozialen (und sexuellen) Beziehungen zwischen Männern und

3 Vgl. z.B. Gayle Rubin, *The Traffic in Women: Notes on the ›Political Economy‹ of Sex*, in: *Toward an Anthropology of Women*, Hg. Rayna R. Reiter, New York 1975.

4 Donna Haraway, *Gender for a Marxist Dictionary: The Sexual Politics of a Word*, im Druck.

Frauen organisiert.[5] Und sie führte schließlich zu einem Verständnis von *Geschlecht* als geschlechtsspezifischer Basis einer Teilung in kognitive und emotionale Arbeit, die Frauen, ihre Arbeit und die mit dieser Arbeit verbundenen Wertvorstellungen aus den kulturell normativen Entwürfen jener Kategorien ausschließt, die als spezifisch »menschlich« gelten: zum Beispiel Objektivität, Moral, Staatsbürgerschaft, Macht, oft sogar »menschliche Natur« selbst.[6] Aus dieser Perspektive können *gender* und *gender-Normen* als verborgene Strukturelemente angesehen werden, die die geistigen und diskursiven Landkarten der sozialen und natürlichen Welten organisieren, die wir zugleich bewohnen und errichten – *sogar jener Welten, die Frauen niemals betreten.*[7]

In dieser zweifachen Verschiebung – zunächst von *sex* zu *gender* und dann von der normativen Macht, die die Entwicklung erwachsener Männer und Frauen prägt, zu den kulturellen Orientierungen in den sozialen und natürlichen Welten, die sie als Erwachsene bewohnen – liegt das zentrale Merkmal zeitgenössischer feministischer Theorie. Seit Mitte der siebziger Jahre verfolgten feministische Historikerinnen, Literaturkritikerinnen, Soziologinnen, Politikwissenschaftlerinnen, Psychologinnen, Philosophinnen und bald auch Naturwissenschaftlerinnen den Anspruch, frühere feministische Analysen, die die Beiträge und die Darstellungen von Männern und Frauen in den verschiedenen Bereichen untersuch-

5 Vgl. z. B. G. Rubin, a. a. O., und Catherine MacKinnon, *Feminism Unmodified*, Cambridge 1988.

6 In der neuesten Literatur sind die Diskussionen über *gender* noch komplexer geworden, da feministische Wissenschaftlerinnen mittlerweise ihren Fokus von der vereinheitlichenden Kraft der Gender-Normen in spezifischen, kulturell homogenen Systemen zu so inhomogenen Strukturen wie »Klasse« und »Rasse«, die innerhalb einer scheinbar einheitlichen Kultur weiter existieren, verschoben haben. Aber innerhalb der Grenzen der wenigen Welten, die als kulturell homogen bezeichnet werden können – wie die nahezu ganz und gar weiße, überwiegend eurozentrische Ober- und Mittelschichten-Welt der modernen Wissenschaft –, bleibt die Analyse der Macht von *gender* und *gender-Normen* relativ geradlinig. Tatsächlich sorgt die Exklusivität dieser Tradition für einen der wenigen Fälle, in denen genau auf Grund der Rassen- und Klassenexklusivität die Variablen »Rasse« und »Klasse« aus der Analyse ausgeklammert werden können. Man sollte jedoch in Erinnerung behalten, daß das *gender-Konzept* einer solchen Analyse auf eine spezifische Gruppierung der westlichen Kultur beschränkt ist.

7 Für eine nützliche Zusammenfassung dieser vielfältigen und doch ineinandergreifenden Bedeutungen des Begriffs Geschlecht vgl. z. B. Sandra Harding, *Feministische Wissenschaftstheorie: zum Verhältnis von Wissenschaft und Geschlecht*, Hamburg 1990.

ten, durch weitergehende Forschungen zu ersetzen, die danach fragten, auf welche Weise in der Geschichte dieser Wissensgebiete die grundlegenden Annahmen und Kategorien durch private und öffentlich vertretene Vorstellungen über das Geschlecht geformt wurden. Einfach gesagt, kann die heutige feministische Theorie »als eine Art Aufmerksamkeit« beschrieben werden, »ein Vergrößerungsglas, das eine spezielle Frage in den Brennpunkt stellt: Was bedeutet es, daß ein Aspekt der menschlichen Erfahrung männlich und ein anderer weiblich genannt wird? Wie beeinflussen solche Etikettierungen die Art und Weise, in der wir die erfahrbare Welt strukturieren, ihre verschiedenen Bereiche mit Wertungen belegen, und wie beeinflussen sie die kulturelle Prägung und die kulturelle Bewertung realer Männer und Frauen?«[8]

Mit Fragen wie diesen initiieren feministische Wissenschaftlerinnen eine intensive Erforschung der geschlechtsspezifischen Markierungen, die in vielen Grundannahmen der traditionellen akademischen Disziplinen evident sind. Waren die ersten Bemühungen noch auf die Geistes- und Sozialwissenschaften beschränkt, so richtete sich das Interesse feministischer Forschung seit den späten siebziger Jahren auch auf die Naturwissenschaften. Besonderer Prüfung wurden jene Annahmen unterzogen, die eine dichotomische (und hierarchische) Struktur festlegen und die selbst bereits stillschweigend auf der Annahme einer dichotomischen (und hierarchischen) Relation zwischen Männern und Frauen aufbauten – d.h. auf Dichotomien wie öffentlich/privat; politisch/persönlich; Vernunft/Gefühl; Gerechtigkeit/Fürsorge; objektiv/subjektiv; Macht/Liebe usw. Ziel dieses Unterfangens war nicht, die überkommene Ordnung dieser Relationen umzukehren, sondern die Relationen selbst in Frage zu stellen – eine radikale Kritik anzumelden an einer Weltsicht, die Geschlechterkategorien benutzt, um das Gefüge menschlichen Lebens und Denkens in eine Vielzahl sich gegenseitig saktionierender, gegenseitig stützender und gegenseitig definierender binärer Oppositionen zu verwandeln.

8 E. F. Keller, *Liebe, Macht und Erkenntnis*, München 1986, S. 13. [Die Übersetzung ist leicht verändert, A. d. Ü.]

Die Einbeziehung der Naturwissenschaften in dieses weite analytische Netz eröffnete spezifische Möglichkeiten, brachte aber auch besondere Schwierigkeiten und Gefahren mit sich, die berücksichtigt werden müssen. Einerseits ist die Präsenz von Gendermarkierungen in den Grundkategorien der Naturwissenschaften (z. B. Geist/Natur, Vernunft/Gefühl; objektiv/subjektiv) auffälliger als in den Human- und Sozialwissenschaften; andererseits aber zielt der zentrale Anspruch der Naturwissenschaften gerade auf eine Methodologie, die die menschlichen Besonderheiten transzendiert, die weder den Stempel einer individuellen noch den einer kollektiven Urheberschaft trägt. So drückte es Georg Simmel vor mehr als sechzig Jahren aus:

»... die Gerechtigkeit des praktischen Urteils und die Objektivität des theoretischen Erkennens ... sind zwar gleichsam ihrer Form und ihrem Anspruch nach allgemein menschlich, aber in ihrer tatsächlichen historischen Gestaltung durchaus männlich. Nennen wir solche als absolut auftretenden Ideen einmal das Objektive schlechthin, so gilt im geschichtlichen Leben unserer Gattung die Gleichung: objektiv = männlich.«[9]

Aber Simmels Schlußfolgerung, die als Beschreibung einer bestimmten Kultur möglicherweise unbestreitbar ist, weist uns auch auf die spezifische Gefahr einer feministischen Kritik der Naturwissenschaften hin. Tatsächlich scheint Simmel selbst genau in die Falle gelaufen zu sein, die wir aufzudecken versuchen: da er versäumt, den Raum, für den er die »Gültigkeit« dieser Gleichung behauptet, als einen *kulturellen oder sogar ideologischen Raum* zu spezifizieren, lädt seine Formulierung dazu ein, ihn als einen biologisch vorgegebenen zu verstehen. Indem er die Geschichte dieser Gleichung als »Geschichte unserer ›Gattung‹« darstellt, ohne diese ›Gattung‹ als eine besondere Kultur – okzidentale, europäische – kenntlich zu machen, übergeht er stillschweigend die Existenz anderer Kulturen und lädt eben zu der Schlußfolgerung ein, die gerade diese Kulturgeschichte versucht hat durchzusetzen: daß in der menschlichen Gattung »Objektivität« ein Privileg des Männlichen ist.

Ausgangspunkt für eine feministische Kritik der Naturwissenschaften ist daher, diese Gleichung in eine Vexierfrage umzufor-

9 Vgl. Georg Simmel, *Philosophische Kultur*, Leipzig 1911, S. 67-68.

men: wie kann der wissenschaftliche Geist zugleich als männlich und als körperlos angesehen werden? Wie kann Denken als »objektiv«, d.h. als ein unpersönliches und vom Selbst losgelöstes Denken, und gleichzeitig als das »Denken eines Mannes« verstanden werden?

Man könnte meinen, solche Fragen, richtig (d.h. als Vexierfrage) gestellt, seien für jede Frau, die versucht, als Wissenschaftlerin an dieser Tradition teilzuhaben, von besonderer Dringlichkeit. Aber die Erfahrung lehrt das Gegenteil. Wissenschaftlerinnen, so stellt sich heraus, sind genauso fähig, mit verdeckten Widersprüchen zu leben wie andere Leute auch. Gerade die Geschichtsmächtigkeit der kulturellen Gleichung: »objektiv« gleich »männlich«, verlangt, so würde ich behaupten, von vielen, wenn nicht den meisten Wissenschaftlerinnen eine ganz besondere Anstrengung, die für sie in einer solchen Gleichung enthaltenen normativen Widersprüche zu überdecken oder zu verleugnen.

Um meinen eigenen Fall als Beispiel zu nehmen: damit ich diese Gleichung als ein analysebedürftiges Paradox und nicht bloß als eine entweder zu verifizierende oder zu falsifizierende Behauptung auch nur *wahrnehmen* konnte, mußte ich einen entscheidenden Bewußtseinswandel durchmachen, eine andere Identität erlangen, neben der einer Wissenschaftlerin. Ich mußte lernen zu begreifen, daß in der Welt nicht nur Dinge, sondern auch Vorstellungen, Glaubensüberzeugungen und selbst Worte Macht haben. Erst dann konnte ich die übliche Assoziation von Wissenschaft, Objektivität und Männlichkeit als eine Behauptung über die Welt wahrnehmen, die nicht auf die körperlichen und geistigen Fähigkeiten individueller Männer und Frauen verweist, sondern auf ein kollektives Bewußtsein; ein Muster von Überzeugungen, dessen Realität nicht in Körpern liegt, sondern in der Sprache, in unserer Sprache, die die Macht hat, in Worte zu fassen, was einzelne Männer und Frauen denken und tun können (oder nicht können). Für mich wie für eine Reihe meiner Zeitgenossinnen bedurfte es der Hilfe feministischer Theorie, um mein Denken über Wissenschaft so einzustellen, daß Geschlecht als ein eher kultureller denn biologischer Imperativ sichtbar wurde, als ein Muster von Vorstellungen, die in ihrem eigenen Namen und in ihrem eigenen Raum, d.h. im Raum von Ideologie und Kultur, Macht ausüben.

Aber das war nur der erste Schritt. Eine effektive Analyse der

Rolle, die Geschlechterideale in der Geschichte der modernen Wissenschaft einnehmen, erfordert mehr als eine Erkenntnis des sozialen Charakters (und der sozialen Macht) von »Geschlecht«. Sie erfordert darüber hinaus die gleichzeitige Einsicht in den gesellschaftlichen Charakter (und die gesellschaftliche Macht) des Unternehmens, das wir »Wissenschaft« nennen.

3. Die Bedeutung von Wissenschaft

Obwohl Menschen überall und durch die ganze Geschichte hindurch ein verläßliches Wissen über die sie umgebende Welt gebraucht, begehrt und gesucht haben, werden nur bestimmte Wissensformen und nur bestimmte Verfahren, ein solches Wissen zu erlangen, unter jene Rubrik gerechnet, die wir im späten 20. Jahrhundert Wissenschaft nennen. So wie »männlich« und »weiblich« von einer Kultur definierte und nicht biologisch festgelegte Kategorien sind, so ist auch »Wissenschaft« der Name, mit dem wir eine Anzahl von Praktiken und einen Wissenskorpus bezeichnen, die von einer Gemeinschaft entworfen worden sind. Selbst heute, zum Teil wegen der Vielfalt von Praktiken, die unter dem Etikett »Wissenschaft« subsumiert sind, widersteht der Begriff einer präzisen Definition und zwingt uns, uns mit einer herkömmlichen Definition zufriedenzugeben – Wissenschaft ist eben das, was jene Leute tun, die wir Wissenschaftler nennen. Aber trotz auffälliger Variationen zwischen den Disziplinen und deren Geschichte können wir die normativen Dimensionen dieses Unternehmens in seiner jetzigen Form klar erkennen – die Wertvorstellungen, Zielsetzungen und Annahmen, die die moderne Wissenschaftsideologie enthält; wir können sogar ihre Entwicklung zu jener spezifischen geistigen, sozialen und politischen Umwälzung zurückverfolgen, die wir grob als »die wissenschaftliche Revolution« kennzeichnen.

Seit 1962 ist eine Fülle von Literatur entstanden, in der Historikerinnen und Soziologinnen versucht haben, die außerwissenschaftlichen, insbesondere sozialen und politischen Kräfte offenzulegen, die auf Definition und Entwicklung wissenschaftlicher Erkenntnisse Einfluß genommen haben und immer noch nehmen. Aber in nahezu der gesamten Literatur bleiben zwei Auslassungen auffällig: die eine betrifft die Rolle, die das Geschlecht, verstanden als soziale Kategorie, dabei spielt, die andere, zweifellos damit verbunden, den gesamten Bereich des Persönlichen.

Feministische Ansätze leisten daher in zweierlei Hinsicht einen einzigartigen Beitrag sowohl zur traditionellen als auch zu einer revidierten Wissenschaftsforschung: Nicht nur richten sie die Aufmerksamkeit auf die geschlechtspezifischen Grundlagen der Teilung in emotionale und geistige Arbeit, die im traditionellen Wissenschaftsdiskurs und selbst in den neueren, den sozialen Kontext berücksichtigenden Studien über Wissenschaft vorausgesetzt ist, sie fördern auch die Einbeziehung von Sichtweisen, die traditionell Frauen zugeschrieben wurden – nicht als eine »Frauenperspektive«, sondern vielmehr als ein kritisches Instrument, um die Herkunft jener Dichotomien zu untersuchen, mit denen eine solche Perspektive ausgesondert und ihre Legitimität bestritten wird. Das Ziel ist, unser Verständnis der Geschichte, Philosophie und Soziologie von Wissenschaft durch Einbeziehung gerade jener Bereiche menschlicher Erfahrung zu erweitern, die in der Vergangenheit den Frauen zugewiesen wurden: das Persönliche, das Emotionale und das Sexuelle.

Kurz, die Verknüpfung von feministischer Theorie und sozialwissenschaftlich orientierter Wissenschaftsforschung läßt uns begreifen, daß die Vorstellungen von Frauen, Männern und Wissenschaft aus derselben komplexen Dynamik ineinander verwobener kognitiver, emotionaler, sozialer und politischer Kräfte hervorgehen. Sie stellt uns vor die Aufgabe, die Wurzeln, Dynamiken und Konsequenzen des Netzes von Assoziationen und Ausschließungen zu untersuchen, die zusammen das konstituieren, was das »science-gender-system« genannt werden könnte. Aus dieser Perspektive ist das eigentliche Thema der Forschung über *gender* und Wissenschaft die miteinander verbundene gesellschaftliche Produktion von Männern, Frauen und Wissenschaft oder, genauer, wie das gesellschaftliche Werden und Sein von Männern und Frauen die Entwicklung von Wissenschaft beeinflußt hat.

Zentral für diese gesellschaftliche Produktion bzw. das Benennen von Wissenschaft ist das Benennen (oder Charakterisieren) des erkennenden Wissenschaftlers, des Erkennbaren und der Beziehung zwischen beiden, von der angenommen wird, daß sie Erkenntnis möglich macht. Diese Akte des Benennens von Geist, Natur, Subjekt und Objekt strukturieren zwangsläufig das wissenschaftliche Untersuchungsfeld in einem gewissen Grad von

Übereinstimmung mit dem größeren sozialen Feld, das durch diese Benennungen (die zugrundeliegenden Bilder) evoziert wird.

4. Gender und die Ursprünge der modernen Wissenschaft

Im England des 17. Jahrhunderts standen die Bedeutungen von »Geist« und »Wissen«, »Mann« und »Frau«, »Gott« und »Natur« ebenso wie die Beziehungen zwischen diesen verschiedenen Kategorien zur Diskussion. Die selbst gestellte Aufgabe jener Männer, die sich selbst Naturphilosophen nannten, war es, ein Muster von Beziehungen zu beschreiben und vorzuschreiben, das glaubhaft eine Überlegenheit über die bisher geltenden beanspruchen konnten. Und bei diesem Bestreben war die geschlechtsbezogene Sprache für die Gründer der Royal Society eine zentrale und tatsächlich unerschöpfliche Quelle von Metaphern. Sie rekurrierten dabei in nicht geringem Maße auf die rhetorischen Errungenschaften ihres Vorgängers Francis Bacon. In der denkwürdigen Prosa Bacons konnte nur ein »viriler« Geist – säuberlich von allen Spuren des Weiblichen gereinigt – dem Ideal einer »keuschen und gesetzmäßigen Ehe zwischen Geist und Natur« wirklich nahekommen.

Für Bacon und seine Nachfolger stand weder die Identifizierung von Natur und Frau, Ehefrau oder Mutter noch die Identifizierung von Geist und Mann, Ehemann oder Vater zur Diskussion – beides galt in ihrer Zeit als selbstverständlich. Worum es ging, war vielmehr die Beziehung *zwischen* Geist/Mann und Natur/Frau, die überzeugend eine Art von Wissen/Macht zu liefern versprach, das für fähig gehalten wurde, die Herrschaft des Menschen über die Natur zu begründen[10]: eine neue Wissenschaft, die sich von den alten »Scharlatan-Philosophen« durch ihre besondere Macht unterschied – in Bacons Worten: »Eine männliche Geburt der Zeit«. Es war unvermeidlich, daß damit der Charakter und die Anordnung der Relationen Geist/Mann und Natur/Frau – kurz, die Bedeutungen von »Geist«, »Natur«, »Männlichkeit« und »Weiblichkeit« – auch zur Diskussion standen.

10 Im 17. Jahrhundert waren das immer noch Versprechungen.

Während Bacons Rhetorik noch auf die Formen einer angemessenen ehelichen Zusammenkunft von Geist und Natur (i. e. auf »Zwang«, »Belästigung«, »Verfolgung«, »Eroberung«) zielte, durch die die »innersten Kammern« der Natur offengelegt würden, konnte Robert Boyle fünfzig Jahre später solche Formen bereits voraussetzen und statt dessen die Impotenz der so enthüllten Natur aufs Korn nehmen. In *A Free Inquiry into the Vulgarly Received Notion of Nature* legt Boyle nicht nur dar, daß es »der Achtung, die wir der göttlichen Vorsehung schulden, eher entspricht, Gott (als) den ebenso freien wie weisen Urheber zu denken... als anzunehmen – wie wir es gewöhnlich tun –, Gott habe ein intelligentes und mächtiges Wesen, genannt Natur, zu seiner stellvertretenden Regentin ernannt«; er argumentiert auch, seine eigenen wissenschaftlichen Forschungen zeigten, daß, »gäbe es ein solches Wesen, gesagt werden müsse, es sei zu blind und agiere zu impotent, um die ihm anvertraute Rolle gut zu erfüllen«.[11] Und er fügt hinzu:

»Die Ehrfurcht, die die Menschen gegenüber dem, was sie Natur nennen, erfüllt, ist eine entmutigende Behinderung der Herrschaft des Menschen über Gottes niedere Geschöpfe gewesen: denn viele haben ... sie als ein pietätloses Streben angesehen, als Beseitigung jener Schranken, die die Natur unter ihren Geschöpfen eingesetzt und festgelegt zu haben scheint...«[12]

Für Boyle verbinden sich Wissenschaft und Religion in dem Bestreben, »Natur« in etwas umzuformen, das nicht verehrungswürdiger ist als »ein großer schwangerer Automat«[13], eine Maschine, deren Arbeit zu kontrollieren, nachzuahmen und zu übertreffen nicht nur unser Recht, sondern unsere Pflicht ist.

Die mannigfaltigen sozialen und politischen Faktoren, die in die philosophischen Debatten im England des 17. Jahrhunderts in Verbindung mit der Institutionalisierung der modernen Wissenschaft stehen, stellen für Wissenschaftshistoriker ein vertrautes Thema dar. Aber ebenso wie die moderne Wissenschaft sich in einem spezifischen sozialen und politischen Kontext entfaltete und ihn gleichzeitig auszubilden half, so entfaltete sie sich auch im Zusammenhang mit einer spezifischen Geschlechterideologie und

11 *The Works of Robert Boyle*, hg. von Thomas Birch, Bd. 4, S. 362-363, London 1744.
12 Ibid., S. 363.
13 Ibid., S. 373.

gab auch dieser ihre Gestalt. Wir mögen an die Gleichsetzung von Geist, Verstand und Männlichkeit gewöhnt sein, ebenso wie an die Dichotomie von Geist und Natur, Verstand und Gefühl, männlich und weiblich, die Leser im 17. Jahrhundert waren es aber beträchtlich weniger. Teilweise wurden diese Verknüpfungen und Trennungen erst durch die spezifische, von den Gründungsvätern der modernen Wissenschaft benutzten diskursiven Strategien geschaffen. Und der Erfolg ihres Diskurses zeugt natürlich wiederum von seiner Übereinstimmung mit den gleichzeitigen Wandlungen auf der größeren sozialen, ökonomischen und politischen Bühne.

5. Eine skeptische Erwiderung

Für jeden praktisch tätigen Wissenschaftler aber wird zweifellos die kritische Frage lauten: »Das mag alles zutreffen, aber welche Beziehungen haben diskursive Strategien zu dem, was Wissenschaftler tatsächlich tun?« Bislang konzentrieren sich alle Beobachtungen von Feministinnen auf den wissenschaftlichen (oder eher meta-wissenschaftlichen) Diskurs und auf subjektive Motivationen, nicht aber auf die konkrete Arbeit oder die Theorie von Wissenschaftlern. Ein solcher Leser könnte auch einwenden, sogar als Diskurs seien all diese Beispiele überholt: sie illustrierten lediglich die Art, in der (einige) Leute in der Vergangenheit über Wissenschaft und Natur gesprochen haben, nicht aber wie sie es in der Gegenwart tun. Das sind gute Argumente, auf die eingegangen werden muß.

Dem zweiten Einwand kann relativ leicht begegnet werden, daher will ich mich ihm zuerst zuwenden. Zwar mag es stimmen, daß die Verbreitung einer auf die Geschlechter bezogenen Bildersprache innerhalb des wissenschaftlichen Diskurs seit dem 17. Jahrhundert beträchtlich abgenommen hat, aber selbst heute ist sie noch keineswegs verschwunden. Eher könnte man sagen, unsere heutige Welt sei von den metaphorischen Strukturen, die die Naturphilosophen des 17. Jahrhunderts zu errichten halfen, derart durchdrungen, daß wir sie kaum noch wahrnehmen. So werden etwa die grundlegenden Assoziationen von Natur/weiblich und Geist/männlich, die in der wissenschaftlichen Kultur seit jener Zeit faktisch eine Konstante darstellen, inzwischen für so selbstverständlich gehalten, daß sie gar nicht mehr bemerkenswert erscheinen. Sicher haben Geschlechternormen seit dem 17. Jahrhundert beträchtliche Variationen erlebt, und zu keiner Zeit sind sie Rassen und Klassen übergreifend einheitlich oder für die einzelnen Individuen absolut bindend gewesen. Die Bedeutungen von Begriffen wie »Geist«, »Natur«, »männlich«, »weiblich« waren weder unveränderlich noch zwingend. Was aber wesentlich ist für die Geschichte unserer dominanten intellektuellen Traditionen, ist die Dauerhaftigkeit, die Vitalität und die Kraft der metaphorischen Struktur, in die sie verwoben sind. Die Trennungen von Geist und Natur, von Verstand und Gefühl, von objektiv und subjektiv, die sich mit den Metaphern des 17. Jahrhunderts Bahn brachen, sind, wenn überhaupt, in der heutigen Wissenschaftskultur stärker und bleibender verhaftet, als sie es damals waren. Tatsächlich haben sie sich mittlerweile derart verfestigt, daß sie keiner traditionellen Geschlechtertropen mehr bedürfen. Reine Anspielung genügt gemeinhin.[14]

Im späten 20. Jahrhundert – zum Teil als Ergebnis des Feminismus, zum Teil als Ergebnis interner Ausweitung – wird Wissenschaft (zumindest in den USA) nicht mehr als reine Männerwelt betrachtet und ist es auch tatsächlich immer weniger. Es ist eine Welt von Männern und Frauen (obwohl es immer noch hauptsächlich Männer, und zwar vorwiegend weiße Männer der Mittelschicht sind), die bestimmte Formen kognitiver Fertigkeiten aufweisen – bis vor kurzer Zeit nannten wir es »wie ein Mann denken«, inzwischen nicht mehr, da eine solche Redeweise selbst als diskriminierend erkannt wurde. Doch ungeachtet dieses zweifachen (sprachlichen und institutionellen) Schrittes zu mehr Gleichheit bleiben die von der feministischen Theorie aufgeworfenen Fragen bestehen: Welche Konsequenzen für die Entwicklung von Wissenschaft hat der historische Ausschluß jener Werte und jener menschlicher Talente, die im Laufe derselben Geschichte in die Welt der Frauen verwiesen wurden, *bereits gehabt*? Welche Folgen hatte es für die Definition und die Praxis wissenschaftlichen Denkens, daß wissenschaftliches Erkennen als »Denken wie ein

14 Man nehme zum Beispiel den neuen BBC-Filmbericht »The Race to the Double Helix«, in dem die Metapher des Fechtens bemüht wird, um Francis Cricks Klage, woran es in der klassischen Biologie hapere, Ausdruck zu verleihen: »Stechen, stechen, stechen«, sagt Crick, »aber keine Penetration.« (Für eine ausführlichere Diskussion der Übernahme der phallischen Bilder der klassischen Physik durch die Molekularbiologie vgl. E. Fox Keller, *Physics and the Emergence of Molecular Biology*, in: *J. Hist. Biology*, 1990.

Mann« etikettiert wurde – in den dreihundert Jahren, in denen solche Etikettierungen bestanden? Was ist mit der Art zu denken (oder welche mentale Aktivität die genannte Redewendung auszuschließen intendierte), die die meisten Frauen als Teil ihrer traditionellen kulturellen und materiellen Arbeit notgedrungen lernen mußten, weil sie eben diesen kulturellen Raum bewohnten?

Vor fünfzehn Jahren, als Feministinnen begannen, solche Fragen zu formulieren, schien die Aufgabe in mancher Hinsicht einfacher. Da die beruflichen und sprachlichen Welten der dominanten Kultur damals noch entlang der traditionellen Geschlechterlinie getrennt waren und insbesondere die Wissenschaft eine Bastion nicht nur männlicher Tugenden, sondern auch männlicher Vorrechte war, schien es möglich (wenn auch wegen der normativen Implikationen zunehmend problematisch), den Begriff »Frau« zu benutzen, um die Werte und Tugenden zu bezeichnen, die in ihrem Namen ausgeschlossen worden waren. Es gab damals sogar Anlaß zu der Hoffnung, daß mit dem Aufgeben eines geschlechterspezifischen Wissenschaftsdiskurses der Weg frei werden würde für eine menschlichere (d.h. von Geschlechterkonstrukten befreite und dementsprechend humanere) Konzeption von Wissenschaft. In den vergangenen Jahren ist freilich nur allzu deutlich geworden, wieviel einfacher es ist, einige Frauen und einige Wörter einzuschleusen, als inhaltlich auf die Herausforderung zu reagieren, die durch ein anderes Wertesystem gesetzt wird: auf die Werte jener Kultur nämlich, die diese Frauen und diese Wörter zwangsläufig hinter sich lassen mußten. Es gibt kein Anzeichen dafür, daß Wissenschaft sich verändert hätte, sei es durch die Aufnahme von mehr Frauen, sei es durch unsere bewußten Versuche, die geschlechtsspezifischen Markierungen aus ihrem Diskurs zu entfernen.

Bedeutet dies, daß die Skepsis unseres hypothetischen praktisch tätigen Wissenschaftlers gerechtfertigt ist? Daß (um auf den ersten Einwand zu kommen) Sprache, die Art und Weise, wie wir *über* Wissenschaft und Natur sprechen, weder für die tatsächliche Praxis noch für die theoretischen Leistungen von Wissenschaft relevant ist? Kaum. Es bedeutet lediglich, daß unsere übliche Art zu sprechen sich nicht direkt in die wissenschaftliche Praxis übersetzen läßt, ebensowenig wie sich unsere konventionellen Geschlechternormen unmittelbar auf die Körper von Männer und Frauen übertragen. Unterstrichen wird damit lediglich die Notwendigkeit einer weiteren Analyse, die über die Aufdeckung der Stellung und der rhetorischen Funktion der Geschlechtermetaphorik in der Geschichte der modernen Wissenschaft hinausgeht und danach fragt, auf welche Weise diese Metaphorik und die mit ihr verbundenen kulturellen Normen die tatsächliche kognitive und materiale Entwicklung von Wissenschaft beeinflußt haben. Noch allgemeiner: es wird eine Analyse der Rolle erforderlich, die Sprache und Ideologie in der tagtäglichen Produktion wissenschaftlicher Theorie und Praxis spielen – eine Aufgabe, die weit über die Fragen von Gender und Wissenschaft hinausreicht.

6. Das Problem von Sprache und Wissenschaft

Es ist heute ein Gemeinplatz, daß alle Daten eine Interpretation voraussetzen. Und wenn eine Interpretation Bedeutung haben soll – wenn die Daten für mehr als eine Person »intelligibel« sein sollen –, dann muß sie in ein Kollektiv mit gemeinsamen Handlungen eingebettet sein, muß es gemeinsame Auffassungen über die Bedeutung der Begriffe geben sowie über ihre Beziehung zu und Wechselwirkung mit den »Objekten«, auf die sie sich richten. In der Wissenschaft wie auch anderswo erfordert Interpretation die Verwendung einer gemeinsamen Sprache.

Eine gemeinsame Sprache sprechen bedeutet ein Begriffsuniversum teilen. Es bedeutet mehr als nur die »richtigen« Namen zur Bezeichnung von Dingen zu wissen; es bedeutet, die »richtige« Syntax zu kennen, um Behauptungen und Fragen zu formulieren, und, noch entscheidender, es bedeutet eine mehr oder weniger abgestimmte Verständigung darüber, worin berechtigte Fragen überhaupt bestehen und was als sinnvolle Antwort akzeptiert werden kann. Jede explizit gestellte Frage bringt ein Bündel von impliziten (unausgesprochenen und im allgemeinen unerkannten) Voraussetzungen und Erwartungen mit sich, die die Skala der möglichen Antworten in einer Weise beschränken, die nur ein eigens in diesem Gebiet ausgebildeter Dialogpartner erkennen wird. Zu wissen, welche Erklärungsweisen »Sinn machen«, was als »begründend« gelten kann, heißt bereits, Mitglied einer spezifischen Sprachgemeinschaft zu sein.

Aber wenn es ein Merkmal gibt, das die wissenschaftliche Gemeinschaft von anderen unterscheidet, dann ist es die Annahme –

und sie ist in der Tat spezifisch für diesen besonderen Diskurs –, daß das Universum, welches Wissenschaftler untersuchen, unmittelbar zugänglich ist, daß die »Natur«, die sie als Untersuchungsgegenstand bestimmen, nicht durch Sprache vermittelt ist und daher wirklichkeitsgetreu abgebildet werden kann. Dieser Annahme zufolge liegen »Naturgesetze« außerhalb der Relativität von Sprache – ja, sie liegen außerhalb von Sprache überhaupt: sie sind verschlüsselt in logischen Strukturen, die vom Verstand erkannt und im Experiment bestätigt werden. Auch ist nach dieser Annahme die deskriptive Sprache der Wissenschaft transparent und neutral; sie bedarf keiner Überprüfung.

Das Vertrauen in die Transparenz und Neutralität wissenschaftlicher Sprache ist für Wissenschaftler sicher hilfreich für ihre Forschungsarbeit; es ist zugleich erstaunlich effektiv in der Unterstützung ihrer besonderen Wahrheitsansprüche. Es bestärkt die Auffassung, ihre eigene Sprache sei vollkommen, und trägt dadurch dazu bei, ihre disziplinären Grenzen gegen Kritik abzusichern. Sprache, die als transparent vorausgesetzt wird, erweist sich als undurchdringlich.

Zwangsläufig fällt es daher anderen zu – weniger involviert in die Ansprüche des wissenschaftlichen Selbstverständnisses –, die »Undurchdringlichkeit« wissenschaftlicher Sprache sichtbar zu machen, die Übereinkünfte hinsichtlich Praxis, Interpretation und gemeinsamer Bestrebungen, auf denen die Wahrheitsansprüche dieser Sprache basieren, zu erforschen, die zahlreichen Gabelungen auf dem Wege zum Wissen zu befragen, die durch diese Übereinkünfte verdeckt werden, und in diesem Vorgehen schließlich Alternativen für die Zukunft aufzudecken. Bei genauer Betrachtung wandelt sich der unterstellte Gegensatz zwischen gewöhnlicher und wissenschaftlicher Sprache zu einer bestürzenden Ähnlichkeit. Selbst rein technische Diskurse beruhen auf Metaphern, auf Ambiguitäten, auf Bedeutungsunwägbarkeiten – tatsächlich also genau auf jenem Alltagsverständnis von Begriffen, von dem ein technischer Diskurs uns zu befreien vorgibt. Wissenschaftliche Argumente können keinen »Sinn ergeben«, geschweige denn wirksam sein, wenn sie nicht extensiv auf gemeinsam getroffene Übereinkünfte zurückgreifen, um diese unvermeidlichen Ambiguitäten und Instabilitäten unter Kontrolle zu bringen. Gerade der Begriff »experimentelle Überprüfung« muß in einem viel weiteren Sinn als gewohnt verstanden werden – er beschreibt nicht nur die Kontrolle von Variabeln, sondern auch die von Seh-, Denk-, Handlungs- und Sprechweisen, in denen ein Forscher umfassend ausgebildet sein muß, bevor er oder sie zum aktiven Mitglied einer Disziplin wird.

Neuere Arbeiten zur Geschichte, Philosophie und Soziologie von Wissenschaft konnten zeigen, daß selbst die ganz herkömmliche Darstellung, die Wissenschaftler von ihrem Erfolg geben, ihre Herkunft in Metaphern hat: so basiert z.B. die Vorstellung einer Eins-zu-Eins-Korrespondenz zwischen Theorie und Realität oder die Vorstellung, daß Wissenschaft durch ihre Methodik in der Lage sei, Natur, »so wie sie ist«, zu erkennen – beides Vorstellungen, die im Wissenschaftsdiskurs immer implizit enthalten sind, auch wenn sie in Abrede gestellt werden[15] –, auf Metaphern, in denen der Verstand als transparente, »glasartige« Substanz und die Wissenschaft als »Spiegel der Natur« erscheinen. Schlichte Logik legt indessen nahe, daß Wörter, in welcher Kombination auch immer, eine viel zu begrenzte Ressource sind, um eine wahrheitsgetreue Darstellung selbst unserer eigenen Erfahrung und noch viel weniger des unermeßlichen Bereichs natürlicher Phänomene zu erlauben.[16] Die Metapher von der Wissenschaft als einem »Spiegel der Natur« mag für Wissenschaftler psychologisch und politisch nützlich sein, aber Angemessenheit kann man ihr sicher nicht nachsagen. Sie kann auch nicht als besonders nützlich gelten für ein philosophisches Verständnis davon, wie Wissenschaft funktioniert; vielmehr hat sie sich für unser Verständnis der Entwicklung von Wissenschaft in ihrem historischen und sozialen Kontext eindeutig als Barriere erwiesen. Es ist

15 Man kann argumentieren, die Vorstellung einer Eins-zu-Eins-Korrespondenz sei kein wesentliches oder auch nur notwendiges Element der Epistemologie der modernen Physik mehr. Einige Autoren (vgl. Mitroff, *The Subjective Side of Science*, 1974) weisen darauf hin, daß Wissenschaftler, wenn sie gedrängt werden, häufig von einer solchen Vorstellung abrücken. Ich dagegen würde behaupten, daß die weiterhin bestehende Präsenz dieser Vorstellung sowohl in informellen Gesprächen zum Ausdruck kommt als auch den Hintergrund vieler der offiziell geführten Diskussionen bildet.

16 Mary Hesse weist darauf hin, daß »Neuronen in Milliarden erscheinen und ihre möglichen Wechselbeziehungen ein Millionenfaches davon ausmachen, während die Wörter einer Sprache nur in Tausenden zur Verfügung stehen und Sätze selbst innerhalb eines ganzen Lebens nicht die Länge erreichen würden, um den Possen der Neuronen zu entsprechen. Es kann nicht ein Wort oder einen Satz geben, um jedes einzelne Ding abzudecken« (M. Hesse, *Models, Metaphors and Myths*, in: *New York Times*, 22. Oktober 1989, S. E 24).

weitaus nützlicher und wahrscheinlich sogar angemessener, mit Mary Hesse anzunehmen, daß »Wissenschaft nur deshalb erfolgreich ist, weil zwischen den Objekten genügend lokale und spezifische Regelmäßigkeiten in den Raum-Zeit-Bereichen bestehen, in denen wir sie überprüfen können. Diese Bereiche mögen sehr groß sein, aber es ist ein elementarer Bestandteil der Mathematik, daß zwischen der größten vorstellbaren Zahl und der Unendlichkeit ein unendlicher Abstand besteht.«[17]

In einem sehr ähnlichen Sinn kann man zeigen, daß die Vorstellung von »Naturgesetzen« in einer Metapher wurzelt, einer Metapher, die von ihren politischen und theologischen Ursprüngen geprägt ist. Auch wenn Philosophen insistieren, Naturgesetze seien lediglich deskriptiv, doch nicht normativ, historisch wurden sie als Gesetze konzipiert – von oben erlassen und von unten befolgt. »Diejenigen, die den Begriff als erste verwendet haben, verstanden Naturgesetze als Gesetze, die Gott der Materie auferlegt hat, und selbst Autoren, die diese Auffassung nicht akzeptieren, sprechen häufig davon, daß Naturgesetze von den Phänomenen ›befolgt‹ werden oder daß sie die wirkenden Kräfte seien, durch die die Phänomene erzeugt werden.«[18]

In dieser Hinsicht führt die Metapher der »Naturgesetze« eine ontologische Hierarchie als Voraussetzung in die wissenschaftliche Praxis ein, die nicht nur Geist und Materie einer Ordnung unterwirft, sondern ebenso Theorie und Praxis und natürlich die Norm und die Abweichung. Selbst im weitesten (und möglichst deskriptiven) Sinne des Wortes *Gesetz* sind die Arten von Ordnung in der Natur, die ein Gesetz fassen kann, auf jene Ordnungen beschränkt, die in der die Naturgesetze kodifizierenden Sprache ausgedrückt werden können. Alle Sprachen sind in der Lage, Regelhaftigkeiten zu beschreiben, doch nicht alle erkannten und nicht einmal alle beschreibbaren Regelmäßigkeiten lassen sich im verfügbaren Wissenschaftsvokabular darstellen. Die Annahme, daß alle wahrnehmbaren Regelmäßigkeiten durch heutige (oder selbst zukünftige) Theorien darstellbar seien, bedeutet daher, dem, was in der Natur möglich ist, sowie dem, was potentiell verstehbar ist, vorschnell Grenzen aufzuerlegen.

17 Ibid.

18 *Oxford English Dictionary*, Stichwort »law«. Die Diskussion ist hier der Einleitung in Teil III meines Buches *Liebe, Macht und Erkenntnis*, a. a. O., entnommen.

Nancy Cartwright hat darauf hingewiesen, daß die theoretischen Erfolge (und Mißerfolge) der Wissenschaft mit der sehr anderen Metapher von den »Möglichkeiten der Natur«[19] besser zu verstehen sind. In offenkundiger Übereinstimmung mit Mary Hesse und einer Anzahl weiterer zeitgenössischer Wissenschaftshistoriker und Wissenschaftsphilosophen meint sie, daß ein Verständnis der bemerkenswerten Konvergenz zwischen Theorie und Experiment, die von den Wissenschaftlern hergestellt wird, weniger die Adäquatheit der vermeintlich überprüften Gesetze beachten solle als vielmehr die spezifische Manipulation von Theorie und experimentellem Verfahren, die erforderlich ist, um diese Konvergenz zu erzeugen. Unsere übliche Rede über wissenschaftliche Gesetze, so meint Cartwright, leugne (und ignoriere) gleichermaßen die begriffliche und sprachliche Anstrengung, die erforderlich ist, um eine Theorie oder ein »Gesetz« zu formulieren, damit sie zu einem bestimmten Set experimenteller Bedingungen paßt, wie die auch materiale Arbeit, die die Konstruktion eines experimentellen Apparates erfordert, damit er einer theoretischen Behauptung genügt. Wissenschaftliche Gesetze mögen »wahr« sein, aber ihre Wahrheit entspricht weniger der Natur als einem Artefakt oder Produkt höchst konstruierter und äußerst partikularer Bedingungen.

7. Geschlecht, Ideologie und das Ausüben von Wissenschaft

Diese philosophischen Erörterungen verschaffen uns einen Hintergrund, vor dem wir zu der ursprünglichen Frage nach dem Einfluß eines geschlechterspezifischen Diskurses auf die historische Entwicklung der modernen Wissenschaft zurückkehren und sie neu formulieren können. Sie kann nun in Form von zwei getrennten Fragen gestellt werden: Die erste, die Frage nach der Rolle, die öffentliche und private Auffassungen der Geschlechterbeziehung bei der Gestaltung der grundlegenden Metaphern der Wissenschaft spielen, gehört zur eigentlichen feministischen Theorie, während die zweite, die Frage nach der Rolle, die diesen Metaphern in der aktuellen Entwicklung wissenschaftlicher Theo-

19 Nancy Cartwright, *Nature's Capacities*, Oxford 1990.

rie und Praxis zukommt, einer umfassenderen Forschung zugehört. Früher versuchte ich auf die erste Frage zu antworten, indem ich historische Beispiele für Benennungen von Wissenschaft und Natur heranzog, die explizit auf Geschlechtervorstellungen verwiesen. Die von Kuhn initiierte und von Mary Hesse, Nancy Cartwright und vielen anderen fortgesetzte Arbeit an den philosophische Grundlagen, die den Realismus und die Eindeutigkeit des naturwissenschaftlichen Diskurses unterminiert hat, macht es jetzt möglich, auf die zweite Frage zu antworten, und läßt zumindest die Art der Analyse erkennen, die notwendig wäre, um zu zeigen, auf welche Weise solche grundlegende Benennungen dazu beigetragen haben, den derzeitigen Verlauf der wissenschaftlichen Entwicklung zu gestalten, andere denkbare Verlaufsformen dagegen zu verdunkeln, wenn nicht auszuschließen. Die wichtigste Basis einer solchen Untersuchung bildet die *faktische* Pluralität organisierender Metaphern, Theorien und Praktiken, die durch die ganze Wissenschaftsgeschichte hindurch evident ist. Zu jedem gegebenen Zeitpunkt und in jeder Disziplin kann in den folgenden eng miteinander verbundenen Aspekten unschwer eine reiche Variabilität ausgemacht werden: in den wissenschaftlichen Untersuchungszielen; in den Fragestellungen, die für entscheidend gehalten werden; in den theoretischen und experimentellen Methoden, die geeignet scheinen, diese Fragestellungen anzugehen; und schließlich in dem, was als akzeptable oder befriedigende Antwort gilt. Verschiedene Metaphern für Verstand, Natur sowie die Beziehung zwischen beiden reflektieren unterschiedliche psychologische Einstellungen des Beobachters zu dem Beobachteten; diese wiederum führen zu verschiedenen kognitiven Perspektiven: zu unterschiedlichen Zielen, Fragen und zu unterschiedlichen methodologischen und explikatorischen Präferenzen. Diese Variabilität ist natürlich immer dem Selektionsdruck kollektiver Normen ausgesetzt, aber dennoch gibt es viele Momente in der Geschichte der Wissenschaft, in denen alternative Vorstellungen lange genug bestehenbleiben, so daß wir gleichermaßen ihre Besonderheit und den selektiven Druck, gegen den sie kämpfen müssen, erkennen können.

In meiner eigenen Forschung war die lebendigste Illustration von Variabilität unter diesen vier Aspekten die von Barbara McClintock artikulierte Auffassung von Wissenschaft – eine Auffassung, die nicht Naturbeherrschung voraussetzt, sondern »ein

Gefühl für den Organismus«.[20] Für McClintock ist ein »Gefühl für den Organismus« zugleich eine Geisteshaltung und eine Quelle für Erkenntnis: für die alltägliche Arbeit des Experimentierens, Beobachtens und Interpretierens der Ergebnisse – kurz, für das »Ausüben« von Wissenschaft. »Natur« kann für McClintock am besten durch ihre Reichhaltigkeit und verschwenderische Fülle verstanden werden; entsprechend stellt sich ihre Auffassung von wissenschaftlicher Arbeit eher als ein Aufdecken der »Fähigkeiten« und vielfältigen Ordnungsformen der Natur heraus denn als Suche nach »Naturgesetzen«. In den »Naturgesetzen« wird die Natur als blind, gehorsam und einfach bezeichnet; gleichzeitig gilt ihr Schöpfer als gebieterisch, zeugungskräftig, erfinderisch und komplex. Dagegen meine ich, daß die Auffassung von Natur als geordnet und nicht lediglich gesetzesabhängig es erlaubt, die Natur selbst als zeugungskräftig und erfinderisch zu setzen – qua Definition komplexer, als wir es darstellen oder gar vorschreiben können. In dieser alternativen Sichtweise kann – so war es bei McClintock – Natur als aktiver Partner in einer eher reziproken Beziehung zu einem ebenso aktiven, aber weder allwissenden noch allmächtigen Beobachter angesehen werden.

Eine solche Beziehung zwischen Verstand und Natur würde unvermeidlich einen anderen Forschungsstil nahelegen, der nicht weniger streng, aber bescheidener wäre und eher dazu ermutigen würde, »darauf zu hören, was das Material zu sagen hat«, als anzunehmen, daß wissenschaftliche Daten selbstverständlich »für sich selbst sprechen«. Wenn wir der Entwicklung von McClintocks Forschungen folgen, können wir auch wahrnehmen, wie diese andere Art, Natur zu benennen, eine ganze Folge von Besonderheiten in den Methoden und Verfahren bewirkt: angefangen bei den Fragen, die sie stellte und die zur Privilegierung (und selbst Wahrnehmung) anderer Untersuchungsdaten führten und schließlich in der Identifizierung eines radikal anderen Mechanismus und eines radikal anderen Prinzips der genetischen Organisation endeten. Für McClintock ist die Untersuchung der Genstruktur und sogar des Replikations- und Transkriptionsmechanismus den Fragen nach Funktion und Organisation untergeordnet. Gene sind weder »Perlen auf einer Schnur« noch funktional voneinander getrennte Teile der DNS. Sie sind organisierte funktionale Einheiten,

20 McClintocks eigene Worte und der Titel meines Buches *A Feeling for the Organism: The Life and Work of Barbara McClintock*, New York 1983.

deren eigentliche Funktion durch ihre Position in der Organisation als ganzer bestimmt ist. Ein adäquates Verstehen muß daher in Betracht ziehen, wie die Gene im Verhältnis zu dem Rest der Zelle funktionieren; und natürlich zum Organismus als einem Ganzen. Eine Konzeption von Zellen (oder Chromosomen) als funktionalen Einheiten, die in wiederum größere funktionale Einheiten eingebettet sind, unterstützt Wahrnehmungen, die normalerweise nur gegenüber Menschen ausgebildet werden. In McClintocks Forschungsstil erfahren Intimität und sogar Identifikation mit den Objekten der naturwissenschaftlichen Forschung eine produktive »kognitive« Anwendung.[21]

McClintock wird heute weitgehend die »Entdeckung« der genetischen Transposition zugeschrieben, ein Prozeß genetischer Umgestaltung, den sie als entscheidend für die regulatorischen und entwicklungsbedingten Erfordernisse eines Organismus ansah. Aber bevor ihr zugestanden wurde, dieses Phänomen entdeckt zu haben, mußten ihre »normalen« Kollegen, die die anderen Praktiken und die andere Sprache einer ihr zunehmend fremder werdenden Wissenschaftsgemeinschaft benutzten, erst auch darauf stoßen, daß ein solches Phänomen existierte.

Dies geschah erst nach vierzig Jahren.[22] Aus dem Blickwinkel eines Historikers bietet diese Verzögerung eine unschätzbare Gelegenheit, die Natur der – sprachlichen, methodologischen, begrifflichen – Kluft zu erforschen, die das Entstehen eines Konsensus verhindert hat. Aus dem Blickwinkel einer Verteidigerin (die ich zugegebenermaßen bin) ist es das Faktum des schließlichen Konsensus, das sich als unschätzbar erweist und das, vor allem,

21 Ihre eigene Darstellung, auf welche Weise sie in der Lage war, Einzelheiten der Chromosomenstruktur zu sehen, die anderen entgangen waren, ist eindrucksvoll: »Ich hatte das Gefühl, je mehr ich mich mit ihnen beschäftigte, desto größer und größer wurden sie (die Chromosomen), und wenn ich wirklich mit ihnen arbeitete, dann war ich nicht außen vor, ich war mitten drin. Ich war Teil des Systems. Ich war dort drinnen bei ihnen und alles wurde groß. Ich war sogar in der Lage, die inneren Bereiche der Chromosomen zu sehen – es war tatsächlich alles da. Ich war überrascht, weil ich wirklich das Gefühl hatte, mitten drin zu sein, und da waren meine Freunde... Wenn man diese Dinge betrachtet, werden sie ein Teil von dir. Und du vergißt dich selbst.« (Entnommen aus Keller, 1983, S. 117.)

22 McClintock wurde 1983 der Nobelpreis für Medizin und Physiologie für eine Arbeit zugesprochen, die sie 1945 begann und 1951 in allgemein zugänglicher Form publizierte. Die lange Verzögerung der Anerkennung ist das Hauptthema meines Buches über Leben und Werk Barbara McClintocks (op. cit.), das wenige Monate vor der Verleihung des Nobelpreises erschien.

ihre Geschichte als Quelle für uns legitimiert. Die Geschichte ist voll von Dissidenten und Abweichlern, die McClintock durchaus ähnlich sind und deren Ausschluß von der konventionellen Wissenschaftsgeschichte gerechtfertigt wird. Ohne Bestätigung der herrschenden Wissenschaftsgemeinschaft wären auch ihre spezifischen Behauptungen und die Wissenschaftsauffassung, die sie geleitet hat, als bloße »Irrtümer«, als Fehltritte in der Geschichte der Wissenschaft abgetan worden.

Es trifft aber auch zu, daß die Anerkennung zu einer anderen Art von Mißdeutungen einlädt: Die Geschichte von McClintocks Leben und Werk ist weder die Geschichte eines Irrtums noch die einer einsamen Pionierin, die auf unerklärliche Weise fähig war, direkt in die Natur hineinzuschauen, die Wahrheit »vor ihrer Zeit« zu erfassen. Ihre Leistungen sind ganz und gar erklärlich in Begriffen der kognitiven, emotionalen und materialen Arbeit; der Wert dieser Leistungen – das, was wir allzu beiläufig »Wahrheit« nennen – hing dagegen nicht von ihrer eigenen Vorstellung ab, sondern von der sie umgebenden Wissenschaftsgemeinschaft. Die hier gewählte philosophische Perspektive besagt, daß das Zustandekommen dieses Konsensus nicht in Begriffen selbst-evidenter Wahrheitsansprüche begriffen werden kann, sondern vielmehr in Begriffen größerer oder geringerer Konvergenzen von Sprache und Handeln erklärt werden muß.[23]

Es ist jedoch von größter Wichtigkeit, in Erinnerung zu behalten, daß die McClintock-Geschichte sicherlich nicht als die Geschichte einer aufgrund ihres Geschlechts der Natur verbundenen und über »Gefühl« und »Intuition« verfügenden Frau gedeutet werden darf – einer Frau, die aufgrund dieser Naturverbundenheit in der Lage war, die fehlenden Werte eines spezifischen »Frauenwissens« in die Wissenschaft einzubringen. Die Einzelheiten des Lebens und der Arbeit McClintocks widersprechen einer solchen Deutung. Sie weisen vielmehr auf eine Geschichte hin, die gekennzeichnet ist durch Komplexität, Vielfalt und Differenz: auf die Geschichte einer Frau, die gleichermaßen gegen Wissenschafts-

23 Es bleibt eine sehr ernste Frage, insbesondere in McClintocks eigenem Bewußtsein, inwieweit man sagen kann, daß solche Konvergenzen tatsächlich stattgefunden haben und inwieweit die Bedeutung, die McClintock der »Transposition« gab, mit dem heutigen Gebrauch dieses Begriffs übereinstimmt. Für eine weitere Diskussion dieser Frage sowie anderer wesentlicher Themen ihrer Forschung vgl. Keller, 1983, a. a. O.

wie gegen Geschlechterkonventionen rebellierte. Die spezifischen Fähigkeiten, die sie in die Wissenschaft einbrachte, waren ebensowenig an ihr Geschlecht gebunden wie an göttliche Inspiration. Sie rührten vielmehr von einer Natur- und Wissenschaftsauffassung, die auf menschlichen Werten und Interessen sowie auf kognitivem und emotionalem Vermögen beruhte, die historisch im Namen von »Männlichkeit« aus der Wissenschaft ausgeschlossen worden waren, die sie aber durch ihre unkonventionelle Benennung von »Wissenschaft«, »Natur« und »Frau« in ihrer Arbeit als Wissenschaftlerin nutzbar machen konnte. Angesichts sprachlicher Konventionen, die Natur als Objekt männlichen Könnens und Frauen und Wissenschaft als sich wechselseitig ausschließend setzen, mag es durchaus zutreffen, daß McClintock ein besonderes (geschlechtbegründetes) Bedürfnis hatte, die Kategorien »Frau«, »Wissenschaft«, »Geist« und »Natur« neu zu fassen, einen spezifischen Wunsch, sich selbst und ihre Arbeit von einer Geschichte normativer Zwänge zu befreien. Prinzipiell aber sind das Projekt und die Wertvorstellungen einer solchen Neufassung jedem zugänglich und in der Tat von vielen anderen, Männern und Frauen, aufgenommen worden.

8. Schlußfolgerung

Das größte und schwierigste Problem aber steht noch aus – ich habe es für den Schluß aufbewahrt. McClintocks Wissenschaftsauffassung mag ästhetisch und emotional reizvoll sein und sie mag in ihrer Arbeit sogar gut funktioniert haben, dennoch verblassen ihre Erfolge vor denen, die die Geschichte der »normalen« Wissenschaft hervorgebracht hat, wie geschlechtsspezifisch sie auch gewesen sein mag. Würde ich die Geschichte der genetischen Transposition bis heute erzählen, müßte ich in der Tat zugestehen, daß die prinzipielle Bedeutung dieser Entdeckung nicht in der von McClintock erhofften Begriffsumwälzung liegt, sondern in einem Bereich, der in jeder Hinsicht antithetisch zu McClintocks Wissenschaftsauffassung ist, nämlich in der Gentechnologie. In den letzten Jahren, zum Teil aufgrund der durch die genetische Transposition möglich gewordenen Techniken, sind es eher die Erfolge und das technologische Können der Molekularbiologie als McClintocks Wissenschaftsauffassung, die die wissenschaftliche und die populäre Wahrnehmung bestimmt haben. Im Verlauf dieses Prozesses ist die Bedeutung der genetischen Transposition neu definiert worden, und eine solche Neudefinition scheint wenig Raum für Einwände zu lassen: wie und auf welcher Ebene kann man nun noch erfolgreich argumentieren?

Wir mögen mittlerweile überzeugt sein, daß der Bereich natürlicher Phänomene weitaus größer ist als der Bereich, den die uns bekannte wissenschaftliche Theorie erfaßt, und breiten Raum für alternative Wissenschaftsauffassungen läßt; daß der akkumulierte Korpus wissenschaftlicher Theorie nur einen der vielen Wege darstellt, auf dem Menschen, einschließlich jener, die wir Wissenschaftler nennen, versucht haben, der Welt Sinn zu verleihen; sogar daß die Erfolge dieser Theorien in höchstem Maße lokal und spezifisch sind. Dennoch – ganz gleich, welche philosophische Erklärung wir akzeptieren –, es bleibt die Tatsache, daß die spezifische Wissenschaftsauffassung, die Männer wie Francis Bacon zu formulieren halfen, im Laufe der Zeit Bacons Prophezeiungen mehr als erfüllt und eine Art Macht – und ein Maß an Macht – hervorgebracht hat, die seine kühnsten Träume übertrifft. Wissenschaft, wie wir sie kennen, funktioniert hervorragend. Die Frage ist, ob es vernünftige Gründe für die Annahme gibt, daß eine andere Wissenschaftsauffassung ebenso wirkungsvoll sein könnte.

Ebenso wie andere neuere Bestrebungen in der Wissenschaftsgeschichte, -philosophie und -soziologie stellt sich den feministischen Forschungen hier die Aufgabe, angemessene Wege zu finden, um dem Einfluß Rechnung zu tragen, den die verschiedenen sozialen und politischen Kräfte, psychologischen Prädispositionen, experimentellen Zwänge und kognitiven Anforderungen auf die wissenschaftliche Entwicklung haben. Sie müssen ebenfalls die technologische Effizienz von Wissenschaft erklären. Wenn wir nicht länger auf das simple Bild von Wissenschaft als einem Spiegel der Natur verweisen können, wenn wir die Bedeutung anerkennen müssen, die andere außerwissenschaftliche Faktoren auf die Entwicklung wissenschaftlicher Theorien haben, wie sollten wir dann das außerordentliche Ausmaß erklären, in dem diese Theorien zu »funktionieren« scheinen?

Eine Antwort war, die Verbindungen zwischen formaler Theorie und praktischem Erfolg, die für die Wissenschaft geltend gemacht wurden, in Frage zu stellen. Ich schlage einen etwas anderen

Ansatz vor, der eine weitere Verschiebung unseres analytischen Schwerpunktes erfordert. Bisher lag der Schwerpunkt unserer Analyse auf Wissenschaft als Darstellung, weniger auf Wissenschaft als einer Anordnung von Instrumenten, um einzugreifen, um die uns umgebende Welt materiell zu verändern. Feministische Theorie hat uns möglicherweise geholfen, Wissenschaft als einen Diskurs neu zu betrachten, nicht aber als Urheberin von Veränderung. Sie unterstützt auf diese Weise stillschweigend die Dichotomie zwischen Repräsentation und Intervention, zwischen wissenschaftlicher Wahrheit und deren Konsequenzen, die selbst Teil unseres wissenschaftlichen Erbes ist. Was am dringendsten benötigt wird, ist meines Erachtens ein besseres Verstehen dessen, was gemeint ist, wenn man sagt, daß Wissenschaft »funktioniert« oder »arbeitet«, und vor allem, *woran* Wissenschaft »arbeitet«. Was gebraucht wird, ist eine Überprüfung dessen, was »Erfolg« bedeutet.

Wissenschaftliche Theorien greifen zweifellos in das Reale ein, aber sie tun dies auf verstreutere und auf selektivere Weise, als wir dachten, sie bewirken bestimmte Arten von Veränderung eher als andere. Wenn wissenschaftliche Theorien, in einer bestimmten diskursiven Tradition, von bestimmten Gruppen von Menschen produziert werden, die untereinander, mit Nichtwissenschaftlern und mit nicht menschlichen Dingen interagieren, dann muß die Wirksamkeit der sich ergebenden Theorien unter dem Gesichtspunkt aller Interaktionen beurteilt werden, die sie hervorgebracht haben. Diese gesellschaftlichen wie die technischen Interaktionen produzieren ein System ineinandergreifender Bedürfnisse und Wünsche, die von jeder Theorie oder jedem Forschungsprogramm, von denen man sagt, sie »funktionieren«, zumindest teilweise befriedigt werden müssen. Aber wenn die Effizienz von Wissenschaft oder ihre Folgerichtigkeit in der Befriedigung dieser Bedürfnisse und Wünsche liegt, müssen wir auch ihre Intentionalität, die in der Produktion dieses spezifischen Bedürfnissystems lokalisiert ist, betrachten.

Ein bestimmter Teil der Aufgabe, die von einer erfolgreichen Theorie oder einem Forschungsprogramm geleistet werden muß, kann in strikt menschlichen (psycho-sozialen, politischen und ökonomischen) Begriffen beschrieben werden. Sie müssen in der Lage sein, Jobs und durchführbare Aufgabenstellungen bereitzustellen; sie müssen Erklärungen bieten, die ästhetisch und emotional befriedigend sind; sie müssen rhetorisch so wirken, daß sie Studenten anziehen, »Verbündete gewinnen«, finanzielle Förderung erhalten. Kurz, sie müssen die Fähigkeit haben, verschiedene Personengruppen – die Förderungsinstitutionen, die Wissenschaftler selbst, die potentiellen »Rekruten«, die breite Öffentlichkeit – mit mannigfaltigen, sich überschneidenden und wechselnden Interessen zu überzeugen.

Wenn ein Forschungsprojekt überleben soll, muß es jedenfalls die Wünsche befriedigen, die es motivieren, zumindest weitgehend genug, um es in Gang zu halten. Kurzfristig kann ein stabiles Interessennetz mehr oder weniger unabhängig von irgendwelchen spezifischen Interaktionen mit der nicht-menschlichen Welt befriedigt werden: Jobs, befriedigende Erklärungen und durchführbare Aufgabestellungen können in einem Forschungsprogramm durch menschliche (und rhetorische) Leistung im strikten Sinn erzeugt werden. Langfristig aber müssen die in Aussicht gestellten Versprechungen in Form von direkten Interaktionen der Wissenschaftler mit der nicht-menschlichen Welt eingehalten werden. Nach der internen Wissenschaftsethik müssen Erklärungen, sollen sie zufriedenstellend sein, wenigstens einige voraussagbare Erfolge liefern, und nach der gesellschaftlichen und politischen Ethik, die ihre Förderung rechtfertigt, müssen diese voraussagbaren Erfolge die Produktion zumindest einiger technologischer »Güter« ermöglichen, für die es sich nach Meinung der Öffentlichkeit lohnt, Geld zu zahlen.

Das wirklich Bemerkenswerte an der heutigen Wissenschaft (insbesondere der Physik und der Molekularbiologie) ist, daß sie in der Lage war, so viele dieser Bedürfnisse und Wünsche zu realisieren, daß sie einen Theoriekorpus geschaffen hat, der der Welt genügend entspricht, um dieses Netz sich überschneidender Interessen zu befriedigen. Dieser Erfolg vor allem ist es, der die Leistungsfähigkeit der Wissenschaftler belegt. Aus Interaktionen untereinander, mit der breiten Öffentlichkeit, mit ihrer eigenen Tradition und mit einem klug ausgewählten Set an »Fakten« über die unbelebte Welt ist es ihnen gelungen, Instrumente zu schaffen, die den Widerstand der Natur gegenüber unseren Bedürfnissen und Wünschen aufzulösen scheinen.

Aber während wir uns über ihren erstaunlichen Erfolg wundern, müssen wir die beinahe genauso bemerkenswerte Partikularität (möglicherweise Singularität) solcher Bedürfnisse und

Wünsche in Betracht ziehen, ebenso auch unsere Auswahl jener natürlichen Phänomene, die für die experimentelle und theoretische Forschung heranzuziehen sind (d. h., was wir zu erforschen suchen), und darüber hinaus der gesellschaftlichen Vorstellungen, die eine Übereinstimmung dieser Bedürfnisse und Entscheidungen begünstigen. Nur wenn wir die historische und gesellschaftliche Kontingenz solcher Konvergenzen anerkennen, können wir beginnen, unsere Fragen nach Alternativen zu stellen: Wie hätte der unverkennbare Einfallsreichtum, den die Wissenschaftler entfaltet haben, für die Erfüllung anderer Wünsche eingesetzt werden können, hätte er ein Zusammentreffen menschlicher Interessen befriedigen können, die von einer anderen gesellschaftlichen Konstellation hervorgebracht worden wäre, und hätte er eine Wissenschaft hervorgebracht, von der man sagen könnte, sie »funktioniere« auf andere Weise?

Selbst auf diese Weise reformuliert, verbirgt diese Frage immer noch eine weitere. Feministinnen haben unser Gefühl von Unschuld in dem Bestreben, die Natur zu beherrschen, unwiderruflich untergraben, ohne freilich die Frage zu beantworten, was genau am Beherrschen von Natur falsch ist. Wir wissen, was falsch ist am Beherrschen von Personen – es nimmt anderen Subjekten das Recht, ihrer Subjektivität Ausdruck zu verleihen –, und wir können tatsächlich besorgt sein über das Ausmaß, in dem die Motivation, die Natur zu beherrschen, den Wunsch, andere Menschen zu beherrschen, reflektiert.[24] Aber ein wesentlicher Aspekt der feministischen Sicht der Wissenschaft beruht gerade auf der Tatsache, daß die Natur eben keine Frau ist. Für die Natur wäre »es« sicher ein besseres Pronomen als »sie«. Und es ist nicht *per se* offensichtlich, was falsch daran ist, Herrschaft über Dinge zu erstreben oder sogar zu erringen.

Vielleicht besteht der einfachste Weg, diesem letzten Einwand zu begegnen, in dem Hinweis, daß die Natur sicherlich keine Frau ist, aber auch kein »Ding« und kein »es«, das aus sich selbst heraus, getrennt und trennbar von einem sprechenden und wissenden »wir« entworfen werden könnte. Was wir über die Natur wissen, wissen wir allein durch unsere Interaktion mit dem oder vielmehr durch unser Eingebettetsein in das, was wir Natur nennen. Eben weil wir selbst Naturgeschöpfe sind – Geschöpfe *der* Natur und *in*

24 Dies ist das Argument meiner psychosozialen Analyse in Teil II von *Liebe, Macht und Erkenntnis*, a. a. O.

der Natur –, *können* wir wissen. Natur als ein »Ding« oder ein »es« darzustellen ist daher selbst eine Redeweise, die zweifellos bequem, aber sicher bestimmten Zielsetzungen angemessener ist als anderen. Und einfach, weil da niemand anders ist, der in der Lage wäre zu wählen, müssen wir anerkennen, daß diese Zielsetzungen auf menschlichen Entscheidungen beruhen, für die »wir« allein verantwortlich sind. Die Frage stellt sich nun auf folgende Weise: Welches sind die spezifischen Zielsetzungen, für die die Rede von Objektivierung, Reifizierung und Beherrschung von Natur besonders geeignet und vielleicht nützlich ist? Und welchen anderen Zielen könnte eine andere Sprache – von Verwandtschaft, Einbettung und Verbundenheit, von »Gefühl für den Organismus« – angemessen und nützlich sein?

Im späten 20. Jahrhundert nach alternativen Zielsetzungen der Wissenschaft zu fragen ist kein müßiges oder rein akademisches Unterfangen. Die Wissenschaftler haben sich als gewitzt genug erwiesen zu lernen, was sie wissen müssen, um zu erreichen, was wir ihrer oder unserer Meinung nach brauchen, und zumindest manche von uns sind alarmiert. Etwas ist ganz und gar falsch gelaufen. Gerade das Können der modernen Wissenschaft konfrontiert uns mit dem Faktum, daß wir aus irgendeinem Grund vergessen haben, unser eigenes Überleben in die Zielsetzungen wissenschaftlicher Erkenntnis einzubringen. Vielleicht ist es nicht zu spät, das Unternehmen, das sich als eine so gewaltige Ressource erwiesen hat, neu zu erwägen, neu zu benennen und neu zu definieren; das Projekt der Wissenschaft in einer Sprache umzugestalten, die ein Bekenntnis zum Überleben – unserem eigenen und dem der Welt um uns – als erste Priorität kodifiziert.

Jeanne Peiffer

Nature-elle-ment
Einige Ansätze feministischer Kritik der Naturwissenschaften in Frankreich[1]

Das Geschlecht der Natur? Weiblich *nature-elle-ment*! Es genügt, diese Frage zu stellen, um sofort die stereotype Antwort darauf zu erhalten. *Nature-elle-ment* hieß der Titel einer Nummer von *Questions féministes* 1978. Die Zerlegung des Adverbs »naturellement« – natürlich – ergibt »Die Natur lügt!« In der angelsächsischen Literatur zu Frauen und Naturwissenschaften wird der Geschlechterdualismus des öfteren auch auf das Paar Wissenschaft – Natur ausgedehnt. Da die wissenschaftliche Gemeinschaft vorwiegend männlich ist, soll die von ihnen erforschte Natur zwangsweise weiblich sein? Und wenn der Schein trügt?

In Frankreich wehren sich viele in der Mathematik und den Naturwissenschaften tätige Frauen dagegen, den sie einengenden Gegensatz zwischen den Geschlechtern auch auf Wissenschaft und Natur auszudehnen. Auch wenn die Naturwissenschaften von den Amerikanerinnen als »nicht menschliche« (weil nur männliche) Aktivität beschrieben werden, so wollen sie sich doch den Spaß daran nicht verderben lassen. Dies erklärt sicher zum Teil die relative Ablehnung der angelsächsischen feministischen Kritik der Naturwissenschaften in Frankreich. Im folgenden werde ich zu begründen versuchen, warum die Rezeption von Evelyn Fox Kellers Ansätzen und Ideen hier recht zaghaft verlaufen ist. Neuere kritische Ansätze thematisieren, mit anderen Begrifflichkeiten, ähnliche Sachverhalte wie die, die Keller ins Licht gerückt hat.

1 Mein herzlichster Dank gilt Barbara Orland und Elvira Scheich für die zahlreichen sprachlichen Verbesserungen, die sie vorgenommen haben.

Frauen und Naturwissenschaften in Frankreich

Wissenschaftskritische Ansätze

Die feministische Kritik der exakten und experimentellen Wissenschaften in Frankreich ist am Kreuzungspunkt zweier Bewegungen entstanden, die in den siebziger Jahren sehr aktiv waren: der (materialistischen) Kritik der Naturwissenschaften einerseits, der Frauenbewegung andererseits. Es kann hier keineswegs darum gehen, die Geschichte dieser Entwicklung genau und vollständig aufzuzeichnen. Jedoch möchte ich die Stärke, aber auch die Grenzen, die diese Ansätze in Frankreich gefunden haben, durch ihre Verknüpfung mit den zwei genannten militanten gesellschaftskritischen Bewegungen erklären. Dabei bleibt meine Darstellung dieses »récit des origines« subjektiv, da sie in meinem eigenen Erleben wurzelt.

Anfang der siebziger Jahre bildeten sich in Frankreich, wie in den USA und England, wissenschaftskritische Gruppen, welche zwar im akademischen Milieu der exakten Naturwissenschaften verankert waren, die aber auch Lehrer dieser Fächer und wissenschaftliche Mitarbeiter, selbst in der Industrie, einbeziehen wollten. Sie denunzierten die hierarchische Ordnung in der Wissenschaftsorganisation, die Herrschaft der »patrons« (Professoren, Betriebsleiter) und die gesellschaftlichen und militärischen Funktionen (mitten im Vietnamkrieg) von Wissenschaft.[2] Zentral in der zugrundeliegenden materialistischen Analyse waren die konstitutiven Beziehungen zwischen Wissenschaft und Gesellschaft. So schreibt zum Beispiel Jean-Marc Lévy-Leblond in seiner Einleitung zu *(Auto)critique de la science*: »Wir müssen von der Idee ausgehen, daß wissenschaftliche Produktion in einer bestimmten Gesellschaft stattfindet, welche die Ziele dieser Produktion, ihre Agenten und ihre Wirkungsweise konditioniert. Als soziale Praxis inmitten von anderen, unwiderruflich geprägt von der Gesellschaft, in der sie verankert ist, trägt die wissenschaftliche Produktion deren Züge und spiegelt, sowohl in der internen Organisation

2 Werke wie Jean-Marc Lévy-Leblond, Alain Jaubert, *(Auto)critique de la science*, Paris 1972; Hilary und Stephen Rose, *Idéologie de/dans la science*, französische Ausgabe, Paris 1977; die 1975 in Paris gegründete Zeitschrift *Impascience* vermittelt eine gute Einsicht in die von diesen Gruppen vertretenen Ideen.

als auch in den Anwendungen, die Widersprüche dieser Gesellschaft wider.«[3]

Am Rande dieser Bewegung fanden sich Frauengruppen zusammen, die sich gegen die spezifische Unterdrückung und Ausbeutung von Frauen im Wissenschaftsbetrieb auflehnten. Ihre Schriften waren keine universitären Arbeiten. Es waren biographische Zeugnisse, subversive, ätzende Pamphlete, welche die szientistische und sexistische Ideologie scharf und respektlos angriffen und den sexuellen Mißbrauch im Laboratorium öffentlich machten. Es war die Epoche, in der man sich langsam daran gewöhnte, »ich« zu sagen. So schreibt die Mathematikerin Michèle Vergne: »Da wir, im Gegensatz zu vielen Männern, keine allgemeinen Vorstellungen von den psychologischen Schwierigkeiten ›der Frauen‹ haben, so werde ich hier von mir sprechen, wie unschicklich dies auch sein mag. Es ist unschicklich, weil im mathematischen Milieu ein Mythos herrscht, und zwar der, daß die Personen nach ihrem Wert beurteilt werden, einem Wert an sich, unabhängig von jeder gesellschaftlichen Gegebenheit.«[4] Es ist bemerkenswert, daß die erste Kritik von Frauen, um 1972, in der Mathematik laut wurde, in der Forschung, aber auch in den sehr originellen Instituts de Recherche sur l'Enseignement des Mathématiques (I.R.E.M.), die es den Mathematiklehrern ermöglichen, ihre Tätigkeit zu reflektieren und Forschung zu betreiben. »Mathematik und Geschlecht« (»sexe et math.«) war ein Thema, das hier behandelt werden konnte und es tatsächlich auch wurde.[5]

3 »Il faut partir de l'idée que la production scientifique prend place dans une société bien déterminée qui en conditionne les buts, les agents et le mode de fonctionnement. Pratique sociale parmi d'autres, irrémédiablement marquée par la société où elle s'insère, elle en porte tous les traits et en reflète toutes les contradictions, tant dans son organisation interne que dans ses applications«, *Op. cit.*, Paris 1975, S. 17.

4 »Comme, contrairement à beaucoup d'hommes, nous n'avons pas d'idées générales sur les difficultés psychologiques ›des femmes‹, je vais parler ici de moi; si malséant que cela soit. C'est malséant, car dans le milieu mathématique il règne un mythe: ›les gens sont reconnus selon leur juste valeur, valeur en soi, indépendante de toute donnée sociale‹, et tout individu intériorise ce mythe«, *Mathématiques, mathématiciens et société*, U.E.R. de Mathématiques d'Orsay, abgedruckt in: *La Mathématique: nom masculin pluriel*, I.R.E.M. Paris Nord, 1979, S. I.22.

5 Auch heute sind Mathematikerinnen in ihrem Fach vor sexistischen Vorurteilen besonders auf der Hut, wie die Existenz des 1987 gegründeten Vereins *femmes et mathématiques* belegt. Anschrift: Institut Henri Poincaré, 11, Rue Pierre et Marie Curie, 75231 Paris Cedex 05.

In der Frauenbewegung schlossen sich Frauen aus den Naturwissenschaften erstmals zusammen nach dem Erscheinen des Sammelbandes *Le fait féminin*[6] (1978) mit dem bedeutsamen Untertitel »Qu'est-ce qu'une femme?« – Was ist eine Frau? Ein Kollektiv hat sich damals im Frauenzentrum gebildet, um skandalöse, unter dem Deckmantel der Wissenschaftlichkeit vertretene Behauptungen über »die Frau« anzugreifen und zu widerlegen. Evelyne Sullerot widerspricht in diesem Buch dem bekannten Satz von Simone de Beauvoir »On ne naît pas femme, on le devient«.[7] »Man wird«, sagt Sullerot, »sehr wohl als Frau geboren, mit einem von den Männern verschieden programmierten physischen Schicksal, mitsamt allen psychologischen und gesellschaftlichen Folgen, die diesen Differenzen anhaften.«[8] Ihr Leitmotiv lautet, daß die genetischen, embryologischen und physiologischen Differenzen zwar existieren, aber keineswegs eine Hierarchie zwischen den beiden Geschlechtern rechtfertigen. Das Frauenkollektiv hat gegen diese mehr oder weniger von der Soziobiologie inspirierte Position Stellung genommen sowie die dargestellten Beweismethoden heftig kritisiert. (An Rattenweibchen ausgeführte Versuche wurden ohne weiteres auf Frauen übertragen, usw.). Evelyne Sullerots Ausführungen hatten eine differenzierte Erziehung zum Ziel, die auf den Differenzen zwischen den beiden Geschlechtern aufbauen und beiden Geschlechtern die Chancengleichheit in unserer Gesellschaft sichern sollte. D. h., sie wollte die Frauen an die Gesellschaft anpassen, ohne letztere zu verändern.

Dieses Programm war für den radikalen französischen Feminismus, mit seinem revolutionären Potential, unannehmbar. So kann man zum Beispiel in der Nummer 1 (1977) von *Questions féministes* folgende, in eine ganz andere Richtung weisende Fragestellung finden: »Worin ist das Biologische politisch? Worin (und weshalb) entsprechen die sozialen Geschlechterklassen den biologischen? [Die Zeitschrift] will den historischen und sozialen, d. h.

6 Centre Royaumont pour une science de l'homme, *Le fait féminin*, Ouvrage collectif sous la direction de Evelyne Sullerot, Paris 1978.

7 Man wird nicht als Frau geboren, man wird dazu gemacht.

8 »On naît bel et bien femme, avec un destin physique programmé différent de celui de l'homme et de toutes le conséquences psychologiques et sociales attachées à ces différences«, *op. cit.*, S. 23.

den willkürlichen und umkehrbaren Charakter dieser Geschlechterhierarchie aufzeigen. Es gibt nur insofern ›Frauen‹, als ein ungleiches Machtverhältnis die Unterdrückung und Ausbeutung einer sozialen Gruppe zur Bedingung der Macht der anderen macht.«[9]

Aus dem kollektiven Protest gegen Evelyne Sullerots *Le fait féminin* sind dann die ersten spezifischen Frauengruppen »Femmes et sciences«, »Critique de la sociobiologie« usw. entstanden. Es war am Anfang mehr ein Austausch von Erfahrungen, die Artikulation eines gewissen Unbehagens und die Kritik an den wissenschaftlichen Institutionen und ihrer elitären Ideologie. Nach und nach erst schälte sich die Frage heraus, ob Begriffen selbst eine sexistische Deformation eignet, die kritikbedürftig ist.

Diese Frauengruppen haben sich und ihre Problemstellungen in einem Heft von *Pénélope. Pour l'histoire des femmes*[10] dargestellt. Wichtig erscheint dabei für die meisten der gemeinsame Kampf gegen die Unterdrückung; sie benutzen die kollektiv entwickelten Begriffe, wie Geschlechterklassen, Sexismus, Patriarchat, um die spezifische Diskriminierung von Frauen zu analysieren und sexistische Verzerrungen in den Wissenschaften – wobei hier vorwiegend die Humanwissenschaften zitiert werden – hervorzuheben und nachzuweisen. In den Beiträgen, die die Forderung nach einer anderen Wissenschaft, einer feministischen Wissenschaft, in den Vordergrund stellen, wird diese deshalb in einer Praxis, die sich gegen die Unterdrückung der Frauen richtet, begründet und nicht mit weiblichen, den männlichen entgegengesetzten Eigenschaften. Alle Autorinnen sind sich der Gefahren bewußt, in die man sich begibt, wenn man gesellschaftliches Verhalten in »natürlichen« Geschlechtsunterschieden verankert. Dies wird vor allem an der Kritik der Soziobiologie deutlich.

9 »En quoi le biologique est-il politique? En quoi (et pourquoi) les classes sociales de sexe correspondent-elles aux classes biologiques de sexe? ... veut démontrer le caractère historique, social, donc arbitraire et réversible de cette hiérarchie des sexes, et qu'il n'y a de ›femmes‹ que pour autant qu'un rapport de force inégalitaire fait de l'oppression et de l'exploitation d'un groupe social la condition du pouvoir de l'autre« (*Questions féministes* Nr. 1, nov. 1977).

10 *Les femmes & la science*, *Pénélope* Nr. 4, printemps 1981, réalisé par Christiane Frougny, Françoise Gaill, Michèle Kail et Jeanne Peiffer. *Pénélope* war eine Veröffentlichung der Groupe d'Etudes Féministes (GEF) der Universität Paris IV und des Centre de Recherches Historiques der Ecole des Hautes Etudes en Sciences Sociales (EHESS). In Heft 4 geht es sowohl um Human- als auch um Naturwissenschaften.

Wie ein roter Faden zieht sich durch das Heft ein Leiden der schreibenden Frauen, und zwar das Leiden daran, daß die Mathematik und die exakten Wissenschaften meist mit Männlichkeit identifiziert werden. Deutlich wird das Zerrissensein zwischen einem stereotypen Frauseinsollen und dem aktiven Engagement in der wissenschaftlichen Forschung – ein von der Gesellschaft aufgezwungener Widerspruch.

Interdisziplinarität ohne Grenzen: Séminaire Limites-Frontières (1980-1988)[11]

Dieses autonome, sich selbst finanzierende, interdisziplinäre Frauenseminar hatte es sich zur Aufgabe gemacht, die Beziehungen von Frauen zur Theorie zu erforschen und umgekehrt. Die Interdisziplinarität hatte eine große Spannweite, von den Human- und Gesellschaftswissenschaften bis zu den Naturwissenschaften, der Mathematik und der Kunst. Von Anfang an waren die Naturwissenschaften durch Naturwissenschaftlerinnen (Biologinnen, Mathematikerinnen, ich als Mathematikhistorikerin) im Seminar vertreten. Den Auftakt des Seminars machte ein Vortrag aus der Biologie über die Struktur der Zellmembrane, unbestimmter Durchgang zwischen einem Innen und Außen.

Grenzen (von Systemen, Disziplinen, usw.) sind oft unscharf und schwankend. Grenzfälle können deshalb manchmal sehr viel aussagen über den normativen Inhalt geschlossener Systeme (wie zum Beispiel das der Geschlechterdifferenz), über die Spannungen zwischen dem Innen und Außen von institutionell und disziplinarisch definierten Wissensgebieten. Deshalb die Bezeichnung »Limites-Frontières«.

Ein interessanter Aspekt der gemeinsamen Arbeit war für alle Beteiligten, ob Akademikerinnen oder nicht, die alternative Praxis

11 Die Beiträge des Seminars (67 Nummern) wurden vervielfältigt und an zahlende Mitglieder verteilt. Die Bibliothèque Marguerite Durand in Paris, das Centre Lyonnais d'Etudes Féministes, CLEF, Universität Lyon II, besitzen vollständige Sammlungen. Gesamtdarstellungen kann man nachlesen in: *Un travail à soi et une conversation de salon*, in: *Actes du Colloque national Femmes Féminisme et Recherches*, Toulouse 1982 (1984 erschienen), S. 147-151, und bei Hélène Rouch, *Une expérience d'interdisciplinarité hors institution: le séminarie limites-frontières*, in: *L'Université au féminin*, ouvrage collectif préparé sous la responsabilité de Françoise Sorieul, *Perspectives universitaires* vol. 3, AUPELF, Montréal 1986, S. 333-341.

von wissenschaftlicher Kommunikation, die sich im Seminar eingebürgert hatte. Die Vortragende spricht in ihrem eigenen Kompetenzbereich als Frau zu Frauen, die nicht unbedingt Spezialisten sind. Dabei kann sie sich manches erlauben an freier Assoziation, Wortspielerei usw., aber es geht auch darum, sich allgemein verständlich zu machen, die Fragestellungen klar herauszuarbeiten, zu erklären, ohne auf die eigene Fachsprache zurückzugreifen, zu überzeugen, zu gefallen. Auch die Erwartungen der Zuhörerinnen sind anders geartet, sie wollen verstehen, nachvollziehen, Parallelen ziehen, wissen, wer wo was erforscht und wie. Zugleich achten sie auf die feministische Relevanz der dargestellten Problematik. Die Diskussion ist offen, informell, unbeschwert, anregend, manchmal auch stark politisiert und aggressiv. Wissenschaftliche Arbeit wurde also hier aufgefaßt als eine kollektive soziale Praxis, bestimmt durch Interessen, Erwartungen, usw., ohne daß die Besonderheit dieses Ansatzes thematisiert worden wäre, wie das heute in manchen neueren Arbeiten, von Longino[12] zum Beispiel, der Fall ist.

Kritik der Formalismen

Die Psychologie, in der Lacanschen Version, war für die im Seminar geleistete Arbeit ein wichtiger Hintergrund. Die Frage nach der Existenz eines männlichen oder weiblichen Imaginären war immer mehr oder weniger präsent. Haben Jahrhunderte der Unterdrückung dazu geführt, den Frauen in ihrer theoretischen Produktion Bilder aufzudrängen, die dem gesellschaftlich definierten stereotypen Weiblichkeitskodex entsprechen? Und wie drückt sich dieses in der regelgebundenen Sprache der Wissenschaften aus?

Auch die exakten Naturwissenschaften sind Menschenwerk. Mathematische Sätze entspringen nicht vollbewaffnet (wie Athena aus dem Schenkel des Zeus) den Köpfen der Mathematiker. Sie entstehen in einem bestimmten kulturellen und theoretischen Kontext. Das subjektive Moment ist präsent. Erfindung ist ein langer Prozeß, vom persönlichen Akt des Denkens (innerhalb einer bestimmten theoretischen Konstellation) bis hin zum abstrakten allgemein akzeptierten formelhaften Ausdruck in den Lehrbü-

12 Helen E. Longino, *Science as Social Knowledge*, Princeton 1990.

chern. Wie und wo können sich in diesem geschichtlichen Prozeß subjektive Präferenzen und individuelle Charaktere ausdrücken? Können sie Abdrücke in der abstrakten Form der lehrbuchreifen Darstellungen hinterlassen? Und wie? Auch Lacan benutzte in seinem berühmten Seminar »*Encore*« mathematische Zeichen (auch wenn die Art und Weise, wie er sie zusammensetzt, in der Mathematik keinen Sinn macht). Die kritische Untersuchung von Formalismen, ihre Entstehung, Rolle und Bedeutung, wurde so zu einem Hauptanliegen des Seminars. Das Thema fand auch seinen Niederschlag in den Diskussionen des ersten nationalen Kolloqiums über feministische und Frauen-Forschung in Toulouse (1982).[13]

Die Problematik der Geschlechterdifferenz

Ein Großteil der feministischen Studien in Frankreich beschäftigt sich mit der Problematik der Geschlechterdifferenz. Die vom radikalen (materialistischen) Feminismus vertretenen Thesen haben diesen Forschungen sicher einen starken Anstoß gegeben. In einem grundlegenden Artikel, *Pratique du pouvoir et idée de Nature*[14], hat Colette Guillaumin die Beziehungen zwischen Geschlechterklassen folgendermaßen charakterisiert: Der kollektiven materiellen Aneignung (appropriation matérielle) eines Geschlechts durch das andere entspricht, auf der Ebene der Ideologie, die Naturalisierung der Frauen, d.h. ein Diskurs, der die Physiologie von Frauen verantwortlich macht dafür, daß ein Geschlecht sich des anderen bedient. Diese Ideologie ist es, die den Frauen, um nur ein Beispiel zu nennen, eine spezifische Form von Intelligenz zuspricht, eine »praktische«, auf das Konkrete ausgerichtete. Die Verankerung der Geschlechterdifferenz in der Biologie ist, nach dieser These, nur der ideologische Aspekt der Unterdrückung des einen Geschlechts durch das andere. »Weiblichkeit und Männlichkeit«, so Nicole-Claude Mathieu, »haben kein Geschlecht, oder vielmehr sie haben nur eine statistische Beziehung zum biologi-

13 *Epistémologie des formalismes*, in: *Actes*... op. cit., Fußnote 9, S. 860-877. Auch der Artikel Christiane Frougny, Jeanne Peiffer, *Der mathematische Formalismus – eine Maschine, die Wahres aussondert*, in: *Feministische Studien*, Mai 1985, S. 61-77, ist in diesem Kontext entstanden.

14 Artikel in zwei Teilen: *(1) L'appropriation des femmes*, in: *Questions féministes* 2, février 1978, Paris, S. 5-30; *(2) Le discours de la nature*, ibid. 3. Mai 1978, Paris, S. 5-30.

schen Geschlecht, außerdem ist diese Beziehung willkürlich und also in einer gegebenen historischen Gesellschaft nur provisorisch.«[15] Aus diesem theoretischen Ansatz haben sich wichtige Arbeiten[16] entwickelt, in der Soziologie, Anthropologie, Psychologie, Linguistik usw., die einen Hauptstrang des Programms »Feministische Forschung und Frauenforschung« (1984-1989)[17] des französischen Centre National de la Recherche Scientifique (C.N.R.S.) gebildet haben.

Ich möchte hier nur kurz hervorheben, daß im Rahmen dieser Problematik, in der Biologie selbst, die Aufteilung der Spezies Mensch in zwei Klassen, Mann und Frau, in Frage gestellt und relativiert wurde. Evelyne Peyre und Joëlle Wiels haben auf die Komplexität der biologischen Bestimmung des Geschlechts hingewiesen.[18] Es ist dies eine mehrdimensionale Variable. Die Morphologie (Skelett, Chromosome, Anatomie des Geschlechts...), die Physiologie oder die Gene können als Kriterium gewählt werden. Jede dieser Variablen besitzt eine stetige (und eine bimodale) Verteilung. Wählt man z.B. einige Charakteristika des Skeletts,

15 »La féminité et la masculinité n'ont pas de sexe, ou plutôt elles n'ont qu'un rapport statistique avec le sexe biologique, et de plus ce rapport est arbitraire et donc provisoire dans une société historique«, *Masculinité/féminité*, in: *Questions féministes* 1, 1977, S. 59.

16 Eine gute Übersicht der früheren Arbeit bietet die Sektion »Critique feministe des sciences: Problématique de la différence des sexes«, *Actes du Colloque national Femmes Féminisme et Recherches*, Toulouse 1982 (1984 erschienen), S. 735-824. Für die späteren siehe *Catégorisation de sexe et constructions scientifiques*, hg. v. Anne-Marie Daune-Richard, Marie-Claude Hurtig, Marie-France Pichevin, Petite collection CEFUP, Université de Provence, 29 avenue Robert Schuman, 13621 Aix-en-Provence, 1989. Siehe auch *L'arraisonnement des femmes. Essais en anthropologie des sexes*, hg. von Nicole-Claude Mathieu, Editions de l'EHESS, Paris 1985, und Nicole-Claude Mathieu, *L'anatomie politique. Catégorisations et idéologies du sexe*, Paris 1991.

17 Information über das gesamte Programm in: CNRS, Action Thématique Programmée Nr. 6, *Recherches sur les femmes et Recherches féministes*, 2 Bände: Présentation des travaux 1984-1987, Paris 1989; Présentation des travaux 1986-1989, Paris 1990 (»Femmes, Droit et Changement social«, Faculté de Droit de Nantes, 44036 Nantes Cedex 1, tél. 40.29.22.28). Siehe auch den Band *Sexe et genre. Epistémologie et construction sociale*, Editions du CNRS, Paris 1992.

18 Siehe Evelyne Peyre, Joëlle Wiels, *Différences biologiques des sexes et identité*, in: *Actes du Colloque national Femmes Féminisme et Recherches*, Toulouse 1982 (1984), S. 818-824; Evelyne Peyre, *Notion de »sexe biologique« dans le genre Homo*, in: *Catégorisation de sexe et constructions scientifiques*, op. cit., S. 79-84; Evelyne Peyre, Joëlle Wiels, Michèle Fonton, *Interface: sexe biologique, sexe social*, in: *Sexe et genre*, Paris 1992, S. 27-50.

wie das Becken oder den Schädel, kann man synchrone und diachrone Untersuchungen anstellen. Peyre und Wiels haben gezeigt, daß die Geschlechtsmerkmale zeitlich nicht konstant sind, weder für einen Menschen (der mit zunehmendem Alter »männlicher« wird), noch während der Evolution der Menschheit. Auch hängen sie vom wirtschaftlichen Niveau der untersuchten Bevölkerung ab.

Soweit der Hintergrund, vor welchem wir Evelyn Fox Kellers Arbeiten entdeckt und gelesen haben. Zusammenfassend würde ich heute unsere Erwartungen und theoretischen Ansätze folgendermaßen umschreiben: Kampf gegen die Aneignung eines Geschlechts durch das andere (auch im Wissenschaftsbetrieb und durch die Wissenschaft); Destruktion der dualistischen Geschlechterdifferenz, Suche nach Spuren des Persönlichen, des Subjektiven, in wissenschaftlichen Begriffen und Theorien durch ein kritisches Studium der Entstehungsgeschichte derselben; Aufdeckung sexistischer Verzerrungen in den wissenschaftlichen Inhalten selbst, auch jener Fachgebiete, die von der Geschlechterproblematik scheinbar nicht betroffen sind wie die exakten Naturwissenschaften (Astronomie, Mathematik, Physik). Ein sehr unbescheidenes Programm, das, wie es sich vielleicht zu sagen erübrigt, wir nicht im geringsten erfüllen konnten.

Auch wenn die hier skizzierte Bewegung[19] von Akademikerinnen im Wissenschaftsbetrieb einerseits, in der Frauenbewegung andererseits, ausging, so hat sie an den Universitäten und Forschungsbetrieben selbst kaum Fuß gefaßt. Sie hat sich immer auf einen relativ engen Kreis von Frauen beschränkt. Ihre Schriften, in Form von Flugblättern und Broschüren, die nur selten im Buchhandel vertrieben wurden, sind wenig verbreitet und wohl selten über die französischen Grenzen hinausgelangt.

19 Ich möchte nochmal betonen, daß diese Darstellung auf meiner eigenen Erfahrung beruht und auf keinen Fall als vollständig angesehen werden kann. Wenn hier nicht erwähnt wird, was in Amerika »French Feminism« genannt wird, der »féminisme de la différence«, der danach trachtet, eine ursprüngliche, nicht von den gesellschaftlichen Kodes verseuchte Weiblichkeit wiederzufinden, so hat das einen einfachen Grund: Er hat, soweit mir bekannt, in der feministischen Kritik der Naturwissenschaften in Frankreich keine Rolle gespielt.

Die Rezeption von Evelyn Fox Kellers Arbeiten

Die theoretischen Ansätze von Evelyn Fox Keller haben in Frankreich nur ein sehr geringes Echo gefunden.[20] Im folgenden möchte ich einige Punkte hervorheben, die dieses relativ geringe Interesse zum Teil erklären können.

Das Gewicht nationaler Traditionen

Unsere Begegnung mit Evelyn Fox Kellers Schriften, die 1980 stattgefunden hat[21], beruht im Grunde auf einem Mißverständnis. Ihr Programm, so wie es in ihren ersten Beiträgen beschrieben ist, entspricht in etwa unseren Erwartungen. Auch sie legt Gewicht auf die Geschichtlichkeit der Naturwissenschaften und möchte diese für eine feministische Kritik ihrer Inhalte nutzen. Ob nun wir unsere zu hoch geschraubten Erwartungen in ihre Arbeit hineinprojiziert haben oder ob Keller in ihren ersten programmatischen Schriften sehr (zu) viel versprochen hat, mag dahingestellt bleiben – beides ist sicher zum Teil wahr –, auf jeden Fall haben wir ihre Arbeiten mit einer gewissen Enttäuschung rezipiert. Wir[22] hofften in ihren Schriften eine Methodologie zu entdecken, die es uns erlauben würde, die Inhalte der Naturwissenschaften (und insbesondere der exakten) von einem feministischen Standpunkt aus kritisch zu beleuchten.

Unser Anspruch war es, Mathematik, als formalisierten Text, einer feministischen Kritik zu unterziehen. Kellers Ansatz ist aber zu einem großen Teil[23] nicht disziplinenorientiert. Keller untersucht »wissenschaftliches Denken« überhaupt, das »wissenschaft-

20 Nur ihre Biographie von Barbara McClintock wurde ins Französische übersetzt unter dem Titel *L'intuition du vivant, la vie et l'œuvre de Barbara McClintock*, Paris 1988, mit einem Vorwort von Isabelle Stengers.

21 Der erste Artikel, den wir von Evelyn Fox Keller zu Gesicht bekamen, war: *Feminist Critique of Science: A Forward or Backward Move?*, in: *Fundamenta Scientiae*, Vol. 1, 1980, S. 341-349.

22 Ich spreche hier insbesondere von Christiane Frougny und mir, sowie dem Seminar »Vers une critique féministe des mathématiques«, das wir im Jahr 1985-86 im Rahmen des Programmes »Recherches sur les femmes et recherches féministes« des CNRS durchführen konnten.

23 Ihre Fallstudien lernten wir erst später kennen, als die Bewegung wegen mangelnder institutioneller Anerkennung oder fehlender Militanz schon am Versanden war. Siehe Kapitel 7 und 8 ihres Buches *Reflections on Gender and Science*, New Haven und London 1985.

liche Unternehmen«, die »wissenschaftliche Kultur«, die »intellektuelle Landschaft«, die »soziale und intellektuelle Ordnung«. Ihr Ausgangspunkt, in *Gender and Science* (1978)[24] war folgender: Wieso kommt es, daß die Wissenschaftsphilosophie oder -soziologie es nicht für nötig gehalten hat, die Gleichsetzung von wissenschaftlichem Denken mit Männlichkeit zu analysieren? Keller schlug vor, den Ursprung, die Funktion und die Folgen dieser Gleichsetzung zu untersuchen. Für sie drückt sich die mythenhafte männliche Identität der Wissenschaft vor allem in der sexistischen Färbung der beschreibenden Sprache aus, in den Bildern, die die Ziele und Intentionen von Wissenschaft umschreiben. Ihre Analyse bezieht sich hauptsächlich auf die metaphorische Sprache[25], der das moderne naturwissenschaftliche Unternehmen (des 17. Jahrhunderts) beschreibenden programmatischen Schriften (insbesondere von Francis Bacon[26]). Die »männliche Identität« von Wissenschaft wird also nicht bestimmt durch das, was die Wissenschaftler tun, oder durch das Resultat dieses Tuns, sondern durch die Bilder einer Metasprache (oder einer Ideologie). Eine solche Behauptung verlangt aber, daß man die Beziehungen zwischen Metasprache und Sprache der Wissenschaft, Sprache und Empirie analysiert.[27]

Kellers Schriften lassen sich den in den Vereinigten Staaten »science studies« genannten Studien zuordnen. Auch wenn der Akzent bei ihr stark auf Geschichte gelegt wird, so benutzt sie kaum die methodologischen Instrumente dieser Disziplin. Sie begnügt sich weitgehend damit, die Resultate historischer Darstellungen zu übernehmen, so zum Beispiel in *Erkenntnis und sexuelle Liebe bei Plato und Bacon*.[28]

In Frankreich beschränken sich die »science studies« großteils auf Wissenschaftsgeschichte und Epistemologie.[29] Zentral ist in

24 Bekannt durch den Abdruck in Sandra Harding und Merrill B. Hintikka (eds.), *Discovering Reality*, Dordrecht 1983, S. 187-205.

25 Eine Sprache, die auch Carolyn Merchant in ihrem Buch *The Death of Nature* (1980) ausführlich beschrieben hat.

26 Michèle Le Dœuffs und Margaret Llaseras neue französische Ausgabe von Francis Bacons *New Atlantis* (Paris 1983), die auf jahrelangen genauen Textstudien beruht, hat vergleichsweise mehr Anziehung auf uns ausgeübt.

27 Dies gibt Evelyn Fox Keller in ihrem Beitrag zu diesem Buch auch zu.

28 Cf. *Feministische Studien* 1/1985, S. 47-56. Entspricht Kap. 5 von *Reflections on Gender and Science* (1985).

29 Man lese hierzu die Diskussion in *Social Studies of Science*, insbesondere Geof Bowker und Bruno Latour, *A Booming Discipline Short of Discipline: (Social)*

dieser Tradition eine begriffliche, sehr eng textbezogene Analyse, die es schwierig macht, von »wissenschaftlichem Denken« außerhalb eines disziplinären Rahmens zu sprechen. Können so verschiedene wissenschaftliche Disziplinen wie die Anthropologie oder die Mathematik durch dieselben Metaphern umschrieben werden? Das Vorhandensein einer starken Tradition, und unsere Verwurzelung darin hat sicher eine Rolle gespielt für das geringe Interesse, das Studien wie denjenigen von Keller in Frankreich entgegengebracht wurde. Auch wenn Kellers Fragen sich mit unseren deckten, so haben ihre Antworten und methodologischen Ansätze unsere Erwartungen nicht erfüllen können. Ein sicher nicht uninteressanter, wenn auch nicht ganz unerwarteter Aspekt dieser Analyse ist die Abhängigkeit von Frauen, auch wenn es bewußte Feministinnen sind, von nationalen Traditionen der Wissenschaftsgeschichtsschreibung. Auch mein zweiter Kritikpunkt wird dies bestätigen.

Der psychosoziologische Ansatz in Kellers Analyse

Nachdem Keller erkannt hat, daß die Assoziation von Männlichkeit mit wissenschaftlichem Denken den Status eines Mythos hat und als solcher unantastbar ist, falls er unanalysiert bleibt, unternimmt sie es, die Bedingungen und Folgen[30] dieser Assoziation zu untersuchen. Und das tut sie, indem sie es sich zur Aufgabe macht, die »emotionale Substruktur« zu verstehen, welche unsere Erfahrung von Geschlecht (gender) mit unserer kognitiven Erfahrung verbindet. Mit Hilfe eines Modells[31] der kognitiven Psychologie stellt sie einerseits die Entwicklung dar, die Kleinkinder durchlaufen, um die Voraussetzung wissenschaftlichen Denkens zu erwerben, und andererseits die Entwicklung ihrer Geschlechtsidentität.

Diese »Psychosoziologie wissenschaftlicher Erkenntnis«[32] führt Keller dazu – trotz ihrer wiederholten Warnungen, daß die vorherrschende Rhetorik kaum die große Variabilität persönlicher

Studies of Science in France, ibid., vol. 17, 1987, S. 715-748, und Gad Freudenthal, *Science Studies in France: A Sociological View*, ibid., vol. 20, 1990, S. 353-369.

30 Vgl. *Gender and Science*, op. cit., und *Feminism and Science*, in: *Signs* 7, 1982, S. 589-602.

31 Die von Nancy Chodorow entwickelte Theorie der Objektbeziehungen. Näheres in *Reflections*..., op. cit., Kapitel 4-6.

32 »Psychosociology of scientific knowledge«. Cf. *Reflections*..., op. cit., S. 13.

Schicksale berücksichtigt –, geschlechtsspezifische Prozesse innerhalb der bürgerlichen Kleinfamilie zu beschreiben, die das übliche Bild von Mann und Frau, das wir doch aus vielen Gründen verdächtig finden, bestärken. Auch stellt sie nie die stark ideologiegeladene Darstellung von Heterosexualität als einziger Form von Sexualität in Frage. In diesen ersten Arbeiten von Keller, die wir gelesen haben, war die Rede von Mann und Frau, von differenzierten psychologischen Entwicklungen, und kaum von Naturwissenschaften und ihrer Begrifflichkeit. Ihre Aussagen waren, für uns Naturwissenschaftlerinnen, nicht überprüfbar und wurden nicht aufgegriffen. Und doch hat die Psychoanalyse, wie gesagt, in der französischen Frauenbewegung eine äußerst wichtige Rolle gespielt. Auch gab es einige Versuche[33], naturwissenschaftliche Theorien anhand psychoanalytischer Kategorien kritisch zu diskutieren, aber diese beruhten auf theoretischen Voraussetzungen, die weit entfernt waren von denen, die Keller benutzte. Es waren die von Freud und Lacan eingeführten Begriffe und Kategorien, die in Frankreich lebhaft debattiert wurden.

Trotzdem sind die Folgerungen, die Keller aus dem langen Exkurs über die Entwicklung von Objektivität und Geschlechtsidentität zieht, von konkretem Interesse. Welchen Einfluß hat eine Rhetorik, die Wissenschaft mit Männlichkeit assoziiert, auf den Selektionsprozeß der Wissenschaftler? Eine Wissenschaft, deren populäre Darstellungen die Befriedigung von spezifischen emotionalen Bedürfnissen – wie z. B. das Streben nach Autonomie – in Aussicht stellt, wird sie nicht, so fragt Keller, einen Auto-Selektionsprozeß der Wissenschaftler fördern, der Persönlichkeiten aussondern wird, die sich mit dem vorgeschlagenen Bild identifizieren können, die also auf ihre Autonomie bedacht sind? So kann das Stereotyp weiterexistieren. Grund genug für uns, Feministinnen und Wissenschaftlerinnen, uns gegen diese Rhetorik zu wehren, sie nicht mehr zu benutzen, Öffentlichkeitsarbeit zu leisten, um sie zu widerlegen oder die Freude zu bekunden, die wir am Spekulieren, Rechnen, Programmieren, Experimentieren ... haben, vergessene Frauenarbeit in der Wissenschaftsgeschichte wiederaufleben zu lassen, historische Gegebenheiten zu erforschen, wo die Assoziation von Wissenschaftlichkeit mit Männlichkeit nicht stimmt, nicht Bacon, sondern Comte zitieren usw.

33 Anlaß dazu gab ohne Zweifel Luce Irigarays *La »mécanique« des fluides*, in: *Ce sexe qui n'en est pas un*, Paris 1977, S. 103-116.

Es war dies der Ausgangspunkt für meine Studien[34] über die sog. Damenwissenschaften in der französischen Aufklärung. Die Existenz einer wissenschaftlichen Populärliteratur für Frauen, die naturwissenschaftliche Tätigkeit einiger außergewöhnlicher Frauen sowie das Auftreten des literarischen Typs der »femme savante« (der gelehrten Frau) interpretiere ich dort als Indizien für die nachdrückliche Forderung von Frauen nach stärkerer Teilnahme an der wissenschaftlichen Kultur der Aufklärung. Obwohl die Institution Wissenschaft den Frauen weiterhin verschlossen blieb und ihre zaghafte Antwort, in Form von allgemeinverständlichen Darstellungen, der Auffassung des 18. Jahrhunderts von Weiblichkeit entspricht, so haben wir hier doch ein Beispiel für eine historische Situation, in der Frauen, entgegen der gängigen Meinung, sich um den Zugang zu den Naturwissenschaften bemüht haben, während literarische Gelehrtheit (die Griechisch- und Lateinkenntnisse verlangte) die Frauen weniger anzog.

Ändern Sinnverschiebungen die Gesellschaft?

Manche von Evelyn Fox Kellers Arbeiten haben wir, als radikale Feministinnen, mit relativem Befremden gelesen. Davon ausgehend möchte ich im folgenden meine eigene kritische Analyse von Kellers Ansatz entwickeln.

Kellers Position als Feministin hat im Laufe der Jahre eine Entwicklung durchgemacht. So schreibt sie 1980 dem Feminismus eine doppelte Aufgabe zu: »Denjenigen Lebensweisen, die als ›weiblich‹ abgewertet wurden, ihre Legitimation zurückgeben; und den Frauen eine nicht durch die patriarchale Karikatur verzerrte Identität zurückgeben.«[35] Keller spricht hier eine gefährliche Sprache, weil eine solche Aussage Bedeutungsverschiebun-

34 Jeanne Peiffer, *L'engouement des femmes pour les sciences au 18ème siècle: divertissement mondain ou partage des savoirs?* in: Danielle Haase-Dubosc, Eliane Viennot (Hg.), *Femmes et pouvoirs sous l'ancien régime*, Paris 1991, S. 196-222, deutsche Übersetzung, in: Annette Grabosch und Almut Zwölfer (Hg.), *Frauen und Mathematik*, Tübingen 1992, S. 212-239. Vgl. auch *La littérature scientifique pour les femmes au siècle des Lumières*, in: *Sexe et genre*, op. cit., S. 137-146, und *Femmes savantes, femmes de science*, in: *Le sexe des sciences. Les femmes en plus*, Paris 1992, S. 32-41.

35 »The fundamental task of feminism is twofold: To restore legitimacy to those modes of being that have been delegitimized by being cast as ›feminine‹, and to restore to women an identity undistorted by patriarchal caricature«, in: *Fundamenta scientiae*, S. 344.

gen zuläßt. Und dessen ist sich Keller bewußt, wenn sie erklärt, daß dies für sie heißt, den Frauen solche Seinsarten (oder Eigenschaften) zuzuerkennen, die ihnen in der Geschichte versagt waren, weil sie eben als »männlich« charakterisiert wurden. Und nicht, wie viele Kellers Aussage interpretiert haben, die ursprüngliche Identität der Frauen wiederherzustellen, indem durch die Delegitimation verdeckte Potentialitäten wieder aufgedeckt würden.

In den folgenden Aufsätzen grenzt sie ihr Programm genauer ab, lehnt Interpretationen von anderen ab, weist implizit Kritiken zurück und klärt grundsätzliche Begriffe. Während sie in allen ihren Arbeiten ganz eindeutig das Geschlecht als soziales Konstrukt ansieht, kennzeichnet sie in den früheren die Beziehung zum biologischen Geschlecht als willkürlich, bindet es aber in späteren Arbeiten wieder an die in der Reproduktion begründete weibliche Natur.[36] Dies wird auch deutlich in den sukzessiven Reinterpretationen des Falles McClintock und dem Interesse, den er für eine feministische Kritik der Naturwissenschaften haben kann. Während sie 1980 daran die Möglichkeit einer geschlechtslosen (»genderless«) Auffassung von Wissenschaft[37] betont und also den feministischen Ansätzen einen Anspruch auf Universalität zuerkennt, scheint sie 1987 für die Anerkennung der Differenz einzutreten, aber einer, die weder auf Dualität noch auf Universalität (die sie hier als Negation von Differenz zu interpretieren scheint) beruhe.[38] Was das konkret heißen soll, ist mir nicht klar, aber läuft es nicht darauf hinaus, die sozialen Beziehungen zwischen den Geschlechtern, die in der Dualität verwurzelt sind, zu negieren? In unserer patriarchalen Gesellschaft bedeutet Differenz für Frauen Ausschluß. Ich möchte an Colette Guillau-

36 Darauf habe ich in Jeanne Peiffer, Evelyne Peyre, Joëlle Wiels, *Approches féministes des sciences expérimentales*, in: *Les Cahiers du GRIF* 45, S. 132-133 hingewiesen. Kellers Position ist in *Holding the Center of Feminist Theory*, in: *Feminism and Science: in Memory of Ruth Bleier, Women's Studies International Forum* 12/3, 1989, S. 313-318, dargestellt.

37 »What I am suggesting, is that McClintock's remarks permit a more hermaphroditic, or rather, genderless, conception of science than the one we are taught«, *Fundamenta scientiae* 1, S. 345. Interessant ist auch Isabelle Stengers' Interpretation im Vorwort zur französischen Ausgabe von Kellers McClintock-Biographie, op. cit. Sie legt den Akzent auf die Eigenart von McClintock's wissenschaftlichem Stil.

38 *The Gender/Science System: or Is Sex to Gender As Nature Is to Science?*, in: *Hypatia* 2, 1987, S. 37-49.

mins lapidare Formel erinnern: »Notre nature, c'est la différence.«[39]

Wenn ich Keller richtig verstanden habe, bietet sie als Ausweg aus der Alternative Dualismus (Differenz als Ausschluß) oder Universalität (Negation der Differenz) ein Verständnis von Differenz als etwas Positivem, mit Respekt zu Begegnendem. So wie sie, in früheren Schriften, um Begriffe wie »Macht«, »Objektivität« usw. von »Männlichkeit« abzukoppeln, Sinnverschiebungen, d.h. eine semantische Veränderung der Sprache, vorgeschlagen hat. Ändert man mit der Sprache die Gesellschaft? Wenn eine Handvoll Feministinnen, in ihren eigenen Zeitschriften, die immerhin eine weltbeherrschende Sprache benutzen, »Differenz«, »Macht«, »Objektivät« mit einer von der in Wörterbüchern verzeichneten verschiedenen Bedeutung verwenden, erschwert dies die Kommunikation, ohne daß das für Frauen sehr ungünstige Kräfteverhältnis in der Wissenschaft auch nur im geringsten verändert würde. Durch semantische Verschiebungen die Gesellschaft ändern zu wollen ist eine äußerst volontaristische Position. Differenz in unserer patriarchalen Gesellschaft heißt für Frauen Ausschluß, und wenn Feministinnen allein diese positiv umwerten, verstärken sie nur ihre Unterdrückung. So auch, wie wir sexistische Verzerrungen in den Naturwissenschaften noch nicht nachgewiesen haben, wenn wir gezeigt haben, daß Bacon zur Beschreibung seiner neuen Wissenschaftsauffassung Geschlechtsmetaphern benutzt hat.

Wenn wir, wie die »Précieuses« im 18. Jahrhundert, den Sinn der Worte und Begriffe verschieben, besteht dann nicht die Gefahr, daß wir uns im Rahmen der *women's studies* ein Ghetto schaffen, dessen Arbeiten weder von unseren Kollegen noch von unsern Nachfolgern ernst genommen werden? Eine neue Theorie kann nur zum Tragen kommen, wenn sie auch allgemein akzeptiert wird. Wird es der feministischen Kritik der Naturwissenschaften nicht ähnlich gehen, wie es der Damenphilosophie im 18. Jahrhundert gegangen ist? Bezeichnend ist in diesem Zusammenhang das Urteil eines Philosophiehistorikers, der in einem neueren Aufsatz[40] »eine von Frauen geschriebene Philosophie, also weibliches Philosophieren«, als »eine neue Qualität von Philosophie« im 18. Jahrhundert analysiert hat und enttäuscht fest-

39 Op. cit., *Questions féministes* 3, S. 16.
40 Vgl. *Das philosophische Frauenzimmer. Ein Essay von Werner Schneiders*, in: *Tradition & Emanzipation*, Bibliothèque nationale, Luxembourg 1991, S. 50-94.

stellen mußte: »Die Suche nach Spuren weiblichen Geistes in der Philosophie des 18. Jahrhunderts hat nur magere Ergebnisse gezeitigt. Ein Kant am Kochtopf war nicht dabei.«[41] Würde er Weiblichkeit als gesellschaftliches Konstrukt ansehen, würde er sich wohl kaum darüber wundern, daß die Schriften dieser Frauen, die den im 18. Jahrhundert geltenden Weiblichkeitscode verinnerlicht hatten, Züge tragen, die diese widerspiegeln. Etwas anderes können wir nur erwarten, wenn Frauen sich gegen diesen aufgezwungenen Code auflehnen. So können wir auch heute nur die Naturwissenschaften und die Gesellschaft ändern, indem wir bewußt gegen die Diskriminierung von Frauen kämpfen, und nicht indem wir voluntaristisch den Sinn der Worte ändern, die unsere Unterdrückung ausdrücken.

Und das können wir nur mit den Naturwissenschaftlerinnen, nicht gegen sie tun. Kellers Erklärung der relativen Ablehnung ihrer Theorien durch Naturwissenschaftlerinnen (Wissenschaftshistorikerinnen und -philosophinnen) ist sicher zum Teil richtig. Diese haben sich, so meint Keller, ihre Stellung im Wissenschaftsbetrieb oft durch harte Arbeit erobern müssen. Trotzdem bleiben sie oft am Rand der Gemeinschaft und verfügen über wenig Macht. In dieser fragilen Situation läge die Ursache der Distanz zur feministischen Kritik. Kann man nicht auch andere, genauso zutreffende Beschreibungen der Situation von Frauen in den Naturwissenschaften anführen, die zu anderen Schlußfolgerungen führen? Gehe ich zum Beispiel von meiner persönlichen Erfahrung aus, so kann ich behaupten, daß ich, solange ich zwar im Fach, aber außerhalb der Institution arbeitete, eine relativ idealisierte Auffassung von Naturwissenschaft, Mathematik insbesondere, hatte. Meine Erfahrung in der Institution hat mir dann schnell die Augen geöffnet. Die Kriterien für Anerkennung der geleisteten Arbeit und Erfolg in der Wissenschaft sind vielfältig, weniger von Kompetenz als von der Stellung und dem Gewicht innerhalb der Gemeinschaft abhängig. So tendiere ich jetzt auch eher dazu, Wissenschaft als kollektive gesellschaftliche Praxis aufzufassen, mit ihren Machtgefällen, ihren eigenen Verhaltensweisen, Rivalitäten und Kontroversen. Ein kritischer Ansatz wie der von Helen Longino wird dieser Erfahrung eher gerecht und bietet vielleicht zunächst konkretere Aktionsmöglichkeiten.

41 Ibid., S. 86.

Aber Kellers wissenschaftshistorische Ansätze möchte ich nicht vernachlässigt wissen. Um den thematischen Pluralismus in der Wissenschaftsgeschichte für feministische Zwecke zu nutzen, muß er erst erforscht werden. Und diese Aufgabe liegt noch vor uns. »Weiblichkeit«, als soziales Konstrukt, ist kein statischer Begriff. Sein Inhalt ändert sich mit der Zeit und mit dem Ort. Wenn das Weibliche bei den Pythagoräern mit dem Unendlichen assoziiert war und das Unendliche aus der griechischen Mathematik ausgeschlossen war, so war dasselbe Unendliche im christlichen Mittelalter mit Gott assoziiert und konnte im 17. Jahrhundert als operativer Begriff in der Mathematik thematisiert werden. Was als rational angesehen wird, hängt von dem kulturellen und geschichtlichen Kontext ab.

Die »soziale Irrationalität« von Wissenschaft

Zum Schluß möchte ich zwei neuere Ansätze aus Frankreich diskutieren, die ein dem Kellerschen sehr nahes Thema zu fassen suchen, jedoch mit anderen Begrifflichkeiten und in anderer Form: Isabelle Stengers' Vorstellung von einer »science au féminin«[42] und Michèle Le Dœuffs substantielle Arbeit über Frauen und Philosophie.[43]

Beide gehen von einem Unbehagen der Frauen in ihrem Fach (Wissenschaft bei Stengers, Philosophie bei Le Dœuff) aus, das sich zu einem früheren oder späteren Zeitpunkt der Ausbildung einstellt und die Frauen, obwohl sie motiviert genug waren, das entsprechende Fach zu wählen, davon abhält, sich damit zu identifizieren.[44] Weder Stengers noch Le Dœuff möchten die männliche Natur der Wissenschaft/Philosophie dafür verantwortlich machen. Stengers vergleicht das Verhalten der wissenschaftlichen

42 Im Vorwort zu Evelyn Fox Keller, *L'intuition du vivant, la vie et l'œuvre de Barbara McClintock,* op. cit. Ein Abdruck findet sich auch in Isabelle Stengers u. Judith Schlanger, *Les concepts scientifiques. Invention et pouvoir*, Paris 1989, S. 152-164.

43 Michèle Le Dœuff, *L'étude et le rouet* 1, Paris 1989.

44 So schreibt Michèle Le Dœuff, op. cit., S. 93: »On observe, au fond, que beaucoup d'entre elles restent à mi-route du devenir-philosophe: quelque chose dans l'entreprise philosophique les rebute et barre leur identification, pourtant assez amorcée pour les avoir poussées à s'initier à ce travail. Une désidentification survient à un point du parcours.«

Gemeinschaft mit dem einer Meute und spricht vom irrationalen Gebaren, das diese Meute habe. Diesem kollektiv und solidarisch zu widerstehen, darin sieht sie für Frauen in der Wissenschaft einen möglichen Weg, um sich dort wohler zu fühlen.

Le Dœuff prägt den Begriff des »Maskulinismus«, um diese Desidentifikation der Frauen mit ihrem Fach – der Philosophie – besser zu begreifen. Darunter versteht sie »die Bejahung der Dominanz des Männlichen über das Weibliche, und auch die Tatsache, daß diese erste ›Überlegenheit‹ als Referenz benutzt wird, um andere Überlegenheiten zu behaupten, die scheinbar nichts mit der Geschlechterdualität zu tun haben«.[45] Dieser Begriff kennzeichnet also einen spezifischen Aspekt der Philosophie, den man bei vielen, aber nicht allen männlichen Philosophen findet. Und auch sie sieht in dieser Spezifik das Irrationale am Werk.[46] Im Gegenteil zum Maskulinismus, der ein Partikularismus ist, erheben die feministischen Studien für Le Dœuff Anspruch auf Universalität.

Wo Keller die mythenhafte Natur der Gleichstellung von Wissenschaft und Männlichkeit verantwortlich macht für das Wegbleiben von Frauen aus der Wissenschaft, identifiziert Le Dœuff maskulinistische Elemente in der Struktur der Philosophie[47] selbst. Während Keller ein System von Wechselwirkungen zwischen der Entwicklung von Geschlechtsidentität und Objektivität beim Kleinkind und ein System von Ideen beschreibt, die Objektivität und Männlichkeit miteinander verbinden, kann Le Dœuff in der Philosophie inszenierte Bilder benutzen, um maskulinistische Verzerrungen aufzuweisen. Maskulinismus und Männlichkeit sind nicht miteinander verkoppelt.

Um eine Antwort auf die Frage zu formulieren, warum Frauen so selten die Stellung des kreativen Philosophen einnehmen, unterscheidet Le Dœuff zwei Aspekte der philosophischen Arbeit: der erste ist die Arbeit des Denkens oder besser die dauernde Überarbeitung des schon Gedachten (»le re-travail de la pensée«),

45 »J'entends par masculinisme en général l'affirmation d'une domination du masculin sur le féminin, et aussi le fait de prendre cette première »supériorité« comme référence pour affirmer d'autres suprématies, qui apparement n'ont rien à voir avec la dualité des sexes«. Ibid., S. 94.

46 »La spécificité masculiniste doit être vue comme relevant d'un irrationel«, ibid., S. 114.

47 Das tut sie zum Beispiel auf sehr brillante, witzige und freche Art mit der Philosophie von Jean-Paul Sartre.

an welcher jeder teilhaben kann, ob Männchen oder Weibchen; der zweite ist die Annahme eines Privilegs, das sich in der intimen Überzeugung des Philosophen ausdrückt, ein genialer, allen anderen überlegener Schöpfer zu sein, und in seinem Bewußtsein fähig zu sein, ein persönliches Werk schaffen zu können, das alles Vorhergedachte übertrifft.

Die Unterscheidung dieser zwei Aspekte bringt sie dann dazu, zwei extreme Philosophenfiguren zu beschreiben. Die erste, eine reine Pose, Auftreten als Philosoph, ohne daß effektive persönliche Arbeit dahintersteckt, und umgekehrt eine zweite, Philosophieren in der äußersten Zurückhaltung, das sich nicht als Philosophieren zu erkennen gibt. Es ist nicht schwierig zu erraten, welche von diesen extremen Haltungen Frauen statistisch häufiger annehmen. Le Dœuff[48] deutet an, daß das Haupthindernis für Frauen, die sich Zutritt zur Philosophie verschaffen wollen, im Auftreten als Philosoph liegen könnte. Frauen hätten mehr Mühe, sich in die Brust zu werfen und die Wichtigkeit andeutende Pose anzunehmen. Und diese Pose gehört sicher zu dem irrationalen Gehabe, von dem auch Stengers spricht.

Diese Unterscheidungen scheinen mir, wenigstens zum Teil, für jede intellektuelle Tätigkeit, und also auch für die Naturwissenschaften, eine gewisse Relevanz zu haben: Die Arbeit einerseits, die Notwendigkeit andererseits, sich als schöpferisches Genie zu geben, um in den Naturwissenschaften »ich« sagen zu können. Dieser Ansatz könnte für die relativ geringe Anzahl von Frauen in der Mathematik eine plausible Erklärung liefern. Die mathematische Praxis verlangt vielleicht mehr als andere Disziplinen ein Sichselbstvergessen des Mathematikers. Dies wird an der von André Weil in seiner Autobiographie beschriebenen Anekdote klar. Als er 1940 (als Kriegsdienstverweigerer) in Le Havre im Gefängnis saß, hat er entscheidende Fortschritte in seinen mathematischen Forschungen gemacht, so daß er am 30. März seiner Frau schrieb: »Ich fange an zu glauben, daß den abstrakten Wissenschaften nichts vorteilhafter ist als das Gefängnis.«[49] Mit dem starken Selbstbewußtsein eines André Weil, seiner Eingebundenheit in eine Gruppe von Mathematikern (Bourbaki), die auf seine

48 Ibid., S. 153-175.

49 André Weil, *Souvenirs d'apprentissage*, Basel, Boston, Berlin 1991, S. 152: »... je commence à croire que rien n'est plus favorable que la prison aux sciences abstraites.«

Arbeit gespannt sind, kostet es sicher nicht zuviel, einige Lebensbereiche auszuklammern. Wenn aber eine Frau im Verborgenen, sei es nun ein Elfenbeinturm oder ein Gefängnis, Mathematik betreibt und darüber hinaus ein kulturelles und gesellschaftliches Verbot es ihr nicht erlaubt, die Pose des schöpferischen Mathematikers einzunehmen, dann ist diese Frau in ihrer sozialen und persönlichen Existenz gefährdet. Sie versinkt im großen Schweigen. Daß Frauen zögern, diesen Platz einzunehmen, scheint mir leicht verständlich.

Schluß

Während Kellers Ansatz (so wie wir ihn in Frankreich verstanden haben) zu einer Gratwanderung zwischen Differenz und Nicht-Differenz führt, wo jeder Seitensprung gefährlich sein kann, nimmt die zuletzt skizzierte Vorstellung den Anspruch von Feminismus auf Universalität ernst. Beide Vorgehensweisen versuchen die relative Abwesenheit von Frauen in Bereichen wie den Naturwissenschaften und der Philosophie zu erklären, die eine durch Werthaltungen, die mit den populären Darstellungen von Naturwissenschaft eng verbunden sind, die andere durch das Unterstreichen des maskulinistischen Partikularismus in der Philosophie. Letztere bietet vielleicht eine Öffnung auf einen in beiden Ansätzen fehlenden Aspekt: der der Akzeptanz und Rezeption von Theorien. Brillantes, jedoch totgeschwiegenes Denken – sei es durch Autozensur, das Fehlen der imposanten Pose, Nichternstgenommenwerden von Kollegen – kann nicht anerkannt und auch nicht zum Tragen kommen.

II

Wenn Frauen in der Wissenschaft Einfluß nehmen

Will man sich nicht einfach mit der Feststellung zufriedengeben, die modernen Naturwissenschaften seien eine zutiefst männliche Angelegenheit, so steht am Beginn der kritischen Auseinandersetzung mit diesen Disziplinen die Suche nach Frauen in einzelnen Forschungsfeldern, die Untersuchung ihrer Arbeits- und Lebensbedingungen, ihrer wissenschaftlichen und sonstigen Beiträge. In dem Maße, wie die Frauenforschung zu den Naturwissenschaften voranschreitet, wird immer deutlicher werden, daß Frauen einen nicht unbeträchtlichen – wenn auch mehr oder weniger sichtbaren – Anteil an der Entwicklung und Sicherung der Produktionsbedingungen naturwissenschaftlicher Erkenntnisse hatten. Wie sich einzelne Frauengeschichten in konkreten Feldern naturwissenschaftlicher Forschung abgespielt haben, davon handelt das folgende Kapitel.

Bei der Frage nach dem Wechselverhältnis von Frauen-/Geschlechtergeschichte zur Naturwissenschaftsgeschichte kann es aber von Anfang an nicht nur um die Schließung von Forschungslücken gehen. Was für die Frauen- und Geschlechtergeschichte längst zu einem Gemeinplatz geworden ist, gilt ebenso auch für die Wissenschaftsgeschichte: Es handelt sich nicht nur darum, einzelne Frauen (als Erfinderinnen, Entdeckerinnen) in der Geschichte naturwissenschaftlicher Disziplinen ausfindig zu machen, um ihnen eine bislang vorbehaltene Anerkennung zukommen zu lassen. Eine nachträgliche Umwertung der Beiträge von Frauen innerhalb einer ansonsten anerkannten Hierarchie der Wissenschaften bietet sich weder politisch noch wissenschaftlich als Lösung an, das »Geniale« an den Werken der Wissenschaftlerinnen einzuklagen verbleibt in den Bahnen bisheriger Wissenschaftsgeschichtsschreibung und wird oft auch den facettenreichen Erfahrungen der Frauen nicht gerecht.

Das zeigt beispielsweise das Schicksal von Lise Meitner. Sie war bereits zu Lebzeiten eine nicht nur innerhalb der Physik bekannte, anerkannte und berühmte Wissenschaftlerin; sie füllte zu einer Zeit eine leitende Position aus, als dies für Frauen alles andere als selbstverständlich war, und sie hinterließ zahlreiche wissenschaftliche Schriften zu verschiedenen kernphysikalischen Problemen und zur Entdeckung der Kernspaltung, die von der scientific community wie von der Geschichtsschreibung nicht negiert werden konnten. Dennoch wurde ihre wissenschaftliche Karriere nur verzerrt wiedergegeben, oft genug schlicht verschwiegen. Weil sie 1938 als Jüdin Deutschland verlassen mußte, weil sie zudem als Frau in der Physik eine Ausnahmeerscheinung war, fiel es ihrem Kollegen Otto Hahn leicht, seine steile Karriere als politisch unbescholtener deutscher Nobelpreisträger nach dem Krieg auf ihre Kosten aufzubauen. Indem Ruth Lewin Sime ihr Augenmerk auf die sich unter den politischen Verhältnissen Nazi-Deutschlands verändernde Arbeits- und Freundschaftsbeziehung zwischen diesen beiden Wissenschaftlern richtet, wird nicht nur die wissenschaftliche Leistung Meitners gegenüber der herrschenden Meinung in ein anderes Licht gerückt, in den Vordergrund tritt vor allen Dingen die wissenschaftliche Bedeutung von Geschlecht und ethnischer Herkunft innerhalb eines Gesellschaftsbereiches, der von sich behauptet, objektiv zu sein.

Wenn Frauen die Wirklichkeit anders begreifen als Männer und sich auch anders darin bewegen, dann wird dies als Ausdruck des »weiblichen« Wesens angesehen. Ganz in dem Sinne: Frauen sehen nun einmal die Welt anders als Männer, wobei gleichzeitig den Männern eine rationalere Sichtweise unterstellt wird. Treten Frauen jedoch in einer hinreichend großen Anzahl auf, so kann es ihnen sehr wohl gelingen, einem bis dahin männlich strukturierten Feld eine andere inhaltliche Orientierung zu geben und damit anerkannte Leitsätze zu Fall zu bringen. Das ist eine der Erkenntnisse, welches sich nach Lektüre des Beitrages von Donna Haraway über die Geschichte der Primatenforschung nach dem Zweiten Weltkrieg einstellt. In diesem Forschungsbereich sind Frauen schon lange keine Ausnahmeerscheinung, sondern haben ganz im Gegenteil äußerst einflußreiche Positionen innegehabt. Mehr noch haben sie mit dezidiert frauenspezifischen bzw. feministischen Fragestellungen nach dem anderen Verhalten der weiblichen Primaten Erfolg gehabt. Doch auch Donna Haraway will sich nicht damit zufrieden geben, die besonderen Leistungen der Primatenforscherinnen zu rühmen, sondern fragt darüber hinausgehend nach der Konstruktion von »Männlichkeit« und »Weiblichkeit« in der immer wieder neu – und diesmal auch von Frauen – erzählten Geschichte vom Ursprung der Menschheit.

Ruth Lewin Sime
13. Juli 1938: Lise Meitner verläßt Deutschland

Das Leben Lise Meitners – sie wurde fast 90 Jahre alt – teilt sich in drei nahezu gleiche Abschnitte: Ausbildung in Wien, Karriere in Berlin, Emigration nach Schweden.[1] Als Wissenschaftlerin jüdischer Herkunft erlebte sie die sozialen Veränderungen, die wissenschaftlichen Errungenschaften und die historischen Verschiebungen ihrer Zeit in vollem Ausmaß: ihre Jugend war vom Kampf um eine Ausbildung bestimmt, sie erlangte Berühmtheit in der Kernphysik und mußte im Exil noch einmal ihre frühen Kämpfe und zusätzlich die Verstümmelung ihrer wissenschaftlichen Vergangenheit erfahren. Lise Meitner betrachtete Deutschland als die Stätte, die ihr eine berufliche Heimat gegeben hatte. Deutschland gewährte Lise Meitner die besten Jahre ihres Lebens – und die bittersten.

Lise Meitner war die zweite Frau, die an der Universität Wien in Physik promovierte. Als sie 1907 nach Berlin kam, hatte sie lediglich vor, dort ein Jahr zu verbringen, um weiter Physik zu studieren. In einer Zeit, als Frauen von den preußischen Universitäten immer noch ausgeschlossen waren, besuchte sie Max Plancks Vorlesungen in theoretischer Physik und begann zusammen mit Otto Hahn, einem gleichaltrigen Chemiker, experimentell mit Radioaktivität zu arbeiten; 1920, als sie ebenso wie Otto Hahn eine eigene Abteilung des Kaiser-Wilhelm-Instituts [KWI] für Chemie leitete, begann sich Lise Meitner aus eigenem Entschluß mit dem damals neuen Feld der Kernphysik zu beschäftigen. Die Meilensteine ihrer Karriere in jenen Jahren markierten die Aufnahme von

1 Allgemeine Hinweise auf Lise Meitners Leben und Werk sind enthalten in: O.R. Frisch, *Lise Meitner 1878-1968*, in: *Biog. Mem. Fell. Roy. Soc.*, London, 16, 1970, S. 405-420 (enthält eine vollständige Liste der Publikationen Lise Meitners); O.R. Frisch, *Dict. Sci. Biog.*, IX, Scribners 1974, S. 260; Lise Meitner, *Looking Back*, in: *Bulletin of the Atomic Scientists*, Nov. 1964, S. 2-7; Fritz Krafft, *Lise Meitner und ihre Zeit*, in: *Angewandte Chemie*, 90, 1978, S. 826-842; Charlotte Kerner, *Lise, Atomphysikerin*, Weinheim 1986; Sallie A. Watkins, *Lise Meitner: the making of a physicist*, in: *Physics Teacher*, 22, 1984, S. 12-15; Jost Lemmerich, *Gedächtnisausstellung zum 100. Geburtstag von Albert Einstein, Otto Hahn, Max von Laue, Lise Meitner*, Berlin 1979.

Frauen in die deutsche Wissenschaft: sie war anerkannt als eine der führenden Physiker(innen) ihrer Zeit.[2]

Es war dieser Erfolg, der sie dazu verführte, sich an das zu klammern, was sie hatte, und zu lange in Deutschland zu bleiben. Lise Meitner entschied sich 1933 zu bleiben, sie zögerte, neu anzufangen, da sie fürchtete, alles zu verlieren, was sie sich erkämpft hatte. Erst später sollte sie begreifen, daß dies ein Fehler war, »nicht nur vom praktischen Standpunkt, sondern auch moralisch gesehen«; später wurde ihr klar: bleiben bedeutete Hitler unterstützen.[3]

Sie blieb, weil sich die Physik damals gerade in ihrem Bereich spektakulär entwickelte: in rascher Folge kam es zu den Entdekkungen des Neutrons, des Positrons und der künstlichen Radioaktivität; es folgten Enrico Fermis Experimente mit Neutronen und Neutronenbestrahlung und seine Vorstellung von Elementen jenseits des Urans. Lise Meitner verfolgte diese Entdeckungen aufmerksam und verifizierte sie in ihrem Laboratorium. 1934 brachte sie das »Uran-Projekt« nach Berlin, bildete ein interdisziplinäres Team und leitete vier Jahre lang dessen Forschungsarbeit. Als sie schließlich gezwungen wurde, Deutschland zu verlassen, verlor sie alles: Position, Kollegen, Freunde und ihre Arbeit. Und noch mehr, da das Exil ihre Karriere nicht nur beendete, sondern zerstörte: sie wurde ausgeschlossen von der Entdeckung, die ihre Karriere hätte krönen sollen.[4]

Zur Entdeckung der Spaltung des Urankerns kam es fünf Monate, nachdem sie Berlin verlassen hatte. Sie war direktes Ergebnis und Höhepunkt der Forschungen, die sie vier Jahre zuvor initiiert hatte und zu denen Lise Meitner bis zum Schluß Entscheidendes beitrug. Die Vorgeschichte der Kernspaltung macht deutlich, daß sie nicht aus wissenschaftlichen, sondern aus politischen Gründen

2 Spezifische Hinweise auf Lise Meitners Werk vor 1934 sind enthalten in: Sallie A. Watkins, *Lise Meitner and the beta-ray controversy*, in: *American Journal of Physics*, 51, 1983, S. 551-553; Ruth L. Sime, *Belated Recognition: Lise Meitner's Role in the Discovery of Fission*, in: *Journal of Radioanalytical and Nuclear Chemistry*, 142, 1990, S. 13-26; Ruth L. Sime, *The Discovery of Protactinium*, in: *Journal of Chemical Education*, 63, 1986, S. 653-657.

3 Brief Lise Meitners an Gerta v. Ubisch, 1. Juli 1947. Die angeführten Briefe befinden sich, wenn nicht anders ausgewiesen, alle in der *Meitner Collection, Churchill College Archives*, Cambridge.

4 Renate Feyl kommentiert in ihrem Aufsatz *Lise Meitner 1878-1968*, in: *Der lautlose Aufbruch – Frauen in der Wissenschaft*, Darmstadt 1983, S. 162: »Ihre Arbeit ist gekrönt worden mit dem Nobelpreis für Otto Hahn.«

ausgeschlossen wurde, und die Nachkriegsgeschichte zeigt, daß dieses Unrecht auch nach Ende des Dritten Reichs fortgesetzt, ja sogar verstärkt wurde: Lise Meitner wurde noch weniger wahrgenommen, die Geschichte der Entdeckung selbst noch stärker verzerrt. Bis heute besteht eine Überlieferung, die gekennzeichnet ist von Unehrlichkeit, eine hartnäckige und schwer zu verändernde Überlieferung.

Lise Meitners Beiträge zur Entdeckung der Kernspaltung sind in der wissenschaftlichen Literatur umfangreich dokumentiert. Wir wissen, daß sie, die Physikerin, von Fermis Neutronenexperimenten fasziniert war und 1934 das Uranprojekt[5] nach Berlin brachte[6]; daß es sie mehrere Wochen kostete, Otto Hahn zu überzeugen, sich an diesem Projekt zu beteiligen[7]; daß es in Kontext und Zielrichtung ein Problem der Kernphysik blieb; daß Lise Meitner die Forschungsgruppe vier Jahre lang leitete. Wir können in den wissenschaftlichen Veröffentlichungen aus dieser Zeit nachlesen, daß die Chemiker Hahn und Strassmann zuversichtlich ein sogenanntes Transuran nach dem anderen identifizierten und »keinen Zweifel« äußerten, daß die von ihnen gefundenen neuen Aktivitäten auf Elemente jenseits des Urans hinwiesen; zur gleichen Zeit sehen wir, wie die Physikerin Lise Meitner versuchte, die chemische und physikalische Seite in den nuklearen Prozessen zusammenzudenken, nie zufrieden, immer bereit, das Problem aus einem weiteren Blickwinkel anzugehen. Die Vorgeschichte der Entdeckung ist wichtig, weil Hahn und seine Nachfolger – mit der bedeutsamen Ausnahme von Strassmann – später, nach der Entdeckung, behaupten sollten, die Physik allgemein und Lise Meitner insbesondere hätten die Entdeckung verzögert, sogar behindert. Eine solche Behauptung ist ohne jede wissenschaftliche Basis. Es ist richtig, daß die Physik die Spaltung nicht *voraussagte*,

5 Ein dokumentarischer Überblick zur damaligen Uranforschung findet sich bei Fritz Krafft, *Im Schatten der Sensation: Leben und Werk von Fritz Strassmann*, Weinheim 1981; auch bei Jost Lemmerich, *Die Geschichte der Entdeckung der Kernspaltung* (Ausstellungskatalog), Berlin 1988.

6 Zur Interpretation der Rolle Lise Meitners in der Uranforschung vgl. Lise Meitner, *Wege und Irrwege zur Kernenergie*, in: *Naturwissenschaftliche Rundschau*, 16, 1963, S. 167-169; auch Ruth L. Sime, *Lise Meitner and the Discovery of Fission*, in: *Journal of Chemical Education*, 66, 1989, S. 373-376; Ruth L. Sime, *Lise Meitner und die Kernspaltung: »Fallout« der Entdeckung*, in: *Angewandte Chemie*, 103, 1991, S. 942-953.

7 L. Meitner an Max von Laue, 4. September 1944.

aber sie trug die Untersuchung und wies den Weg. Ohne Lise Meitner hätten Otto Hahn und Fritz Strassmann sie möglicherweise nie begonnen, und es ist zweifelhaft, ob sie sie ohne sie weitergeführt hätten oder hätten können. Lise Meitner war, wie Fritz Strassmann immer sagte, die »geistig Führende« ihres Teams, und sie blieb es bis Mittwoch, den 13. Juli, den Tag, an dem sie Deutschland verließ.[8]

Weniger bekannt, aber gleichermaßen gut belegt ist, daß Lise Meitner auch weiterhin, den ganzen Herbst 1938, als sie bereits in Stockholm war, in jedem Sinn als Mitglied des Forschungsteams fungierte. Wir wissen aus ihrer Korrespondenz mit Otto Hahn, daß sie im Oktober die Befunde von Irène Curie und Pavel Savitch diskutierten, wir wissen, daß Otto Hahn Lise Meitner von den neuen »Radium-Isomeren« berichtete, die er und Strassmann gefunden hatten, wir wissen aus Hahns eigenem Taschenkalender, daß Lise Meitner und Otto Hahn sich am 13. und 14. November in Kopenhagen trafen und daß Lise Meitner damals heftige Einwände gegen die »Radium-Isomere« erhob[9] und Hahn und Strassmann drängte, die »Radium«-Befunde genauer zu überprüfen. Wir wissen das, weil es die Botschaft war, die Hahn aus Kopenhagen nach Berlin zurückbrachte. Fritz Strassmann erinnerte sich später: »Zum Glück hatte Lise Meitners Ansicht und Urteil bei uns in Berlin ein so großes Gewicht, daß die erforderlichen Kontrollversuche sofort unternommen wurden.«[10]

Es waren diese Experimente, die direkt – innerhalb weniger Wochen – zur Entdeckung von Barium führten. Wir wissen aus Hahns und Strassmanns eigenen Aussagen, daß sie Lise Meitner immer noch als Mitglied ihres Forschungsteams betrachteten. Strassmann schrieb später:

8 Ruth L. Sime, *Lise Meitner's Escape from Germany*, in: *American Journal of Physics*, 58, 1990, S. 262-267.

9 In seinen autobiographischen Schriften (zum Beispiel D. Hahn (Hg.), *Otto Hahn, Erlebnisse und Erkenntnisse*, Düsseldorf 1975, S. 58) schildert Hahn die Wichtigkeit seines Besuchs in Kopenhagen, erwähnt aber nie Lise Meitner. Sein Treffen mit ihr ist jedoch im Gästebuch des Instituts von Niels Bohr (vgl. F. Krafft [Anm. 5], S. 208, Anm. 17) und in Hahns eigenem Taschenkalender vermerkt. Siemens Taschenkalender 1938, Otto Hahn Nachlaß, Archiv zur Geschichte der Max-Planck-Gesellschaft, zitiert bei Peter Brix, *Die folgenreiche Entdeckung der Uranspaltung – und wie es dazu kam*, in: *Physikalische Blätter*, 45, 1989, S. 2-10.

10 F. Krafft [Anm. 5], S. 208.

»Was bedeutet es, daß Lise Meitner nicht *direkt* teilhatte an der ›Entdekkung‹?? Ihrem Impulse ist der Beginn des gemeinsamen Weges mit Hahn, ab 1934, zuzuschreiben – *4 Jahre danach gehörte sie zu unserem Team* – anschließend war sie von Schweden aus gedanklich mit uns verbunden... Lise Meitner war die geistig Führende in unserem Team gewesen, und darum gehörte sie zu uns – auch wenn sie bei der ›Entdeckung der Kernspaltung‹ nicht gegenwärtig war.«[11]

Und Hahn selbst schrieb in seinem Brief vom 19. Dezember, in dem er Lise Meitner erstmals das Auffinden von Barium mitteilte, immerhin folgendes:

»Vielleicht kannst Du irgendeine phantastische Erklärung vorschlagen... Falls Du irgendetwas vorschlagen könntest, das Du publizieren könntest, dann wäre es doch noch eine Art Arbeit zu Dreien.«[12]

Hahn war sicher, daß sie Barium gefunden hatten, aber er verstand es nicht. Seine Unsicherheit kam in dem Artikel zum Ausdruck, den er damals für die Zeitschrift *Naturwissenschaften* schrieb.[13] Lise Meitner antwortete umgehend – am 21. Dezember – mit einem Brief, in dem sie Otto versicherte, daß das Finden von Barium nicht »unmöglich« sei:

»Mir scheint vorläufig die Annahme eines so weitgehenden Zerplatzens sehr schwierig, aber wir haben in der Kernphysik so viele Überraschungen erlebt, daß man auf nichts ohne weiteres sagen kann: es ist unmöglich.«[14]

Dieser Brief ist wichtig, weil Hahn später gesagt haben soll, daß, wäre Lise in Berlin geblieben, sie ihm die Entdeckung möglicherweise ausgeredet hätte.[15] Etwas stimmt hier nicht, da Lise Meitner in jenem Brief, der immer in Otto Hahns Besitz war, genau das Gegenteil schreibt. Und tatsächlich fand Hahn ihren

11 F. Krafft [Anm. 5], S. 211 (Hervorhebung im Original).

12 O. Hahn an Lise Meitner, 19. Dezember 1938.

13 O. Hahn, F. Strassmann, *Naturwissenschaften*, 27, 1939, S. 11-15.

14 Lise Meitner an Otto Hahn, 21. Dezember 1938.

15 Werner Heisenberg schrieb in einem posthumen Artikel zu »Ehren« von Otto Hahn und Lise Meitner: »Nur bei einem Glas Wein konnte ihm [Hahn] die Äußerung entschlüpfen, ›Ich weiß nicht, ich fürchte Lischen hätte mir die Uranspaltung verboten‹.« [W. Heisenberg, *Orden pour le mérite für Wissenschaft und Künste, Reden und Gedenkworte*, 9. 1968/69, S. 111-119]; R. Fleischmann zitiert E. Bagge, der 1945 zusammen mit Hahn in England interniert war und sich an folgende Worte Hahns erinnert: »Wenn Frl. Meitner im Dezember 1938 noch im Institut gewesen wäre, hätte sie uns das Barium ausgeredet.« [Private Mitteilung, R. Fleischmann an P. van Assche, 1982]. Diese Erinnerungen aus zweiter und dritter Hand sind zwar nicht eindeutig belegt, stimmen aber mit Hahns späterer Ansicht überein.

Brief im Dezember 1938 höchst ermutigend – erst nachdem er ihn erhalten hatte, fügte er in die Korrekturfahnen seines Artikels für die *Naturwissenschaften* einen Absatz ein, in dem er die Hypothese vortrug, daß der Urankern zerplatzt sei. Dieser Absatz gab dem Artikel Gewicht, er zeigte, daß Hahn und Strassmann nicht nur Barium identifiziert hatten, sondern verstanden, was geschehen war.[16] In der Zwischenzeit formulierte und veröffentlichte Lise Meitner zusammen mit ihrem Neffen Otto Robert Frisch die erste theoretische Interpretation der Kernspaltung.[17]

Das waren Lise Meitners Beiträge zu der Entdeckung. Wir sehen, daß sie von den ersten Arbeiten in Berlin bis zur Entdekkung der Kernspaltung und darüber hinaus einen kontinuierlichen Zusammenhang bilden; wir sehen, daß sie auf jede Art zu der Entdeckung beitrug: das einzige, was fehlte, war ihre physische Präsenz. Zweifellos würde niemand behaupten, daß die ständige physische Präsenz jedes Mitarbeiters in einer Forschungsgruppe absolut erforderlich sei. Meitners und Hahns eigene Erfahrung bei der Entdeckung von Protactinium belegt das: während des Ersten Weltkriegs war Hahn bei der Armee, Lise Meitner machte fast die gesamte Arbeit allein, aber beiden wurde ohne irgendeine Frage die Entdeckung des Protactinium zugeschrieben.[18] 1938 lagen die Dinge anders. Über dem Barium-Artikel standen Hahns und Strassmanns Namen, Meitners nicht. Wir sollten uns daran erinnern, daß dies keineswegs wissenschaftlichem Usus entsprach – es hatte überhaupt nichts mit Wissenschaft zu tun. Lise Meitner wurde aus politischen Gründen von der Entdeckung ausgeschlossen: die Rassenpolitik der Nationalsozialisten, die sie aus Deutschland vertrieben hatte, machte es für Hahn riskant, machte es ihm vielleicht sogar unmöglich, sie einzuschließen; selbst zuzugeben, daß er weiterhin mit einer »Nicht-Arierin« im Exil zusammengearbeitet hatte, war für ihn unangenehm.

Lise Meitner war klar, daß es damals nichts gab, was sie hätte tun können. Sie gratulierte Hahn und Strassmann zu dem »wun-

16 F. Krafft [Anm. 5], S. 267.

17 L. Meitner, O. R. Frisch, *Nature*, 143, 1938, S. 239-240.

18 Tatsächlich war Hahn in der Protactinium-Veröffentlichung der *erste* Autor: O. Hahn und L. Meitner, *Physikalische Zeitschrift*, 19, 1918, S. 208-218; vgl. auch R. L. Sime, 1986 [Anm. 2].

derschönen Ergebnis ... auch wenn ich jetzt mit sehr leeren Händen dastehe«.[19] Sie fürchtete indessen, noch mehr zu verlieren: ihr Name fehlte bei der Entdeckung von Barium, aber er war noch immer fest mit den sogenannten Transuran-Elementen verbunden, die Lise Meitner aber nunmehr als Spaltungsfragmente und keineswegs als Elemente jenseits von Uran verstand.

Der Zeitpunkt war schlecht: Lise Meitner war in Stockholm kühl aufgenommen worden; es war nicht einfach, neu anzufangen. Sie fürchtete um ihren Ruf, befürchtete, daß man die politische Situation nicht in Betracht zog und denken würde, »die Drei haben also Unsinn gemacht, und jetzt nach dem Weggang des einen haben die zwei andern das in Ordnung gebracht«.[20] Sie bat Otto Hahn, in seinem nächsten Artikel zu erwähnen, daß die Entdekkung von Barium auf Techniken und Ergebnissen beruhte, die sie in ihrer vierjährigen Zusammenarbeit entwickelt hatten.[21] Sie erwartete nicht, daß Hahn bald nicht nur ihre fortdauernde Zusammenarbeit unterschlagen und leugnen würde, sondern auch den Wert von nahezu allem, was sie zuvor getan hatte.

Hahn hatte unterdessen eigene Sorgen. Als der Barium-Aufsatz am 6. Januar 1939 in den *Naturwissenschaften* erschien, beschwerten sich Physiker des Kaiser-Wilhelm-Instituts für Chemie offen darüber, daß er sie nicht früher informiert habe. Hahn war zwar Direktor des Instituts, aber er war wegen seiner antinazistischen Ansichten verwundbar; das Institut war voll von Parteimitgliedern jeden Grades an Enthusiasmus und Opportunismus – Fritz Strassmann war eine bemerkenswerte Ausnahme[22] –, und auch außerhalb gab es übergenug opportunistische Wissenschaftler, die nur auf ihre Chance lauerten. So ging Hahn im nächsten Hahn-Strassmann Artikel Ende Januar 1939[23] kein Risiko ein. Er wies in denkbar kürzester Form auf Meitners frühere Arbeit hin und bestätigte knapp die theoretische Interpretation von Meitner und Frisch.

Lise Meitner reagierte völlig verzweifelt. Sie hatte gehofft, daß ihre und ihres Neffen theoretische Arbeit immer noch »eine Art Arbeit zu Dreien« sein könnte. An ihren Bruder schrieb sie:

19 L. Meitner an O. Hahn, 18. Januar 1939.
20 O. R. Frisch an O. Hahn, 4. Januar 1939, zitiert von F. Krafft [Anm. 5], S. 271.
21 L. Meitner an O. Hahn, 18. Januar 1939.
22 Vgl. F. Krafft [Anm. 5], S. 40-47.
23 O. Hahn, F. Strassmann, *Naturwissenschaften*, 27, 1939, S. 89-95.

»Hahn hat jetzt in Fortsetzung unserer letzten gemeinsamen Arbeiten ganz wunderbare Dinge gefunden ... Und so sehr mich die Resultate wissenschaftlich und persönlich für Hahn freuen, so denken hier jetzt manche Menschen, daß ich überhaupt nichts gemacht habe.«[24]

In Stockholm, so schrieb sie Otto Hahn, hatte sie im Institut von Manne Siegbahn einen Raum, aber keine Ausstattung, keine Hilfe, keine Rechte; sie hatte Ideen für Experimente, aber keine Möglichkeit, sie durchzuführen, und sie kam mit Manne Siegbahn nicht zurecht.

»Jetzt wird Siegbahn allmählich glauben – besonders nach Euern so schönen Ergebnissen –, daß ich überhaupt nichts gemacht habe und Du auch die ganze Physik in Dahlem gemacht hast. Ich verliere allmählich allen Mut. Verzeih diesen unfrohen Brief; ich hatte ja früher nie geschrieben, wie schlimm es eigentlich ist. Ich weiß manchmal nicht mehr, was ich mit meinem Leben anfangen soll. Wahrscheinlich geht es vielen, die weggegangen sind, so wie mir, aber darum ist es doch sehr schwer.«[25]

Hahns Antwort macht deutlich, daß er eine Trennungslinie zwischen sich und Meitner gezogen hatte.

»Ich fürchte, es wird mir etwas übel genommen, daß wir strikte nichts über unsere Versuche erzählten ... [Ich] möchte den Herren [Physikern im Institut] aber doch nicht beichten, daß Du die einzige warst, die sofort alles erfahren hat ... Wie Du glauben kannst, Siegbahn denkt, Strassmann und ich machten auch die Physik, verstehe ich nicht. Wir haben bei der ganzen Arbeiterei die Physik absolut nicht berührt, sondern immer und immer wieder nur chemische Trennung gemacht. Wir kennen doch unsere Grenzen und wissen natürlich auch, daß in diesem besonderen Falle es zweckmäßig war, nur Chemie zu machen ... [Die] Arbeit über das Uran [ist mir] ein vom Himmel gesandtes Geschenk. Ich fürchte nämlich, daß Dr. K dem Herrn ... allmählich Teile des Instituts geben will ...«[26]

In Hahns Brief wird nicht nur Angst, sondern ebenso Selbsttäuschung deutlich. Im Dezember hatte er von der Spaltung als »einer Art Arbeit zu Dreien« gesprochen; jetzt nahm er die Chemie aus dem physikalischen Kontext heraus und bezeichnete die Entdekkung der Kernspaltung als Resultat jener »chemischen Trennungen«, die er und Strassmann während drei Wochen im Dezember durchgeführt hatten. Er trennte die Chemie von der Physik und sich selbst von Lise Meitner – und sagte ihr, was ihn dazu veran-

24 L. Meitner an Walter Meitner, 6. Februar 1939.
25 L. Meitner an O. Hahn, 5. Februar 1939.
26 O. Hahn an L. Meitner, 7. Februar 1939.

laßte: Angst. Angst um sein wissenschaftliches Überleben, Angst, sein Institut zu verlieren. Sein Hinweis auf die Spaltung als ein »Geschenk des Himmels« sagt alles – es war ein vom Himmel gesandtes Wunder, um ihn und sein Institut zu retten, ein Geschenk, das in nichts eingebunden war, keine Bindungen zur Physik, keine Bindungen an Lise Meitner. Sein Brief ist ein Zeugnis für die Verfälschung von Realität – eine Art selbst vorgenommene Gehirnwäsche –, die aus Angst resultiert.

Otto Hahn ist von diesem Standpunkt nie mehr abgewichen. Das ganze Frühjahr 1939 hindurch lebte er in ständiger Unruhe hinsichtlich der eigenen Priorität bei der Entdeckung der Kernspaltung. Da die Spaltung eine Flut aufregender neuer Entdeckungen auslöste, stürzten sich Physiker in England, Amerika und Frankreich in Veröffentlichungen. Gelegentlich versäumten sie, Hahn und Strassmann ausführlich zu zitieren, manchmal verstümmelten Zeitungen die Ergebnisse. Hahn verhielt sich abwehrend und gereizt; er betrieb Haarspalterei in bezug auf jede mögliche Nichtachtung seiner Person, er stritt mit Lise, mit Niels Bohr, mit englischen Kollegen; als Lise riet, er solle Irène Curie und Pavel Savitch mehr Anerkennung zollen, wurde er ärgerlich; als Ida Noddack ihm vorwarf, daß er ihren Artikel aus dem Jahr 1934 nicht erwähnt hatte, weigerte er sich zu antworten. Als Nicht-Nazi fühlte er sich in Deutschland isoliert, als Deutscher fühlte er sich in zunehmendem Maß der internationalen scientific community entfremdet, und selbst als Chemiker fühlte er sich übergangen. Da er sich selbst davon überzeugt hatte, daß die Entdeckung der Physik nichts verdankte, irritierte ihn, daß die Entwicklung, die aus ihr folgte, völlig von Physikern beherrscht wurde, um so mehr, als er oft nicht verstand, was sie taten. Zu den Physikern in seinem Institut entwickelte er nie eine enge Arbeitsbeziehung. Wenn er Fragen hatte, war es Lise, die Brief auf Brief die Dinge geduldig erklärte. Dies ging über Monate. Im Sommer 1939 endlich entspannte er ein wenig: sein Institut schien sicher, seine Position auch. »Die ›Uranspaltung‹ hat da die ganze Situation gerettet.«[27]

Der Briefwechsel zwischen Lise Meitner und Otto Hahn war während des Krieges vorsichtig; sie vermieden, über Politik, den Krieg, die Kernspaltung zu sprechen. Lise Meitner fühlte sich in Schweden »für immer heimatlos«, unwillkommen in Siegbahns

27 Vgl. D. Hahn (Hg.) [Anm. 9], S. 54.

Institut, isoliert von der Kernphysik, ohne Möglichkeit, Arbeiten durchzuführen, die sie für bedeutsam hielt. Sie versuchte, sich nicht dabei aufzuhalten, aus Scham, an sich selbst zu denken, während die Welt von Leiden überwältigt wurde. Obwohl sie die Niederlage Deutschlands herbeiwünschte, quälte sie sich über die Kriegsopfer auf beiden Seiten. 1943 wurde sie aufgefordert, einer Gruppe britischer Wissenschaftler beizutreten, die auf dem Wege nach Los Alamos waren, um an einer Atomwaffe zu arbeiten. Es hätte bedeutet, wieder interessante Physik zu betreiben, mit angesehenen Kollegen zu arbeiten und aus Schweden herauszukommen. Aber sie lehnte ab.[28] Ob dies aus Sorge um ihre deutschen Freunde geschah oder aus Abneigung, Physik als ein Kriegsinstrumen zu gebrauchen, wissen wir nicht. Alles, was wir haben, ist ihre entschiedene Ablehnung: »Ich werde nicht an einer Bombe arbeiten!« Lise Meitner wußte wenig über die entsprechende deutsche Anstrengung, nur daß sie existierte, daß Werner Heisenberg verantwortlich war, daß Hahn Verbindung dazu hatte – genug, um besorgt zu sein, wann immer Nachrichten von einer ungewöhnlichen neuen deutschen Waffe eintrafen.[29]

Als der Krieg in Europa ohne Atombombe endete, war sie außerordentlich erleichtert; Hiroshima war für sie ein enormer Schock. Wochenlang wurde sie von der Presse umlagert, Zeitungsreporter photographierten sie gegen ihren Willen, erfanden Interviews, wenn sie ablehnte, mit ihnen zu sprechen, und verdrehten die Fakten, wenn sie es tat.

Otto Hahn war währenddessen zusammen mit mehreren anderen prominenten deutschen Wissenschaftlern in Farm Hall, einem Landsitz in der Nähe von Cambridge interniert, für die Presse also weder direkt noch telephonisch erreichbar. Auch er war von der Nachricht der Atombombe schockiert, dann verärgert, daß der Wissenschaftler des Tages nicht er, sondern Lise Meitner war. In seinen Memoiren notierte er: »Zum Teil unwahre Angaben über die Entdeckung; besonders am Anfang spielt Lise Meitner dabei eine große Rolle, ich selbst werde nicht genannt.«[30] Am 8. August,

28 Vgl. O. R. Frisch, 1974 [Anm. 1]; Margaret Gowing, *Britain and Atomic Energy 1939-1945*, London 1964, S. 261 ff.; persönliche Mitteilung von Lilli Eppstein, 1988.

29 L. Meitner an Eva von Bahr-Bergius, 21. Juni 1944; L. Meitner an Hans Pettersson, 8. Oktober 1944.

30 D. Hahn (Hg.) [Anm. 9], S. 72.

zwei Tage nach Präsident Trumans Ankündigung der Bombe, verfaßte er ein kurzes Statement, eine Presseerklärung:

»So lang Prof. Meitner in Deutschland war, war von einer Spaltung des Urans keinerlei Rede. Sie wurde für unmöglich gehalten. Auf Grund von ausführlichen chemischen Untersuchungen über die bei der Bestrahlung des Urans mit Neutronen auftretenden chemischen Elemente wurden Ende des Jahres 1938 Hahn und Strassmann zu der Annahme gezwungen, daß bei diesen Vorgängen das Uran in zwei Teile zerplatzt, von denen ein Teil, das chemische Element Barium, sicher nachgewiesen wurde... Mit ihrem Neffen Dr. O. R. Frisch, gab [Prof. Meitner] eine Erklärung für diese von Hahn und Strassmann experimentell gefundene, bisher für unmöglich gehaltene ›Atomspaltung‹.«[31]

In dieser Darstellung findet sich kein Wort über Lise Meitners Beiträge zu dem Uranprojekt, bevor sie Deutschland verließ. Statt dessen sorgte Hahn dafür, den Eindruck zu erwecken, Lise Meitner habe die Spaltung lediglich für unmöglich gehalten. Diese Behauptung – tatsächlich habe Meitner die Entdeckung erschwert – sollte später noch expliziter aufgestellt werden.

Das war im Sommer 1945. Es hätte ein neuer Anfang sein können, der Zeitpunkt, Lise Meitners Beiträge zur Entdeckung der Kernspaltung wieder in Erinnerung zu rufen und die Tatsachen richtigzustellen. Statt dessen war Hahn so abwehrend wie im Frühjahr 1939. Aber 1945 konnte es kaum darum gehen, daß Hahn die Spaltung für sein eigenes Prestige und sein wissenschaftliches Überleben brauchte: ihm war bereits 1944 der Nobelpreis verliehen worden – im Geheimen, aber er wußte es. Warum schob er Lise Meitner immer noch beiseite?

Für Hahn waren offensichtlich neue politische Überlegungen ausschlaggebend. Die Spaltung sollte noch einmal Nutzen bringen, diesmal nicht ihm selbst, sondern Deutschland. Deutschland lag in Ruinen. Hahn war berühmt, die Spaltung sensationeller denn je. Hahn hatte eine Mission: er wollte sein persönliches Prestige und die Bedeutung der Entdeckung benutzen, um Aufmerksamkeit für Deutschlands Elend zu wecken und um die deutsche Wissenschaft neu aufzubauen. Für diesen Zweck, so glaubte er, mußte es seine Entdeckung sein, nur seine.[32] Er sah keinen Grund, sich mit der Vergangenheit auseinanderzusetzen, er empfand per-

31 O. Hahn an Major Rittner, Farm Hall, 8. August 1945.

32 Auch F. Strassmann stand stark in Hahns Schatten, wie F. Krafft im Titel seiner Biographie andeutet [Anm. 5].

sönlich keine Notwendigkeit, etwas wiedergutzumachen. Das Dritte Reich war Vergangenheit. Hahn sorgte sich um Deutschland, und nur um Deutschland.

Im Dezember 1946 schrieb Lise Meitner an eine schwedische Freundin:

»Die Briefe der deutschen Freunde klingen sehr gedrückt und doch glaube ich nicht, daß sie ganz erfaßt haben, welchem Schicksal sie Deutschland durch ihre Passivität ausgeliefert haben. Und noch weniger scheinen sie sich bewußt, daß sie ein Stück Mitverantwortung haben für die schrecklichen Verbrechen, die Deutschland begangen hat. Dieser Gedanke macht mich richtig unglücklich. Wie soll die Welt Vertrauen zu einem neuen Deutschland haben, wenn seine besten und geistig höchst stehenden Vertreter nicht diese Einsicht haben und nicht den brennenden Wunsch haben, gut zu machen, was gut zu machen ist. Sie müßten das nicht nur stark fühlen, sondern sich zur gegebenen Zeit offen dazu bekennen. Aber ich fürchte, davon sind sie noch sehr weit entfernt. Darum glaube ich nicht an einen Widerstand ›en masse‹ von innen heraus.«[33]

Diese Gedanken verfolgten Lise Meitner nach dem Krieg. Wieder und wieder drängte sie ihre Freunde – vor allem Otto Hahn, aber auch Max von Laue –, die Vergangenheit zur Kenntnis zu nehmen und Verantwortung für die Zukunft zu übernehmen. Ihren Freunden gegenüber unterstrich sie die pragmatische Notwendigkeit – sie beteuerte, wie sehr sie Deutschland liebe und wie wesentlich es sei, daß Deutschland das Vertrauen der Welt wiedererlange. Aber es scheint, daß sie auf einer tieferen Ebene mehr wollte: die Gewißheit, daß ihre Freunde ihr Grauen und ihren Schmerz über alles, was geschehen war, teilten: den Krieg, die zahllosen Toten, die Vernichtung der europäischen Juden. Sie wollte die Gewißheit, daß ihre Freunde fühlten wie sie. Ohne das war nichts mehr übrig von dem Deutschland, das sie liebte, das ihre Heimat gewesen war.

Otto Hahn wurde im Januar 1946 aus Farm Hall entlassen; er kehrte zurück in ein hungerndes, kaltes, völlig darniederliegendes Deutschland. Seine Briefe an Lise Meitner sind Klagelitaneien über Not und Elend. Lise Meitner hatte Mitgefühl, schickte Pakete – mehr als sie sich leisten konnte –, aber sie konnte Otto Hahns nationalistische Selbstbezogenheit nicht ertragen. Sie stritten das ganze Jahr über, bis zum Dezember 1946, als Otto und Edith Hahn zu den Nobelpreisfeierlichkeiten nach Stockholm kamen. Lise Meitner wollte, daß es ein glücklicher Aufenthalt

33 L. Meitner an Eva v. Bahr-Bergius, 24. Dezember 1946.

für sie würde, und war entschlossen, freundlich zu sein. Sie erwartete, daß es schwierig sein würde – ein *Eiertanz*, wie sie sagte.[34]

Otto Hahns Besuch in Stockholm sollte noch schwerer zu ertragen sein, als sie erwartet hatte. Er kam nicht nur, um den Nobelpreis in Empfang zu nehmen, sondern er benutzte ihn als Plattform, um für Deutschland zu sprechen. In Pressekonferenzen, Interviews und Radiosendungen führte er eine zielstrebige Kampagne: wie unterdrückt Deutschland sei, wie es von den Nationalsozialisten drangsaliert worden sei, wie es nun von den Alliierten drangsaliert würde und wie schwer der Kampf um eine Zukunft für seine unglückliche Jugend sei. Darauf war Lise Meitner vorbereitet, aber sie hatte noch nicht völlig realisiert, daß sie in Otto Hahns Leben und sogar in seiner Erinnerung keine Rolle mehr spielte. Als er von Journalisten gebeten wurde, sein Lebenswerk zu reflektieren, sprach er nicht von den gemeinsamen 31 Jahren als Kollegen und Freunden; als er nach der Spaltung gefragt wurde, erwähnte er ihre gemeinsame Arbeit nicht. In keinem seiner Presseinterviews nannte er auch nur ihren Namen. In seiner Nobelpreisrede konnte er sie nicht völlig übergehen, aber er gab keinen Hinweis auf den Wert ihrer Zusammenarbeit, betonte vielmehr, daß die Entdeckung gegen die Erfahrung der Kernphysik zustande gekommen war.[35]

Nach Hahns Abreise versuchte Lise Meitner in Briefen an Freunde die Dinge zu ordnen:

»Daß [Hahn] mit keinem Wort mich in seinen Interviews erwähnt hat, geschweige von unserer mehr als 30-jährigen Zusammenarbeit etwas gesagt hat, fand ich etwas schmerzhaft. Was ihn dazu veranlaßt haben mag, ist complizierter Natur. Er ist überzeugt, daß den Deutschen unrecht geschieht und das umso mehr als er die Vergangenheit einfach verdrängt. Daher war sein einziger Gedanke hier für Deutschland zu sprechen. Ich bin ein Teil der zu verdrängenden Vergangenheit, und das umso mehr als ich bevor er hierher kam ... versuchte, ihn darauf aufmerksam zu machen, daß die anständigen Deutschen Deutschland nur helfen können, wenn sie die Geschehnisse objektiv sehen.«[36]

Als Hahn sagte, daß die Besatzungsmächte Deutschland genau das antäten, was Deutschland Osteuropa angetan hatte, wies ihn Lise

34 L. Meitner an O. R. Frisch, 28. November 1946.
35 Nobelpreisrede.
36 L. Meitner an Eva v. Bahr-Bergius, 24. Dezember 1946.

Meitner scharf darauf hin, daß Deutschland den Tod von Millionen verursacht hatte. Und als er erklärte, er sei glücklich, daß Deutschland sich nicht mit der Schuld der Konstruktion und des Gebrauchs einer Atombombe belastet hätte, protestierte sie heftig.

»In einem ... Interview sagte er ... er sei glücklich, daß sich Deutschland nicht mit der Schuld der Konstruktion einer Atombombe und dem sinnlosen Tod von so vielen tausend Menschen belastet hätte. Ich versuchte ihm klar zu machen, daß er das wohl hätte sagen dürfen, wenn er dazu gefügt hätte, er sei darum darüber froh, weil die Deutschen ja so viel Schreckliches getan hätten. Aber darauf ging er wieder nicht ein ... [Er] verdrängt die Vergangenheit mit aller Macht, obwohl er die Nazis wirklich immer gehaßt und verachtet hat. Aber da sein ... Motiv ist, Deutschland wieder zu internationalem Ansehen zu bringen und er weder ein starker Charakter, noch ein sehr nachdenklicher Mensch ist, leugnet er einfach das Geschehene oder bagatellisiert es ...«[37]

1947 bat Fritz Strassmann Lise Meitner, einen Direktorenposten an dem in Mainz neu entstandenen Kaiser-Wilhelm-Institut [nunmehr Max-Planck-Institut] für Chemie zu übernehmen.[38] Sie zog das Angebot in Erwägung, aber nur, weil sie Fritz Strassmann schätzte, und lehnte dann ab. An eine schwedische Freundin schrieb sie:

»Die Deutschen haben noch immer nicht begriffen, was geschehen ist und alle Greuel, die nicht ihnen persönlich widerfahren sind, völlig vergessen. Ich glaube, ich würde in dieser Atmosphäre nicht atmen können.«[39]

Zehn Jahre nachdem Lise Meitner aus Deutschland geflohen war, begriff sie schließlich, daß sie nicht mehr zurückkehren würde.

Sie setzte ihre Kämpfe mit Otto Hahn nicht fort. Ab 1948 kam sie häufig zu Vorträgen und Konferenzen nach Deutschland; in ihre Freundschaft mit Otto Hahn kehrte eine nostalgische Wärme zurück. Aber ihre Beziehung blieb fragil: die Differenzen zwischen ihnen waren zu groß geworden. Hahn war Präsident der Max-Planck-Gesellschaft, war Nobelpreisträger und wurde überall als Inbegriff des anständigen Deutschen akklamiert; Lise Meitner, in jedem Sinn Außenseiterin, erlebte die Auslöschung ihrer wissenschaftlichen Vergangenheit mit. Hahn brachte zwar häufig die Verbundenheit mit seiner früheren Kollegin und Freundin zum Ausdruck, aber faktisch ignorierte er ihr wissenschaftliches Werk:

37 L. Meitner an James Franck, 16. Januar 1947 (fälschlicherweise 1946 datiert).
38 F. Strassmann an L. Meitner, 11. November 1947.
39 L. Meitner an Eva v. Bahr-Bergius, 10. Januar 1948.

in seinen autobiographischen Schriften erwähnte er nie ihre Initiative zu dem Uranprojekt oder ihre geistige Führung in Berlin, er sprach nie von ihrer fortdauernden Zusammenarbeit im Herbst 1938 oder von ihrem entscheidenden Treffen in Kopenhagen. Lise Meitners Reaktion war Schweigen: es gab wenig, was sie tun konnte, um dem Phänomen Otto Hahn zu begegnen.[40] Dennoch schmerzte sie die Ungerechtigkeit; sie nahm außerordentlich übel, daß sie gerade in Deutschland fast ausnahmslos als *Mitarbeiterin* Otto Hahns dargestellt wurde. 1953 schrieb sie ihm:

»Jetzt möchte ich etwas Persönliches schreiben, das mich bedrückt und das ich Dich bitte in Erinnerung an unsere mehr als 40-jährige Freundschaft und mit dem Wunsch, mich zu verstehen, zu lesen. In dem Bericht der Max-Planck-Gesellschaft wird der Vortrag, den ich in Berlin gehalten habe (ein rein physikalischer Vortrag) angeführt und ich wurde genannt als ›langjährige Mitarbeiterin unseres Präsidenten‹. Gleichzeitig habe ich in der ›Naturwissenschaftlichen Rundschau‹ einen Artikel von Heisenberg gelesen über die Beziehungen zwischen Physik und Chemie in den letzten 75 Jahren, wo die einzige Erwähnung von mir... lautet: ›Die langjährige Mitarbeiterin Hahns, Frl. Meitner‹. Ich bin im Jahr 1917 vom Verwaltungsrat des KWI für Chemie offiziell mit der Einrichtung der Physikalischen Abteilung betraut worden und habe sie 21 Jahre geleitet. Versuch Dich einmal in meine Lage hineinzudenken! Was würdest Du dazu sagen, wenn Du nur charakterisiert würdest als der langjährige Mitarbeiter von mir? Soll mir nach den letzten 15 Jahren, die ich keinem guten Freund durchlebt zu haben wünsche, auch noch meine wissenschaftliche Vergangenheit genommen werden? Ist das fair? Und warum geschieht es?«[41]

Es geschah, weil Otto Hahn die Entdeckung völlig zu der seinen machte und so Lise Meitners wissenschaftliche Vergangenheit verzerrte; es wurde verstärkt, weil Hahn zu einem wissenschaftlichen Helden der Nachkriegszeit von ikonischen Ausmaßen gemacht wurde, zum Fokus unentwegter Medienaufmerksamkeit – Artikeln, Briefmarken, Preisen, Medaillen, Biographien und Autobiographien –, so daß seine Version der Geschichte der Entdeckung dominierte und andere in seinem Schatten standen. Entsprechend wurde Hahns Status eines gefeierten Wissenschaftlers in einem der großen Wissenschafts- und Technikmuseen der Welt, dem Deut-

40 Kurz nach dem Erscheinen von Hahns Autobiographie im Jahre 1962 [Otto Hahn, *Vom Radiothor zur Uranspaltung: Eine Wissenschaftliche Selbstbiographie*, Braunschweig 1962] beschrieb Lise Meitner das erste und einzige Mal öffentlich ihre Rolle in der Entdeckung der Kernspaltung [Anm. 6].

41 L. Meitner an O. Hahn, 22. Juni 1953.

schen Museum in München, kodifiziert; 30 Jahre lang wurde dort die Spaltungsapparatur – Instrumente, wie sie für Lise Meitner in ihrem Labor in der physikalischen Abteilung des KWI für Chemie hergestellt worden waren – unter dem Schild »Arbeitstisch von Otto Hahn« ausgestellt; Lise Meitners Name erschien überhaupt nicht.[42] Der Schatten über Lise Meitners Werk blieb, verstärkt von Mitläufern[43], unkritischen Historikern[44] und dem allgemeinen Widerstreben Nachkriegsdeutschlands, seine unmittelbare Vergangenheit zu prüfen. Als 1988-1989 der fünfzigste Jahrestag der Entdeckung der Kernspaltung gefeiert wurde, konnte man einen Artikel lesen, der zwar Lise Meitners Arbeit im Detail beschrieb, sie aber dennoch als Hahns *Mitarbeiterin* bezeichnete[45]; ein anderer erwähnte ihren Namen überhaupt nicht[46], und ein weiterer, geschrieben von einem früheren Studenten Hahns, stellte sie als obstruktive Physikerin dar, die die Entdeckung von Anfang an behinderte.[47] Im Deutschen Museum wurde dem »Arbeitstisch« ein neues Schild hinzugefügt, auf dem Lise Meitner als *Mitarbeiterin* Otto Hahns firmierte.[48]

Sicherlich kam manches von all dem zustande, weil es immer noch jene gibt, die annehmen, eine Frau könne nur untergeordnet, unsichtbar oder verschroben sein.[49] Und einiges geht darauf zu-

42 Zu der befriedigenden Auflösung der Deutsche-Museums-Saga vgl. Anm. 51.

43 In einer typischen Argumentation betont Kurt Starke, ein Schüler von Otto Hahn, in seinem Aufsatz *The Detours Leading to the Discovery of Nuclear Fission*, in: *Journal of Chemical Education*, 56, 1979, S. 771-775, den Gegensatz zwischen »zweckfreier« Physik und erfolgreicher Chemie und verbindet die Entdeckung der Kernspaltung mit Lise Meitners Abwesenheit von Berlin.

44 Man beachte zum Beispiel den anomalen Titel der ansonsten ausgezeichneten Sammlung: W. R. Shea (Hg.), *Otto Hahn and the Rise of Nuclear Physics*, Dordrecht 1983.

45 Helmut Rechenberg, *50 Jahre Kernspaltung: Transurane, Uranspaltung, und das deutsche Uranprojekt*, in: *Physikalische Blätter*, 44, 1988, S. 453-459.

46 McGeorge Bundy, *New York Times Magazine*, 13. Nov. 1988.

47 K.-E. Zimen, *Die Saga des Urans und der Januskopf des Fortschritts*, in: *Atomwirtschaft*, Dez. 1988, S. 578-584. Ironischerweise war Zimen Direktor des Hahn-Meitner-Instituts in Berlin. Vgl. auch Anm. 43.

48 Vgl. Anm. 42.

49 Der Geschlechter-Aspekt ist offensichtlich: es ist unvorstellbar, daß ein männlicher Wissenschaftler von vergleichbarem Status und Ansehen als irgend jemandes Mitarbeiter eingeordnet würde – oder daß andere dies ohne zu zögern so lange akzeptieren würden. Aber auch andere Chauvinismen taten ihre Wirkung: der Disziplin-Chauvinismus der Chemiker, der eine nahezu kriecherische Ergebenheit gegenüber Hahn erzeugte [vgl. Anm. 43 und 47], und der National-Chauvinismus, für den Heisenberg als herausragendes Beispiel dienen kann. Heisenbergs

rück, daß Lise Meitner nicht den Nobelpreis erhielt – als solches eine Ungerechtigkeit, die mit ihren Schwierigkeiten als doppelte Außenseiterin – Frau und Immigrantin – in Schweden zusammenhing.[50] Aber in Lise Meitners Fall sind dies zweitrangige Effekte. Wenig von all dem wäre geschehen, wenn nicht Otto Hahns Angst und Selbsttäuschung, das Unrecht des Dritten Reichs und die Unehrlichkeit, die es begleitete, unterstützte und ihm später folgte, gewesen wären. Lise Meitners Erfahrung demonstriert, wie Erinnerung und Realität verfälscht wurden, sogar von Menschen, die nominell Anti-Nazis waren, sogar von Wissenschaftlern, von denen man meinen könnte, sie hätten sich dazu diszipliniert, der Wahrheit zu folgen.

Mehr als ein halbes Jahrhundert ist vergangen seit jenem Sommertag im Jahr 1938, als Lise Meitner Deutschland verließ. Die historische Amnesie, die ihr wissenschaftliches Werk traf, war niemals vollständig: anders als Wissenschaftlerinnen früherer Generationen hat Lise Meitner wissenschaftliche Schriften hinterlassen, die nicht zerstört werden konnten; anders als möglicherweise Menschen zukünftiger Generationen hinterließ sie eine umfangreiche Sammlung persönlicher Briefe und Dokumente, die eine vollständige Rekonstruktion ihres Lebens und ihres Werks möglich machen. Das Wichtigste aber ist: eine neue Generation – vor allem in Deutschland[51], aber auch anderswo – hat bereits damit begonnen, Lise Meitners Erfahrung ans Licht zu bringen.

Äußerungen über »nationale Überlegenheit« sind bekannt (seine Behauptung vom »inneren Exil« nach dem Krieg scheint wenig mehr als ein Übertünchen seiner Haltung während des Krieges), auch unterhielt er mit Otto Hahn sicherlich ein »old-boys-network«, das über ein gelegentliches Glas Wein hinausging. Anders wäre schwer erklärbar, wie Heisenberg, der Lise Meitner lange bevor sie Berlin verließ, als beruflich Ebenbürtige gut kannte, ihre Arbeit zu ihren Lebzeiten ignorieren und sie nach ihrem Tode hinterhältig und wirklich bösartig belasten konnte [vgl. Anm. 15 und 41].

50 Ruth L. Sime, *Lise Meitner in Sweden 1938-1960: Exile from physics*, in: *American Journal of Physics*, 62 (1994), S. 695-701.

51 Neuere deutsche Beiträge, die geholfen haben, Lise Meitner wieder ins Blickfeld zu rücken, umfassen die Kernspaltungs-Ausstellung [Anm. 5], die Arbeiten von F. Krafft [Anm. 1 und 5], Ch. Kerner [Anm. 1] (die 1987 den deutschen Jugendliteratur-Preis erhielt), R. Feyl [Anm. 4] und eine ungewöhnliche Arbeit von Helga Königsdorfer, *Respektloser Umgang*, Darmstadt 1986. 1990 hat das Deutsche Museum die Tonbänder und das gedruckte Material zur Kernspaltung völlig überarbeitet, um Lise Meitner und Fritz Strassman den angemessenen Platz einzuräumen. Außerdem erhielt Lise Meitner als erste Frau einen Platz im Ehrensaal des Museums.

Donna Haraway
Primatologie ist Politik mit anderen Mitteln

Wissenschaft und das Erzählen von Geschichten

Die Wissenschaft, die sich mit dem Studium von Affen und Menschenaffen befaßt, die Primatologie, ist für die feministische Auseinandersetzung mit den verworrenen Beziehungen zwischen Geschlechterkonstruktionen, Wissen und Macht ein Gebiet von zentraler Bedeutung. Zum einen weil Frauen auf signifikante Weise zu diesem Bereich der Biologie und Anthropologie beigetragen haben, zum anderen weil diese Wissenschaften wichtig sind in den Debatten über die menschliche, möglicherweise insbesondere die weibliche Natur. Männer und Frauen sind Primaten; wir betrachten uns als Tiere innerhalb der taxonomischen Ordnung der *Primaten*, zumindest seit Erscheinen von Carl von Linnés *Systema Naturae* im Jahre 1758. Aus der Perspektive der seit dem 18. Jahrhundert innerhalb dieses Rahmens sich entfaltenden Natur- und Sozialwissenschaften stehen die anderen Primaten in einer spezifischen Beziehung zu den Menschen. Sie sind besonders geeignet, um »Natur« und »Kultur« zu verstehen – grundlegende analytische Kategorien, die die Menschen des Abendlandes benutzt haben, um ihre Geschichte und ihre Erfahrungen zu theoretisieren. Affen und Menschenaffen sind Spiegel für uns Menschen, insofern wir Tiere sind. Sie sind dazu da, uns zu sagen, was »unterhalb«, »im innersten Kern« oder »außerhalb« von sprachbegabten Tieren, d.h. uns selbst, existiert.

Nach diesem Verständnis stehen nichtmenschliche Primaten an einer entscheidenden Grenze zwischen Tier und Mensch. Und obwohl diese Grenze sich im Verlauf der Geschichte wiederholt verschoben hat, wird sie immer so gezogen, daß sie als natürliche erscheint. Zwar ist die Primatologie ein wichtiger Diskurs und eine wichtige gesellschaftliche Praxis für das Entwerfen (genaugenommen Eingrenzen) einer vermeintlich universalen menschlichen Natur, einschließlich der Natur »der Frau«, aber nicht alle Frauen (oder Männer) haben zu diesem Wissensgebiet beigetragen. Die »wissenschaftliche« Betrachtungsweise von Affen und Menschenaffen ist historisch und kulturell absolut spezifisch; für die meisten Menschen auf diesem Planeten – Männer und Frauen – war es unvorstellbar, diese Art von Wissen zu entwickeln.

Betrachtet man die Geschichte der Primatologie, so wird deutlich, daß bis vor sehr kurzer Zeit praktisch keine Frau einen Wissenschaftlerstatus in diesem Bereich hatte. Und in der folgenden Zeit sind es – mit wenigen Ausnahmen – nur europäische und euroamerikanische Frauen gewesen, die Affen und Menschenaffen berufsmäßig beobachtet haben. Diese Frauen haben eine wesentliche Differenz in die wissenschaftlichen Konstruktionen der Primatologie eingebracht hinsichtlich der Frage, was es bedeutet, ein weibliches Tier zu sein, und also auch, was es bedeutet, Mann oder Frau in Gesellschaften zu sein, für die die soziale Konstruktion des Tierischen Teil der sozialen Konstruktion des Menschlichen ist. In den Wissenschaftstraditionen der Primatologie anderer Nationen, zum Beispiel in Indien und Japan, hat es auffallend wenige Wissenschaftlerinnen gegeben. Aber auch wenn Rassismus in der Wissenschaft nicht unterschätzt werden sollte, ist er nur *ein* Grund für den ethnischen und nationalen Charakter der Primatenforscher. Für die weißen Menschen der Industrienationen und möglicherweise insbesondere für weiße Frauen in den USA hat es Sinn gemacht, diese Tiere auf eine Weise zu erforschen, die für andere keinen Sinn machte.

Wie und wo *sehen* die Leute nichtmenschliche Primaten? In Europa und Nordamerika können Affen im Zoo lebendig, in naturkundlichen Ausstellungen ausgestopft, in Schulbüchern illustriert, in Zeitschriften photographiert oder auf Filmleinwände projiziert betrachtet werden, wobei all diese Formen vor allem Menschen ohne Wissenschaftlerstatus zugänglich sind. Affen und Menschenaffen in sogenannten *Forschungskolonien* können von Wissenschaftlern, Laborassistenten, Tierpflegern und gelegentlich einem Journalisten oder Filmemacher beobachtet werden.

Aber Affen und Menschenaffen leben im allgemeinen nicht in Europa und Nordamerika. Sie leben zum allergrößten Teil in den Tropen, in Afrika, Asien und Lateinamerika, das heißt vor allem in der Dritten Welt. Diese für die Menschen der spätkapitalistischen Industrienationen mit einem nahezu magischen Status versehenen Tiere leben in einer Art fernem Traumland, Produkt der Geschichte des Kolonialismus und symbolisiert durch den Berggorilla oder Schimpansen im Herzen Afrikas. Dieses Traumland wird durch Naturfilme wie die von der National Geographic Society produzierten (und seit über zehn Jahren von der Gulf Oil Company gesponserten) möglicherweise besser vermittelt als durch wissenschaftliche Forschungsberichte. Dennoch sind beide Arten der Primatologie auf komplizierte Weise verknüpft. Wilde Affen und Menschenaffen zu beobachten, diese besondere »Natur« ausfindig zu machen, die jenseits der »Kultur« existiert – und daher spezifische Implikationen für moderne westliche Theorien über die menschliche Natur und die menschliche Gesellschaft hat –, bedeutet, sich auf die Geschichte der westlichen Expansion und des westlichen Kolonialismus einlassen. Der spezifische symbolische Status »wilder« Tiere ist in der Tat Teil der Geschichte des kolonialen Diskurses. Die Geschichte wilder Tiere ist integraler Bestandteil der Geschichte von Rasse, Geschlecht und Klassen in einem kapitalistischen Weltsystem.

Menschen der westlichen Welt haben also nur unter spezifischen symbolischen und gesellschaftlichen Bedingungen Zugang zu Affen und Menschenaffen. Und obwohl in den Ideologien von einer kulturunabhängigen, objektiven Wissenschaft systematisch verschleiert oder geleugnet, sind diese Bedingungen wesentlich für die grundlegende Natur der so produzierten Wissenschaften. Europäer und Nordamerikaner müssen im allgemeinen weite Entfernungen überwinden und sich der spezifischen, *Feldarbeit* genannten Erfahrung unterziehen, um Berichte über die Lebensweisen dieser Tiere und deren Bedeutung für andere Männer und Frauen schreiben zu können. Das Erleben einer von menschlicher Einflußnahme freien »Natur« ist kostspielig und abhängig von der Verfügung über institutionelle Macht. Zudem sind die im Feld arbeitenden Primatologen – möglicherweise, weil eine ungewöhnliche Durchlässigkeit ihrer Wissenschaft zu »äußerlichen«, politischen und populären Auseinandersetzungen und Debatten sie dazu gedrängt hat – äußerst wachsam und beunruhigt über die offenkundigen Unterschiede, die von Männern oder Frauen, durch Japaner oder Niederländer, britische Ethnologen oder nordamerikanische physische Anthropologen in die Forschungen über Primaten eingebracht werden. Es ist nicht leicht, an einer Wahrheit über Affen und Menschenaffen festzuhalten.

Was uns in diesem Essay beschäftigt, ist die gesellschaftliche Autorität, die erlaubt, wissenschaftliche Berichte über »wilde Primaten«, wie sie genannt werden, zu schreiben. Ein Wissenschaftler ist jemand, der dazu befugt ist, das zu benennen, was für die

Menschen der Industrienationen als Natur gelten kann. Ein Wissenschaftler »benennt« Natur in geschriebenen, öffentlichen Dokumenten, denen die besondere, durch Institutionen verstärkte Eigenschaft zukommt, als objektiv zu gelten und über die kulturellen Traditionen derer, die sie geschrieben haben, hinaus anwendbar zu sein. Wie, auf welche Weise haben weiße Feministinnen unter diesen gesellschaftlichen und symbolischen Bedingungen ihren Kampf um die Bedeutungen von Natur geführt?

In der historischen, philosophischen und sozialwissenschaftlichen Wissenschaftsforschung ist es mittlerweile zum Gemeinplatz geworden, daß »Fakten« abhängig sind vom Interpretationsrahmen der Theorie und daß Theorien explizit oder implizit Wertungen der Theoretikerinnen bzw. Werte aus deren Kultur enthalten. Alle Fakten sind daher mit Wertungen verwoben. Meine Aufbereitung der Geschichte der Primatologie hat zum Ziel, die Verbindungen zwischen Fakten und Werten in einem Bereich der Biologie und Anthropologie zu untersuchen, der gleichermaßen als Naturwissenschaft, politische Theorie und Science-fiction fungiert.

Aber *Werte* erscheint mir als zu kraftloses Wort, um die vielfältigen in die Körper von Affen und Menschenaffen eingewobenen Bedeutungslinien aufzuzeigen. Ich ziehe daher vor zu sagen, daß die Biowissenschaften im allgemeinen und die Primatologie im besonderen von Geschichten »beladen« sind; diese Wissenschaften sind durch komplexe, historisch spezifische Erzählpraktiken geprägt. Fakten sind theoriegeladen, Theorien mit Werten durchsetzt und Werte mit Geschichten verwoben. Fakten tragen daher Bedeutung innerhalb von Geschichten.

Die narrative Qualität der Wissenschaften von den Affen und Menschenaffen ist nicht irgendeine Verunreinigung, die durch bessere Methoden, etwa genauere quantitative Messungen oder genauere Feldstandards, behoben werden könnte. Bessere Methoden spielen eine Rolle wie in jedem menschlichen Handwerk. Verbesserte Methoden, einschließlich verbesserter Fragestellungen, sind kollektive Errungenschaften, und die Geschichten in der Wissenschaft sind nicht gleich gut. Aber es geht nicht darum, daß ein Bericht über Affen und Menschenaffen so gut ist wie irgend ein anderer, da sie alle »lediglich« kulturell determiniert sind. Ich meine vielmehr, daß das Bemühen, gute Geschichten zu konstruieren, ein wesentlicher Teil des Handwerks selbst ist. Es gäbe keine

Primatologie ohne ausgefeilte, kollektiv debattierte Geschichten. Und es gäbe keine Geschichten, keine Fragen, ohne die komplexen Machtverflechtungen, einschließlich der quälenden Realitäten von Rasse, Klassen und Geschlecht – und einschließlich der Kämpfe, die die Menschen führen, um einander zu erzählen, wie wir miteinander leben könnten.

Wissenschaften hatten immer ein utopisches Moment. In ihrem Bemühen, die Welt zu *beschreiben*, zu verstehen, wie sie wirklich »funktioniert«, erforschen Wissenschaftler gleichzeitig die Grenzen möglicher Welten. Was in den Natur- und Sozialwissenschaften eine »gute« Geschichte ausmacht, wird teilweise durch das Verfügen über gesellschaftliche Visionen solcher möglichen Welten entschieden. Beschreibung wird durch Visionen bestimmt; Fakten und Theorien werden innerhalb von Erzählungen wahrgenommen; die Welten, für die Menschen streiten, sind aus Bedeutungen geformt. Bedeutungen sind unerhört materiale Kräfte – sehr ähnlich Nahrung und Sexualität. Und, wiederum wie Nahrung und Sexualität, sind Bedeutungen soziale Konstruktionen, die die Lebensqualität der Menschen bestimmen.

Aus diesem Grund ist die Überschneidung von feministischem und kolonialem Diskurs in den Wissenschaften von den Affen und Menschenaffen wichtig. Affen und Menschenaffen sind in die narrative Praxis der westlichen Wissenschaft aufgenommen worden, um zu bestimmen, was es bedeutet, menschlich zu sein: was es bedeutet, weiblich, Tier, anders als der Mann zu sein. Als weißen Frauen die soziale und symbolische Macht zugänglich wurde, die mit wissenschaftlichen Graden verbunden ist, und sie damit die Möglichkeit hatten, nichtmenschliche Primaten nicht mehr nur als Zoobesucherinnen, sondern als hauptamtliche Forscherinnen zu beobachten, brachten sie Geschichten, Erfahrungen und Weltsichten mit, die die grundlegenden Geschichten der Primatologie veränderten. Sie veränderten die Tatsachen der Natur, indem sie die Visionen möglicher Welten veränderten. Die Primatologie ist Schauplatz einer feministischen wissenschaftlichen Revolution, einer Revolution, die die wissenschaftliche Praxis von Männern wie Frauen veränderte, zumindest manchmal und in Bereichen von beträchtlicher Bedeutung.

Die rekonstruierte Natur bleibt indessen zutiefst westlich: tief durchdrungen von der Logik des Natur-Kultur-Gegensatzes, von der westlichen Suche nach dem Selbst im Spiegel eines untergeordneten Anderen, durch das ständige Wiederholen von Ursprungsgeschichten, die die westliche politische Kultur begründen. Ich begriff dies beides zur gleichen Zeit: daß Primatologie auf Affen bezogener Orientalismus ist, und von welcher immensen Bedeutung es ist, daß es Frauen gegeben hat, die sich erfolgreich für gute wissenschaftliche Geschichten in der Primatologie einsetzten. Dieser Essay ist ein erster Versuch, angesichts dieses zusammenwirkenden Bewußtseins eine feministische Geschichte der Primatologie zu formulieren.

Feministische Bemühungen um maßgebende Darstellungen der Evolution und der Verhaltensbiologie sind nicht einfach Alternativen, sie sind vielmehr ebenso voreingenommen wie die männlichen Geschichten, die in den frühen Jahrzehnten dieses Wissenschaftsfeldes so angesehen waren. Um als bessere Geschichten zu gelten, müssen sie eine bessere Darstellung davon geben, was es heißt, *menschlich* und *tierisch* zu sein. Sie müssen eine reichhaltigere, kohärentere Sichtweise bieten, eine, die es erlaubt, Affen und Menschenaffen genauer zu sehen. Das ist eine der grundlegenden Regeln des wissenschaftlichen Spiels, eine der großen Stärken und einer der beunruhigenden Universalismen, die in die Ansprüche westlicher Wissenschaft eingebaut sind (Harding 1985). Was aber gilt als genauer, reichhaltiger, kohärenter?

Feministische Bemühungen um Bedeutungen werden selten gelingen, indem ein Paradigma durch ein anderes ersetzt wird, indem völlig andere Darstellungen oder Theorien vorgeschlagen und erfolgreich etabliert werden. Als eine Form narrativer Praxis oder des Erzählens von Geschichten war feministische Praxis in der Primatologie vielmehr dadurch wirksam, daß sie ein »Feld« von Geschichten oder möglichen erklärenden Darstellungen änderte, daß sie die Verteidigung einiger Darstellungen erschwerte, die Glaubhaftigkeit mancher Erklärungsstrategien erschütterte. Jede Geschichte innerhalb eines »Feldes« verändert den Status aller anderen. Die ganze in sich zusammenhängende Reihe von Geschichten ist das, was ich ein *narratives Feld* nenne. Der vorliegende Essay spielt bewußt mit den zahlreichen Bedeutungen des Begriffs *Feld*: als eines Ortes, den Menschen aufsuchen, um wildlebende Affen und Menschenaffen zu sehen, um »Feldforschung« zu betreiben; als das Set wissenschaftlicher Diskurse, die die Primatologie konstituieren, insbesondere die Biologie, Psychologie und Bioanthropologie; als dynamisches Netz von Geschichten und möglichen Bedeutungen; als die vielen, komplexen Räume, innerhalb deren um Bedeutungen gerungen wird und innerhalb deren sie durch die produktiven Verbindungen von Wissen und Macht für eine Zeit stabilisiert werden.

Die Struktur eines Feldes zu ändern ist etwas ganz anderes als das Ersetzen falscher Versionen durch richtige. Eine andere Anordnung von Grenzen und Möglichkeiten für das herzustellen, was unter spezifischen historischen Bedingungen als Wissen für alle gelten kann, ist ein radikales Vorhaben. Feministische Wissenschaft ist weder voreingenommene Wissenschaft noch ist sie desinteressiert an genauer Beschreibung und wirksamer Theorie. Meine These ist, daß es in der feministischen Wissenschaft um die Veränderung von Möglichkeiten geht, nicht um einen besonderen Weg zur Wahrheit in der Frage, was es bedeutet, Mensch – oder Tier – zu sein. So verstanden ist die Primatologie ein Genre feministischer Theorie.

Dieser Essay ist selbst wie eine Geschichte aufgebaut, beginnend mit einem Teil »Das Feld: Ursprünge«, in dem die die westlichen Geschichten strukturierenden Achsen untersucht werden. Mich interessiert besonders, inwiefern und auf welche Weise die feministische analytische Unterscheidung zwischen Geschlecht und Geschlechterrepräsentation eine Version jenes dynamischen Dualismus des Westens ist: Natur-Kultur. Das ist wichtig, weil Frauen in der Primatologie viel Energie darauf verwendet haben, zu rekonstruieren, was es heißen kann, »weiblich« zu sein. Frauen haben um die Bedeutung des kulturellen Geschlechterkonstruktes »Frau« gestritten, indem sie rekonstruierten, daß das biologische weibliche Geschlecht und weibliche Sexualverhalten aus der Sicht der Biowissenschaften bedeuten. Der nächste Abschnitt, »Der Dschungel: Schauplätze«, skizziert kurz die Geschichte der Frauen in der Primatenforschung. Der letzte Teil, »Der Text: Repräsentationen«, geht einer bestimmten Auseinandersetzung in der Paläoanthropologie und Soziobiologie über die Bedeutung des Sexualverhaltens in der menschlichen, insbesondere der weiblichen Evolution nach. Der Essay arbeitet mit Bedeutungsüberlagerungen und absichtlichen Wortspielen; es ist der Versuch, eine überzeugende Darstellung der Wissenschaftsgeschichte zu liefern, die gleichermaßen politische Theorie, Science Fiction und solide Wissenschaft ist. Der Essay ist selbst eine Art Primatenforschung, nur sind die Primaten, die beobachtet und in Erzählungen eingebracht werden, die nicht sie erfunden haben, jene, die davon leben, Affen und Menschenaffen zu beobachten.

Das Feld: Ursprünge

Adam und Eva, Robinson Crusoe und Freitag, Tarzan und Jane: dies sind die Figuren, die den weißen Menschen der westlichen Welt von den Ursprüngen und Grundlagen des gesellschaftlichen Lebens erzählen. Ihre Geschichten machen Aussagen über die »menschliche« Natur und die »menschliche« Gesellschaft. Westliche Geschichten unterstellen einen erhöhten Standort, von dem aus der Mensch, der Mann – unangreifbar, potent und mit scharfem Blick für das Ganze ausgestattet – das Feld vermessen kann. Was er sieht, setzt eine zugleich ästhetische und politische Dialektik von Kontemplation und Exploitation in Gang. Diese Eigentümlichkeiten, mystische Liebe zur Natur und der Wunsch nach grenzenloser instrumenteller Macht, sind wechselseitige Zerrspiegel, die tief verankert sind in der Geschichte der Wissenschaft.

Der Ursprungsmoment in diesen westlichen Geschichten ist indessen durch Alleinsein gekennzeichnet: Adam war allein, Robinson war allein, Tarzan war allein; ihnen fehlten menschliche Gefährten. Jedes Paar versprach, die Lösung zu sein für diese logisch nicht zu erfassende Insuffizienz eines rationalen autonomen Selbst. Aber jedes der Paare erwies sich als gefangen in Herrschaftswidersprüchen, die den narrativen Stoff der Darstellungen der in der Tat verheerenden kollektiven Geschichte des Westens ausmachen. Die Tragödie des Westens wurzelt in der Zahl: einer ist zu wenig und zwei sind zu viele. Einer zu sein, sollte heißen, Eins, ganz zu sein; das sollte ausreichen, ist aber ein einsamer Zustand. Jede menschliche Gemeinschaft impliziert indessen Differenz, und Differenz stellt die Autonomie, die Ganzheit in Frage. Erinnerung, die immer mit dem Ursprung zu tun hat, kreist um ein verlorengegangenes Einssein. Das Telos oder Ziel liegt in einer vollkommenen Einheit. Ursprung und Ziel haben also beide mit dem Wunsch, Eins zu sein, zu tun. Der Prozeß, der Anfang und Ende miteinander vermittelt und den man *Geschichte* nennt, ist eine Schilderung eskalierender Herrschaft bis zur Apokalypse der endgültigen Transzendierung der Differenz. In der Zeit bis zum Ende ist Differenz dialektischer und dynamischer Widerspruch;

am Ende selbst ist Differenz Transsubstantiation und Kommunion. Das ist die grundlegende Struktur des so tief in westlichen Geschichten, auch in den Naturwissenschaften, verankerten männlichen Eros.

Der vorliegende Essay über die Geschichte der Zoologie und der biologischen Anthropologie versteht sich als Teil einer weltweiten oppositionellen Bemühung – ausgehend von sozialen Bewegungen wie dem Feminismus und dem Antirassismus –, diese Geschichten noch einmal zu erzählen, in der als Strategie verstandenen Absicht, so ihre Macht zu brechen. Meine These ist, daß die wissenschaftlichen Praktiken und Diskurse der modernen Primatenforschung teilhaben an dem grundlegenden Akt der westlichen Geschichte: der Konstruktion des Menschen-Mannes. Diese Konstruktion ruft nach kollektiver Dekonstruktion. Primatenforschung ist Politik mit anderen Mitteln, und der Ort der Frauen – die Natur der Anfänge und des Endes bezeugend – ist im Dschungel. Die von der Primatenforschung festgehaltenen Lebensgeschichten von Affen sind industrielle und postindustrielle Versionen der Vergangenheit und Zukunft von ihnen und uns. Primatenforschung ist eine komplexe wissenschaftliche Konstruktion des Selbst und des anderen, von Kultur und Natur, von biologischem und sozialem Geschlecht, von menschlich und tierisch, Zweck und Ressource, Handelndem und Behandeltem. Dieses Wissenschaftsfeld legt fest, wer als »wir« gelten kann. Geist und Geschlecht stehen im Mittelpunkt des Dramas. Primatenforschung ist auch eine hinreißende Soap Opera.

Adam zwang Eva in die Institution obligatorischer heterosexueller Reproduktion. Er zwang sie dazu aus Vergeltung, weil sie die den Garten Eden ermöglichenden Grenzen durchbrochen hatte. So wie Miltons *Verlorenes Paradies* als ein Wiedererzählen der Adam-und-Eva-Geschichte im »Ursprungsmoment« der wissenschaftlichen Revolution, von Protestantismus, Kapitalismus und westlicher Expansion gedeutet werden kann, so kann man heutige Evolutionsszenarien als Neuerzählungen von der ersten Familie, dem ersten »wir« im Ursprungsmoment eines multinationalen Kapitalismus, eines säkularen Humanismus, der Revolution der Informationswissenschaften und des Entstehens der Dritten Welt betrachten. Viele dieser wissenschaftlichen Versionen einer Geschlechterpolitik hinsichtlich der Ursprünge »der Familie« normalisieren die obligatorische heterosexuelle Fortpflanzungspolitik mit einer Verve, die selbst Jehova den Atem genommen hätte.

Eine Möglichkeit, das Geschichtenerzählen von Frauen, von Primatologinnen zu betrachten, besteht darin, sie als »Miltons Töchter« zu begreifen, deren Material zwangsläufig die ererbten Geschichten sind, welche die biologische Kategorie »weiblich« ebenso wie reale Frauen als das/die *andere* kennzeichnen (Gubar & Gilbert 1979; Haraway 1981; 1983 b). »Weiblich« und Frauen, die markierten Kategorien, sind – sprachlich und gesellschaftlich – flektiert. Die unmarkierte Kategorie ist die Norm; die markierte Kategorie zu sein heißt, die abhängige Variable zu sein. Was ist eine Familie ohne abhängige, markierte, genormte Mitglieder? Das soll keine rhetorische Frage sein.

Dieser Essay untersucht, worum es geht, wenn in der heutigen Auseinandersetzung um maßgebliche Ursprungsgeschichten sowohl die Untersuchungsobjekte als auch die Beobachter »weiblich« sind. Natürlich haben die Ursprünge hier nichts mit spezifischen historischen oder auch prähistorischen Geschehnissen oder Zeiten zu tun. Die Zeit der Ursprünge ist mythisch, und die Spannung zwischen mythischer Zeit und anderen Zeiten ist Teil der Struktur westlicher Wissenschaftsdiskurse (Fabian 1983).

In seinem Bestreben, Zeit und Raum auf der Insel zu rationalisieren, machte Robinson Crusoe seinen Gefährten zu seinem Untergebenen; männliche Gemeinschaft in Zuneigung und Gleichheit war ein herausfordernder Traum, aber nur sofern die für die Ordnung grundlegenden Grenzen von Geist und Körper erhalten blieben. Nancy Hartstock (1983 a, 1983 b) hat diese Ordnung *abstrakte Männlichkeit* genannt. Michel Tournier (1972) hat Defoes Werk noch einmal geschrieben, in der Absicht, die erdrükkende Rationalität von Robinsons Grenzsetzungen aufzuheben. Der Soziologe und Wissenschaftsphilosoph Bruno Latour (1984) benutzte Tourniers Version, um die Grenzziehungen in Frage zu stellen, die die »Wissenschaft« zu einem heiligen, von den vergiftenden Schauplätzen der Politik abgeschlossenen Zentrum machen. Von Latour habe ich den Titel dieses Essays übernommen; er machte sich von Clausewitz' berühmte Formulierung aus dem frühen 19. Jahrhundert zu eigen (»Krieg ist eine bloße Fortsetzung der Politik mit anderen Mitteln«), um daraus einen Slogan für die sozialwissenschaftliche Betrachtung von Wissenschaft zu formulieren: »La science, c'est la politique continue par d'*autres* moyens« (Wissenschaft ist die Fortsetzung von Politik mit *anderen* Mitteln) (Latour 1984, 257). Latour hebt hervor, daß eine solche Sicht Wissenschaft nicht auf Politik, auf Macht und Willkür statt auf rationales Wissen »reduziert«; nicht darum gehe es, sondern vielmehr um eine mystifizierende Dichotomie. Er argumentiert gerade gegen jede Art von Reduktion und richtet seine Aufmerksamkeit darauf, was genau diese »anderen Mittel« sind. In der Primatologie beinhalten sie hauptsächlich narrative Strategien und die gesellschaftliche Macht, sie bei bestimmten Publikumsgruppen einzusetzen: »Tout se negocie« (Latour 1984, 183). Es ist nicht überraschend, daß eine Primatologin, die entschlossen war, die festen Bedeutungsschemata von sozialer Dominanz und Fortpflanzungsstrategien in Paviangesellschaften zu destabilisieren, in der Analyse von Ursprungsmythen mit Latour zusammengearbeitet hat (Latour & Strum 1983).

Was Tarzan betrifft, so schien seine Menschlichkeit dem Verzicht auf den Garten Eden geschuldet, seine schließliche Allmacht konnte sich nur als Herrschaft über sich selbst zeigen – in einem durch die zivilisierte Jane vermittelten Regime. Aber Tarzan und Jane scheiterten glücklicherweise, wo Adam und Eva erfolgreich waren, indem sie Geschichte machten und die Völker der Bibel hervorbrachten: die tragischen Völker der Heilsgeschichte und des Monotheismus. Im amerikanischen Fernsehen der fünfziger Jahre zumindest kehrten Tarzan und Jane in den Dschungel zurück, nie richtig verheiratet und mit Kindern zweifelhafter Herkunft: eines von ihnen war ein Schimpanse. Diese faszinierende Geschichte kann man als Andeutung der Möglichkeit zu herrschaftsfreier Sozialität verstehen. Es hängt davon ab, wie man darüber denkt, Vater und Mutter eines Affen zu sein. Für das amerikanische Fernsehen der fünfziger Jahre jedenfalls war es radikale Kost.

Aber es gibt viele Tarzanversionen; in der letzten, dem populären Spielfilm *Greystoke*, wurden Tarzan und Jane wieder getrennt, die Möglichkeit einer Nachkommenschaft, die die Unterscheidung zwischen menschlich und tierisch hätte überbrücken können, also aufgehoben. Der nunmehr rechtmäßige Lord Greystoke, doch Zeuge der angedrohten Zerstückelung und nachfolgenden Ermordung des alten männlichen Affen, der ihn in Afrika beschützt hatte, ruft vor dem Britischen Museum aus: »Er war mein Vater«: er macht den Affen als sein väterliches Erbteil geltend und verwirkt so seine vielversprechende Verlobung mit Jane.

Kurioserweise ist der natürlich erscheinende Affenvater ein *simulierter* Affe, geboren aus Filmtechniken, Make-up-Kunst, einer Pädagogik, die Affen menschliche Zeichensprache beibringen will, sowie wissenschaftlichen Feldforschungen über Gorillas und Schimpansen, in denen Affen vokale und gestische Kommunikation mit Menschen vermittelt wird. Und auch Jane ist von zweifelhafter Herkunft: ein amerikanisches Mündel des alten Lord Greystoke. Naturversionen im späten 20. Jahrhundert haben mehr mit Simulacra als mit Originalen zu tun (Baudrillard 1983). Es sind Geschichten über Kopien, die den niemals existiert habenden Originalen überlegen sind. Platons Formen haben Cyborginformation und Perfektion hat Optimierung Platz gemacht. Alle Versionen drehen sich um das Problem der Verbindung von feindlichen, einander aber auf perverse Weise echoartig widerspiegelnden, zusammengehörigen Polen innerhalb der auf Dualismus gründenden sozialen Beziehungen und Kulturmythen.

Für meine Ausführungen ist es nicht unwichtig, daß in den Tarzangeschichten Jane immer der zivilisierte Pol ist; das Geschlechterkonstrukt »Frau« übermittelt dem primitiven Pol, dem Geschlechterkonstrukt »Mann«, problemlos die Bedeutung von Kultur. Natur-Kultur und Weiblich-Männlich sind in ein Netzwerk verwoben; die beiden Begriffe sind in ihrem wechselseitigen Verhältnis keine Isomorphismen oder jeweils in die gleiche Richtung verlaufende Parallelen. Das heißt, die gepaarten Unterscheidungen Weiblich-Männlich, Körper-Geist, Natur-Kultur, Tier-Mensch etc. sind systematisch aufeinander bezogen, allerdings auf vielerlei Weise. Feministische Analysen sind häufig einem Irrtum aufgesessen, wenn sie unterstellten, die Gleichsetzung der Frau mit Natur, animalisch, dunkel etc. sei die einzige in die Serie dualer Begriffe eingegangene Relation. Diese doppelten Achsen sind Operatoren von Geschichten, Strukturierungen von Relationen. Sie sind keine statischen Zuschreibungen. In der Primatologie strukturieren die um die Dualismen Natur-Kultur und biologisches Geschlecht-soziales Geschlecht organisierten Geometrien die Erzählung von der Relation der Menschen zu den Tieren und vieles andere mehr. Die Neuaufteilung eines narrativen Feldes durch das Erzählen einer anderen Version eines Grundmythos ist ein wesentlicher Prozeß im Herausarbeiten neuer Bedeutungen. Eine Version ersetzt niemals eine andere, vielmehr wird das ganze Feld in den Beziehungen zwischen allen in einem Spannungsverhältnis stehenden Versionen neu geordnet. Eine Ursprungsgeschichte zu destabilisieren ist möglicherweise für die Dekonstruktion der Geschichte des Menschen, des Mannes ein wichtigerer Schritt, als sie durch eine progressivere neue zu ersetzen.

Mit der Rekonstruktion eines durch seine Spannungsverhältnisse zusammengehaltenen Feldes bringt die Primatologie Bedeutungen im Kontext von Geschlecht und der Konstruktion der Geschlechter hervor. Meine Geschichte beruht nicht auf Substitutionen wahrer für falsche, feministischer für männliche, wissenschaftlicher für ideologische Darstellungen. Primatologie als Praxis des Geschichtenerzählens beteiligt sich über einen anderen Prozeß, einen anderen Mechanismus am politischen Kampf um Bedeutungen. Ein narratives Feld kann durch vielerlei Aktivitäten restrukturiert werden: die Methoden der Datenerhebung, die Veröffentlichung bestimmter Grundmuster, bevorzugte Tiermodelle, aber auch durch eine Frauenbewegung, Entwicklungen in angrenzenden Wissenschaften, komplexe Praktiken des Artenschutzes oder neue nationale Regierungen in Ostafrika (Beer 1983; Landau 1984; Nash 1982, 342-378; Strathern 1980, 1984).

In den westlichen Ursprungsgeschichten war jedes autonome Selbst ein Mann; mehr noch, jedes autonome Selbst war *der Mensch*. Politik aber hat mit einem »Wir« zu tun; Politik existiert nur dort, wo es mehr als eine Stimme, mehr als eine Realität gibt. Politik hat mit Differenz zu tun: mit ihrer Anerkennung, Überwindung, Unterdrückung, Notwendigkeit, mit ihrem Skandal und ihrer Legitimität. Geschlecht als soziales Konstrukt hat ebenfalls mit Differenz zu tun; es ist Resultat einer Politik der Sozialisierung des biologischen Geschlechts, Ergebnis einer Politik, die aus der ursprünglich als biologisches Geschlecht *konstruierten* Fülle von Differenzen eine geordnete, kollektive (aber selten gemeinsame und nicht ausschließlich öffentliche) Welt macht. Wir dürfen nicht den Fehler begehen zu denken, »Geschlecht« sei gegeben, natürlich, biologisch, und nur das »Geschlechterverhältnis« konstruiert und daher gesellschaftlich. Biologie ist ein analytischer Diskurs, nicht der Körper selbst; und das biologische Geschlecht ist ein für die Macht in der modernen westlichen Gesellschaft entscheidendes Objekt des Wissens und des Handelns (Foucault 1978).

Und schließlich hat der Westen selbst mit Differenz zu tun; er ist gleichbedeutend mit einer Politik der Zivilisierung des »Primitiven«, der Beherrschung von Natur durch Kultur. In den Ursprungsgeschichten der westlichen Welt wird Natur durch Kultur angeeignet, so wie Geschlecht als soziales Konstrukt die gesellschaftliche Aneigung des (biologischen) Geschlechts als Ressource gesellschaftlichen Handelns ist. Dieses grundlegende Verhältnis ist in unsere Begriffe von Kausalität, menschlicher Natur, Geschichte, Ökonomie etc. eingebaut (Strathern 1980). Das eine eignet sich das andere an; von Aristoteles über Hegel bis zu Sartre steht dieser Grundsatz außer Frage. Das Geschlechterverhältnis wie auch der Westen selbst sind eminent politische Konstitutionen, weil sie die für die Möglichkeit einer kollektiv anerkannten und zur Geltung gebrachten Realität zentralen Differenzen in eine Ordnung bringen. Rasse und Geschlecht sind die wesentlichen körperlichen Produkte dieser politischen Arbeit. Das Ordnungsprinzip in diesen harten Mythen ist die Dialektik von Akt und Potenz, von Geist und Körper. Primatologie ist eine komplexe Wissenschaftspraxis, die innerhalb eines Wissenschaftsfeldes, das durch »Geschlecht und Geschlechterrepräsentation« sowie den Westen und dessen Anderes strukturiert ist, natürlich-technische Wissensobjekte zugleich entdeckt und konstituiert.

Die unbeantwortete Frage in dieser Politik ist, ob Differenz durch etwas anderes als eine tödliche Opposition geordnet werden kann, ohne in die verdeckten Herrschaftsmechanismen des Funktionalismus oder des Organizismus zu geraten – beide sind für feministische Forscherinnen attraktive Ideologien gewesen. Weder der Funktionalismus noch der Organizismus beseitigen das Herrschaftsprinzip; sie beseitigen nur das Drama der dialektischen und apokalyptischen Oppositionen. Herrschaft wird in ihnen schlicht banal und langweilig. Der Funktionalismus »normalisiert« Herrschaft im buchstäblichen Sinn. Er liefert eine analytische Methode, um Differenz in ein durch hierarchische Arbeitsteilung strukturiertes Ganzes einzuordnen, in dem alles zu einem mit einer Rolle und einem Platz versehenen »Teil« wird. Differenz wird in Variation verwandelt, beschrieben mit Hilfe einer Reihe graphischer und statistischer Instrumente, die gleichermaßen als soziale Metaphern und als tatsächliche Instrumente fungieren, durch die bestimmte Variationsbreiten untermauert, andere eingeengt werden sollen. Das ist der Grund, weshalb der Funktionalismus in der modernen Welt und insbesondere in den Humanwissenschaften der vorherrschende theoretische Ansatz gewesen ist; er ist die für die spezifischen Wissen-Macht-Relationen der liberalen Gesellschaft typische Analyseform.

Der Organizismus oder der Traum von einer natürlichen (nicht erzwungenen) Gemeinschaft ist eine in der westlichen religiösen, philosophischen und wissenschaftlichen Tradition hoch angesehene Denkmöglichkeit. Vielen radikalen und antiliberalen Denkern, auch vielen sich mit moderner Wissenschaft und Technologie befassenden Feministinnen schien er eine Alternative sowohl zur antagonistischen Opposition als auch zum regulativen Funktionalismus zu sein. Man vergißt leicht, daß der Organizismus eine Art Sehnsucht nach einem spontanen und immer gesunden Körper ist, perfektes Gegenteil jenes technizistischen und reduktionistischen Buhmanns, der häufig als Bomben bastelnder Wissenschaftler imaginiert wird. Was sonst sollte ein Wissenschaftler tun? Der Organizismus ist die analytische Sehnsucht nach einem natürlichen Körper, nach Reinheit jenseits der Störungen und Gestörtheit des »Künstlichen«. Er ist das umgekehrte, das Spiegelbild anderer Sehnsuchtsformen nach Transzendenz. Der Organizismus ist für Feministinnen möglicherweise gefährlicher als offenkundig abstrakte Formen männlicher Transzendenz, die ihre Gefährlichkeit für normale, begrenzte Gemeinschaften nicht durch die Behauptung verschleiern, sie seien lediglich deren natürlicher Ausdruck.

Viele Strömungen in der feministischen Theorie sind Versuche, eine Politik zu artikulieren, die gemeinsamen auch partialen Realitäten Rechnung trägt und somit wirklicher Differenz Geltung verschafft. Der Feminismus muß sich einem holistischen Organizismus widersetzen, wenn er Logiken und Praktiken organischer Herrschaft vermeiden will. Organizistische Vorstellungen werden weder in der Politik noch in der Wissenschaft die Geschichte des Menschen, des Mannes ins Wanken bringen. Feministinnen müssen die Hoffnung auf Gemeinschaft und gleichzeitig deren geteilte/parteiliche Realität bejahen. Vielleicht können westliche Feministinnen unserer Zeit solche Körper und solche Gemeinschaften erfolgreich in Metaphern, als hybride Formen von Organismen und Maschinen, Mensch und Tier imaginieren. Wissenschaften und Science Fiction im späten 20. Jahrhundert sind voll von Cyborgmetaphern, die geradezu darauf warten, von Feministinnen auf ihre Möglichkeiten hin erforscht zu werden (Haraway 1985). Meine Hoffnung ist, daß Cyborgs Differenzen eher durch partielle Verbindungen als durch antagonistische Entgegensetzungen, funktionale Regulationen oder mystische Fusion in Zusammenhang bringen. Erstaunlicherweise sind nichtmenschliche Primaten und andere biologische Wissensobjekte im späten 20. Jahrhundert tatsächlich als Cyborgs theoretisiert worden.

Aber es müssen mindestens ebenso viele Identifikationen und Einheiten aufgelöst werden, wie neue aufgebaut werden, und jede neue Konstruktion erfordert *beides*: Glauben und Ablösung. Merkwürdigerweise sind in der westlichen Kultur die sozialen Handlungen und Diskurse, die diese duale Beziehung zu Handeln und Wissen am stärksten zu erfordern scheinen, die Naturwissenschaften. Zynismus ist fruchtlos, schlimmer als ein falscher pH-Wert ist oder eine grausame Käfigkonstruktion, die ein Verstehen von Tieren ermöglichen soll. Zynismus ist ein anderer Name für ideologisch rigide Objektivität. Glaube erscheint vielversprechender, voller möglicher Verbindungen zu einer »realen« Welt. Aber »Verbindungen« können Identifikationen, Aneignungen und Illusionen von Ganzheit erzeugen. Diese Dinge werden in den Feldforschungen über Affen und Menschenaffen detailliert in Szene gesetzt. Primatologie als Auseinandersetzungsfeld liefert manche faszinierende Muster politischen Denkens über Identität, tierische und menschliche Assoziation und deren Wandel. Die meisten Positionen aus der weißen amerikanischen Frauenbewegung werden innerhalb des primatologischen Diskurses repliziert oder, besser gesagt, verhandelt. Primatologie ist ein Genre des politischen Diskurses über das Problem von Gemeinschaft.

So wie andere wichtige Mythensysteme oder andere Systeme politischer Theorie in der westlichen narrativen Tradition geht die Primatologie von einer Einheit, einem Einen aus und versucht ein Gesamt, ein Wir hervorzubringen. Und wie in den anderen Erzählungen rührt in der Primatologie die narrative Spannung aus dem Drama der Dialektik von Herrschaft, aus dem Skandal der Differenz. Primatologie ist ein utopisches Projekt, nahe am Kern westlicher politischer Theorie. Die Wissenschaften, die Affen und Menschenaffen erforschen, haben der Sache nach mit Ursprüngen zu tun, mit der Natur der Dinge. Selbst der von Linné 1758 in der 8. Auflage der *Systema naturae* der Klasse gegebene Name bedeutet »erste«. Nur ist die Klasse der Primaten nie stabil gewesen, weder in den über die Evolution geführten Debatten zwischen

Huxley und Owen im 19. Jahrhundert noch in denen zwischen Adrienne Zihlman und Owen Lovejoy über aufrechten Gang und Reproduktion im 20. Jahrhundert (Lovejoy 1981, 1984; Zacharias 1984; Zihlman u. Lowenstein 1983).

Primatologie ist auch eine Periode der Heilsgeschichte, sie ist durchdrungen von gerade noch säkularen Versionen des Garten Eden und des Sündenfalls. Und sie ist gleichermaßen ein Diskurs über erste Prinzipien. Als utopisches Projekt, Ursprungsgeschichte, säkulare Version der Heilsgeschichte und Diskurs über philosophische erste Prinzipien ist Primatologie in westlichen Kulturen ein Feld, das wesentlich an der Bestimmung dessen, was es bedeutet, menschlich zu sein, beteiligt ist. Unter diesem Aspekt ist sie für die westlichen Menschen des 20. Jahrhunderts eine wichtige gesellschaftliche Praxis, die die Grenzlinien zwischen Mensch und Tier, (biologischem) Geschlecht und gesellschaftlichem Geschlechterverhältnis, dem Westen und dem anderen, Kultur und Natur, Teil und Ganzem zu konstruieren und festzulegen sucht.[1]

Diese Grenzlinien sind auf der Karte des Primatenkörpers nicht deckungsgleich, sondern gleichsam phasenverschoben; sie interagieren auf jede erdenkliche, am häufigsten möglicherweise auf synergistische Weise. In gewisser Weise entsprechen sie den Tschakras anderer Körperkarten; sie ermöglichen lokalisierte Eingriffe, aber enthüllen nicht das Geheimnis irgendeiner »realen« physischen Präsenz. Das Feld, in dem diese – von realen Sozialbeziehungen der Rassen-, Klassen- und Sexsysteme des späten 20. Jahrhunderts gestützten, aber nicht (selbst nicht »in letzter Instanz«) auf sie rückführbaren – Grenzlinien ausgehandelt werden, muß ganz einfach die leidenschaftliche Neugier all jener wecken, die ein Interesse an der wirklichen (d.h. der spezifisch historischen) Konstitution der menschlichen Natur haben, und ich kenne niemanden, der nicht irgendein Interesse an diesem Bereich hat. Zur Bestürzung professioneller Primatologen, die beständig versuchen, den Diskurs über Affen und Menschaffen zu lizenzieren, sind die Angelegenheiten dieser Tiere von großer Po-

1 Ich untersuche nicht die zentralen Stränge der japanischen und indischen Primatologie. Ähnlichkeiten und Unterschiede müssen im Kontext der spezifischen Gründungsmythen spätindustrieller Sozialbeziehungen verstanden werden. Eine umfassende vergleichende Untersuchung hat Pamela Asquith, Calgary University, erstellt (Asquith 1984). Das Entstehen einer Dritte-Welt-Primatologie – eng verbunden mit der politisch-ökonomischen Rolle von »Tieren als Schädlingen« und der »natürlichen Tierwelt« – ist ein weiteres hier nicht untersuchtes Thema.

pularität. Die Fachleute erkennen diesen Sachverhalt auch immer wieder an, wenn sie selbst hybride Texte wie *Chimpanzee Politics* und *The Woman That Never Evolved* schreiben (de Waal 1982; Hrdy 1981) oder sie in Fachzeitschriften als entscheidende Punkte ihrer Argumentation zitieren. Beide Bücher sind gleichermaßen Beiträge zur wissenschaftlichen Literatur, politische Argumentationen und fesselnde Fiktion.

Leser und Leserinnen, die älter als 15 sind, werden eine Reihe früherer Beiträge zu dieser Auseinandersetzung erinnern: etwa *Der nackte Affe* und *Das Herrentier* (Morris 1967, dt. 1968; Tiger und Fox 1971). Viele solcher Bücher werden heute von Frauen, Primatologinnen geschrieben, die indessen vor der Nachkriegszeit in der Primatologie nicht zu finden waren. Jane Goodalls *In the Shadow of Man* 1971 (dt. *Wilde Schimpansen. Verhaltensforschung am Gombe-Strom* 1971) ist ein Markstein in der Affen-Geschlechter-Politik. Ich bezweifle, daß Goodall die Ironie intendierte, die ich in ihrem Titel höre, aber ihr Buch kann erfolgreich als ein Kapitel der »Reproduktion von Primaten-Müttern« (Chodorow 1978) gelesen werden. Primatologen lieben das Kampfgetümmel; Primatologie ist voll überschwenglicher Dramatik und durchdrungen von dem Wunsch zu erzählen. Und die »Akteure« schließen Tiere und Menschen ein, Laboratorien und Bücher und viele andere Arten von Ressourcen, um politische Ordnungssysteme zu schmieden (Callon u. Latour 1981; Latour 1978). Wenn es ein politisches Unbewußtes gibt, dann liegt einer seiner Horizonte zweifelsohne im Hervorbringen der Primatologie als gesellschaftliches symbolisches Handeln (F. Jameson, *Das politische Unbewußte* 1988, 66-91).[2]

2 Jameson nimmt Lévi-Strauss' These ernst, »wonach alle Kulturartefakte als symbolische Auflösung realer politischer und gesellschaftlicher Widersprüche gedeutet werden müssen« (Jameson 1988, 71). Er weist auch darauf hin, daß diese These »ernsthafte Untersuchung und systematische experimentelle Verifizierung« erfordere. Wie dem auch sei, Jamesons Vorstellung eines symbolischen Unbewußten und seine Beschreibung der drei Phasen der Analyse, insbesondere seine Zentrierung auf die symbolische Handlung und die Ideologeme (»die kleinste begreifbare Einheit des dem Wesen nach antagonistischen Kollektivdiskurses der gesellschaftlichen Klassen«, 68) sind sehr wertvoll für eine Deutung der Primatologie. Um die Kollektivitäten »Frauen« und »Männer« zu problematisieren, ist eine Rekonstruktion des Begriffs der gesellschaftlichen Klassen unabdingbar.

Primatologie ist auch ein Zweig der modernen Biologie und Anthropologie und als solche der Gliederung der Bio- und Humanwissenschaften innerhalb des diese Wissenschaften erst ermöglichenden Netzwerkes von Wissen und Macht unterworfen. Obzwar diese Charakterisierung und jene, die die mythische und politische Natur der Wissenschaften von Affen und Menschenaffen geltend macht, nicht widersprüchlich sind, besteht ein Spannungsverhältnis zwischen ihnen. So wie die Grenzlinien zwischen Natur und Kultur, (biologischem) Geschlecht und Geschlechterverhältnis, Tier und Mensch sind auch die wissenschaftlichen und die mythischen Charaktere der Primatendiskurse gleichsam phasenverschoben. Sie evozieren, spiegeln, ärgern einander, aber sie sind nicht deckungsgleich. Wissenschaft und Mythos schließen einander weder aus, noch ersetzen sie einander; sie sind Versionen voneinander. In den USA des 20. Jahrhunderts strukturieren sie einander. Eine Reduktion von Wissenschaft auf Mythos und umgekehrt würde genau den Bereich der Geschlechterpolitik (und vieles andere) verschleiern, den ich für real und interessant halte. Reduktion ist selten eine sehr ergiebige Erklärungsstrategie, am wenigsten, wenn man versucht, vermittelnde Stränge und Komplexitäten zu evozieren, die gesellschaftliches-technisches-symbolisches Leben über geheiligte Grenzen hinweg verknüpfen sollen. Das Rezipieren von Primatologie ist selbst eine Übung im Überschreiten von Grenzen.

Und, um die Dinge noch spannungsreicher zu machen, Bio- und Humanwissenschaften sind, wie es einem mythischen Zwillingspaar – virtuellen Ebenbildern – entspricht, im Kriegszustand. Die Biologie, eine Naturwissenschaft, deren Fachleute dazu tendieren, sich selbst nicht als Interpreten, sondern als Entdecker zu sehen, die von Beschreibungen zu kausalen Erklärungen übergehen, und die Anthropologie, deren Fachleute dazu tendieren, ihre Autorität als Ergebnis von Interpretation zu betrachten, haben eine Differenz gesetzt, die die Primatenforschung strukturiert. In der Primatologie sind die Konflikteinsätze profaner Art: Veröffentlichungen, Jobs, Statushierarchien unter den Beobachtern der Affen, favorisierte Metaphern, Erklärungsstrategien, bevorzugte Hochschulen, bestimmte Geschichtsversionen der Disziplin usw. Bis vor kurzem ging es auch um die Geschlechtszugehörigkeit der

Beobachter: ein weitaus größerer Anteil der Primatologinnen kam ursprünglich aus der Anthropologie und nicht aus den biologischen Disziplinen – ein Sachverhalt, der nicht ohne Folgen für die Soziobiologie und die Debatten der ökologischen Verhaltensforschung blieb. Der Streit geht um die zulässigen Bedeutungen von »Adaption«. Die Anthropologen erbten die im tief mit der Sozial- und Kulturanthropologie verbundenen strukturalen Funktionalismus wurzelnde Erzählstrategie; die Biologen erbten die tief mit der hegemonialen Autorität der Naturwissenschaften verknüpfte Erzählstrategie des Positivismus und Empirismus. Beide haben Versionen der politischen Ökonomie übernommen. Für die Primatenanthropologie hatte dies die Zentrierung auf Arbeitsteilung, Rollentheorie und Vorstellungen von sozialer Effizienz zur Folge. Die Biologie befaßte sich mit Marktanalyse, Ökonometrie, Investitionsstrategien und demographischen Überlebenstechniken. Die eine sucht eher nach sozialen Rollen und funktionaler Integration, die andere eher nach spieltheoretischen Kalkulationen und Simulationen von Kosten/Nutzen-Analysen (vgl. Fedigan 1982; Hrdy 1981).

Biologie

Werfen wir zunächst einen unzulässig kurzen Blick auf die Wissensstrukturierung in den Biowissenschaften. Vom späten 18. und frühen 19. Jahrhundert bis Mitte des 20. Jahrhunderts ist Natur als System von Produktion/Reproduktion und Kommunikation rekonstruiert worden. Die Biowissenschaften waren entscheidend für diese sehr grundlegende Transformation der Objekte des Wissens und der Praxis. Natur wurde zu einem expandierenden System, innerhalb dessen die rationale Kontrolle des Resultats der Expansion auf die gleiche Weise operiert, wie es vormals der Geist gegenüber dem Körper tat. Malthus war kein Dummkopf; auch Adam Smith nicht, noch Charles Babbage oder Henri Milne-Edwards oder Charles Darwin. Sie alle begriffen, wie die Arbeitsteilung in die Natur eingreift, und nutzten dieses gar nicht so verborgene hierarchische Prinzip in seiner ganzen Tragweite. Es stellte sich heraus, daß es dem Tauschwert zugrunde liegt, daß es die gewöhnliche Währung des gesellschaftlichen Lebens, die natürliche Ökonomie begründet. Die funktionale Erklärung, die die Körperdifferenzierung als spezialisierte Subsysteme deutet, wird marktorientierten Erklärungsstrategien, tief in die Theorie der natürlichen Selektion eingelassenen Investitions- und Kosten/Nutzen-Erklärungen subsumiert. Welchen Freiraum Knappheitsannahmen und Marktzwänge lassen, setzt die Grenzen in der Auseinandersetzung über Erklärungsebenen in der Biologie einschließlich der Primatologie. Zur Debatte stehen weniger oder mehr »Freiheitsgrade«. Allerdings sind in der Biologie zwei letzte Einsätze im Spiel: nämlich Replikation, differentielle Reproduktion.

Wird Leben als expandierendes System betrachtet, dann sind es zwei »Subsysteme« oder zwei funktionale Spezialisierungen, die die Biologie auf spezifische Weise strukturieren. Seit der Konstitution von Leben als einem »natürlich-technischen Wissensobjekt« ist es möglich – ohne allzu stark zu karikieren –, die Geschichte der Biologie unter dem Aspekt einer Dialektik von Nerven- und Fortpflanzungssystemen zu erzählen. Der Rahmen dieser Möglichkeit wird durch ein vorgängiges strategisches Areal abgesteckt, das sich mit Ressourcenzufluß und -abfluß befaßt. So müssen zum Beispiel in neueren Darstellungen Nahrungsbeschaffungsstrategien logischerweise als fundierende, generative Variablen fungieren; ihre Abkömmlinge sind Sex und Geist (Wrangham 1979). Sex ist eine von zwei herausragenden Problemstellungen in der Biologie – oder, nichtiger, nicht Sex, sondern Fortpflanzung, da Sex aus dem Blickwinkel einer rationalen Herstellung fehlerfreier Kopien gewissermaßen einem Skandal gleichkommt. Sex führt zu viel Differenz und kostspieligen Konflikten, ohne den Nutzen wirklich klarzumachen. Aber Primaten sind beladen mit Sex, der traurigen Bürde evolutionärer Inertia. (Die Hominiden wurden zumindest den Östrus los, obschon diese bescheidene Reform ein reichlich Maß an wissenschaftlichem Wirrwarr verursacht und einige der bizarrsten Beiträge zur Primatologie hervorgebracht hat. Eine ernsthafte und zugleich amüsante Zusammenfassung findet sich bei Hrdy 1983.) Uns wird erzählt, Sexualpolitik würde nicht existieren, wenn die frühen Zellen nicht herumgealbert hätten und in eskalierender Asymmetrie geendet wären. Sexualpolitik wird letztlich als Resultat ursprünglicher Differenz theoretisiert. Großes Ei, kleiner Samen, und, simsalabim, da sind die Dialektik der Geschichte und die traurigen Fakten der trostlosen Wissenschaft von der Ökonomie. »Das investierende Geschlecht wird die begrenzende Ressource« (Hrdy 1981, 22; Trivers 1972; Williams

1966). Die Integration der Biologie in das internationale ökonomische System ist eine soziale Tatsache, auf metaphorischer, theoretischer und technischer Ebene. Das ist nicht das Resultat schlechter, ideologischer Wissenschaft, sondern ein machtvolles Beispiel der historisch spezifischen Produktion natürlich-technischer Wissensobjekte. Macht ist produktiv.

Der zweite herausragende Gegenstand ist – aber wie nennt man ihn? Gehirn, Bewußtsein, Strategie, Geist? Mittlerweile, im späten 20. Jahrhundert, sind beide, Geschlecht und Geist, nicht mehr organismische, sondern technologisch-kybernetische Prägeformen: sie sind Kodierungs-/Kontrollprobleme für Systeme, die immer noch nostalgisch *Organismen* genannt werden. Für wirklich hochrangige Theoretiker in der Biologie haben indessen Simulationen einen höheren Stellenwert als Organismen – man frage jeden ernsthaften Soziobiologen. Man kann es auch anders ausdrücken: der Referent ist weniger erotisch als das Zeichen. Der Realismus weicht dem Postmodernismus, in der Biologie ebenso wie in der Literatur und im Film (Haraway 1985; Jameson 1984). Erraten Sie, welches der beiden menschlichen Geschlechter sich in hochwertiger Simulation von Geschlecht und Geist hervortut. (Sind Sie sicher?) »Strategisches Denken« wird bei verschiedenen Autoren in der Primatologie schlicht mit Rationalität an und für sich gleichgesetzt. Das ist eine wundervolle Ursprungsgeschichte für die Art Vernunft, die die Vertreter der Frankfurter Schule so beunruhigt hat.[3] Aber ob nun Affen und Menschenaffen als altmodische Organismen oder neumodische Codesysteme gedacht werden, für die Primatologie sind Sex und seine Kontrolle allemal das, was es zu wissen und zu erklären gilt.

3 Eine klare, strategisches Denken privilegierende Ursprungsgeschichte ist de Waals *Chimpanzee Politics* (Dt.: *Unsere Haarigen Vettern: Neueste Erfahrungen mit Schimpansen*, München 1983). Langdon Winner (1980, 1983) legt dar, daß Artefakte mit Politik verbunden sind, und diskutiert die Konsequenzen der Reduktion des öffentlichen Diskurses (i. e. Politik) auf Fragen einer Kosten-Nutzen-Strategie. Diese Strategie ist nur ein Weg, Differenz zu beseitigen. Mein bescheidener Zusatzantrag zu seinem Argument ist, daß auch mit Tieren Politik verbunden ist – in Form von in ihre formbaren Köpfe und Gene eingeschriebenen Bewußtseinsmodellen (Haraway 1979, 1981-1982). Der klassische Text dazu ist Dawkins (1976) [dt.: *Das egoistische Gen*, Berlin 1978].

Nachdem ich nun den Nachweis der Wichtigkeit, die Sex für die Biologie hat, geführt habe, möchte ich ebenso zwingend die Strukturierung einer solchen Möglichkeit für eine Art Wissen erhellen, das *Anthropologie* genannt wird. Zwei Dinge sind entscheidend. Erstens ist bereits die Geburt der Anthropologie verbunden mit der Unterscheidung zwischen primitiv und zivilisiert, zwischen Natur und Kultur, zwischen denen, die reisen und betrachten, und jenen, die zu Hause bleiben und betrachtet werden. Es führt kein Weg herum um diese belastete historische Konstitution des Anderen als eines Objekts für Aneignung, Beobachtung, Visualisierung, Erklärung. Es ist diese Struktur, die die Wissenschaften des und vom Menschen/Mann hervorgebracht hat. Sie ist wirksam in Kunst, Politik, Ökonomie, Wissenschaft.

In der Primatologie ist der Andere doppelt primitiv, doppelt Stoff für die Form der Anthropologie, da das Objekt tatsächlich ein Tier ist. Oder doch nicht? Genau da liegt das Rätsel der Primatologie. Betreibt man Kulturanthropologie von Affen? Die Soziobiologen werfen den anthropologischen Primatologen vor, kaum etwas anderes zu tun. Die Vorstellung einer wirklichen Dialogbeziehung mit Affen, in der experimentelle Ethnographie und Co-Autorenschaft angestrebt werden kann, ist fast kein Witz (Clifford 1983). Witze betreffen immer mögliche Grenzeinbrüche. Die Primatologie handelt von der Konstitution und, simultan und repetitiv, dem Zusammenbruch der Grenze zwischen Mensch und Tier; mit anderen Worten, dieser Aspekt der Primatologie betrifft den Moment des Ursprungs – wieder und wieder. Die Primatologie ist eine Zeitmaschine, in der der Andere in die Zeit des Ursprungs versetzt wird, selbst wenn das empirische Feld im modernen Ruanda oder Kenia liegt. Es ist kein Zufall, daß die Objekte der Primatologie in der Dritten Welt leben; sie sind vor allem der tropische Andere, der glücklich in einem dahinschwindenden Garten lebt.

Denn in den achtziger Jahren ist es etwa ebenso schwierig, einen wirklich natürlichen Primaten zu finden, wie einen wirklich natürlichen »Wilden«; Dekolonisierung macht Naturalisierung sehr schwierig und unterminiert ganze Wissensfelder. Wie kommt man zu einer richtigen Felderfahrung im Stil des National Geographic – allein mit den Affen – inmitten einer kameraschwingenden Touristenmenge, die doch die benötigten ausländischen Devisen bringt? (Jane Teas, persönliche Mitteilung.) Noch weniger komisch sind Wilderer (Fossey 1983 [dt. *Gorillas im Nebel: Mein Leben mit den sanften Riesen*, München 1989]). Im Feld forschende Primatologen haben alles Erdenkliche getan, um den Naturstatus ihrer Forschungsobjekte zu strukturieren (Haraway 1983b). Für Humananthropologen lag das ethische Problem im Tausch von Tabak gegen das Rohmaterial der Textualisierung (Shostak 1981; dt. *Nisa erzählt. Das Leben einer Nomadenfrau*, 1982). Für Primatenanthropologen ist das Problem die Berührung, wie nah man kommen darf, wenn der andere wild, immer noch Vermittler des Übergangs zur Zeit des Ursprungs sein soll.

Beide, Human- und Primatenanthropologen, löschen den Anderen, zumindest als natürlichen Anderen, im Prozeß seiner Textualisierung notwendigerweise aus. Die Rasse muß kurz vor ihrer Auslöschung noch schriftlich festgehalten werden. (Das Problem ist weniger die buchstäbliche Auslöschung als die Konservierung des Naturzustands der Forschungsobjekte. Primaten und Primitive verschwinden für westliche Forscher im Grunde als Traumobjekte.) Ein Ergebnis ist, daß Primatologen unausweichlich in die internationale Konservierungspolitik hineingezogen werden, ein Sachverhalt, der mit der Geschlechterpolitik interagiert und diese stark kompliziert. Obwohl keine Anthropologin, ist die Jane Goodall des National Geographic die perfekte weibliche Verdichtung dieser Dilemmata: die einsame weiße Wissenschaftlerin, die im Angesicht der alten Flo, der perfekten Schimpansenmutter, ihren blonden Sohn bemuttert, während sie tief in der Nacht ihre Feldnotizen tippt, die Flo und ihre Art in Büchern sichern – weit weg von einem von zairischen Guerillas durchsetzten Gombe.

Die Frage der Berührung, der Nähe zu den Primaten als Forschungsobjekten ist insbesondere durch Primatologinnen vermittelt worden. Die Filme des National Geographic über die Frauen, die Affen erforschten (Jane Goodall, Dian Fossey usw.), sind als wahrhafte Berührungsorgien konstruiert. Von der ersten Suche nach einem flüchtigen Blick im verschatteten Dschungel bis zur gegenseitigen Umarmung mit einem vertrauensvollen braunen Menschenaffen sind diese weißen Frauen in eine ergreifende, sinnliche Filmerzählung von dem Bedürfnis nach »Natur« eingeschrieben. Die Berührung wird ausdrücklich als heilende Berührung mit der Animalität des Menschen und des Mannes, mit den

Ursprüngen hingestellt – als eine natürliche Verbindung vor den Überschreitungen der Zivilisation und der atomaren Zerstörung. Ein Mitglied einer uneindeutigen Kategorie kann einem Mitglied einer anderen uneindeutigen Kategorie näher kommen, und epistemologisch sind in der verschlungenen Logik von Natur und Kultur Frau und Tier einander näher als Mann und Tier (Ortner 1972). Primatologinnen haben alles Erdenkliche getan, um diesem befleckenden Vermächtnis zu entkommen (Interviews mit Adrienne Zihlman, Jeanne Altmann, Jane Teas, Shirley Strum, Naomi Bishop). Sie haben auch manches unternommen, um daraus Kapital zu schlagen und Schmutz in Gold, Berührung in Wissenschaft zu verwandeln: natürliche Symbole (Douglas 1970; dt. *Ritual, Tabu und Körpersymbolik*, Frankfurt am Main, 1974).

Augenscheinlich können weder Bio- noch Humanwissenschaften ohne Sex und Geschlechterkonstrukte auskommen. Der westliche Mann braucht Sex. Gleichheit (nicht zu reden von Herrschaft) fordert dasselbe von westlichen Frauen.[4] Sex und Geschlechterkonstrukte strukturieren Wissen: sie sind Objekt und Bedingung von Wissen. Das ist mein zweiter wesentlicher Punkt zur Anthropologie. Anthropologen haben sich der im Vergleich zu anderen Human- und Sozialwissenschaften frühen Aufmerksamkeit gerühmt, die sie dem Geschlecht und seiner kulturellen Ausformung schenkten; aber eine andere Seite dieser Errungenschaft ist, daß diese Disziplin, zusammen mit der Psychologie und Biologie, führend an der Begründung sexualisierter Diskurse beteiligt war (Foucault 1978). Ist das »sex/gender system«[5]

4 Wir alle wissen, daß Orgasmen höchst politisch sind; das ist der Grund, weshalb weibliche Affen sie in den letzten Jahren schlicht haben mußten. Es bedurfte einiger Geschicklichkeit, sie im Laboratorium zu arrangieren, aber inzwischen sind Beobachtungen im Feld und im Laboratorium gleichermaßen wiederholbar (Burton 1971: Chevalier-Skolnikoff 1974). Sarah Blaffer Hrdy gründet ihr zum Teil als Antwort auf Symon (1979) geschriebenes Buch *The Woman That Never Evolved* (1981) zumindest ebenso stark auf Mary Jane Sherfey (1973); dt.: *Die Potenz der Frau: Wesen und Evolution der weiblichen Sexualität*, 1974) wie auf Darwin. Hrdys Index weist mehr Referenzen zu Sherfey als zu E. O. Wilson (1975) auf. Als politische Theoretikerin ist Hrdy sehr viel besser als Wilson.

5 Das *sex/gender system* als Begriff und Konzept wurde erstmals 1975 von der Anthropologin Gayle Rubin formuliert: »... In Ermangelung eines eleganteren Ausdrucks nenne ich diesen Teil des gesellschaftlichen Lebens das ›sex/gender system‹. Als vorläufige Definition: ein ›sex/gender system‹ meint die Vorkehrungen, durch die ein Gesellschaftssystem biologische Geschlechtlichkeit in Produkte menschlicher Aktivität transformiert und innerhalb deren diese transformierten Sexualbedürfnisse befriedigt werden.« Vgl. G. Rubin, *The Traffic in Women: Notes on the*

eine überragende Entdeckung (Harding 1983) oder eine überdeterminierte Position innerhalb der Logik von Natur und Kultur, die dementsprechend mit den impliziten Problemen dieser Opposition behaftet ist? Offensichtlich beides.

Viele Kommentatorinnen und Kommentatoren haben auf die Ähnlichkeit der Kategorien: Frau-Tier-Primitiver-Anderer-Körper-Ressource-Kind-Stoff-Potenz hingewiesen. Sie alle sind Aufnahmebehälter für die Injektion von Bedeutungen. Geht es bei dem privilegierten Signifikanten nur darum? Strathern (1981) legt dar, daß die westlichen Polaritäten Natur-Kultur sich notwendigerweise wie Ressource zu erreichter Produktion, Stoff zu Form, wie das Angeeignete zum aktiv Aneignenden verhalten. Aus eben diesem Grund, so Strathern, sei die scheinbar unschuldige Gleichsetzung von Natur-Kultur mit der von den Hagan[6] (und anderen) getroffenen Unterscheidung »wild-domestic« tatsächlich eine ernste, politisch schwerwiegende Fehlübersetzung. Bioanthropologie ist in noch stärkerem Maß als die Humananthropologie von dieser problematischen Beziehung durchtränkt. Aber es geht ja nur um Tiere...

Feminismus

Feministische Epistemologie, politische Theorie und der wissenschaftliche Diskurs haben die Probleme des Humanismus übernommen. Während der Humanismus in vielen seiner Varianten den Menschen (Mann) über eine Aneignungslogik – Aneignung des Primitiven durch das Zivilisierte – konstruiert hat, konstruierte der westliche Feminismus seinen Gegenstand – entsprechend der Erkenntnis, daß die männliche Vorherrschaft ein interkulturelles Phänomen ist – durch die Logik: »biologisches Geschlecht-gesellschaftliches Geschlechtskonstrukt«. Der wirklich zur Debatte stehende »Gegenstand« des Feminismus war die Frau, allerdings die »ausgelöschte« Frau (vgl. insbesondere die Zeitschriften *Questions Feministes* 1977-1980 und *Feminist Issues* 1980). Festzuhalten ist indessen, daß die feministische Theorie »in den Anfängen« ihren Gegenstand so konstruierte, daß die Theorie der Frau als Brenn-

Political Economy of Sex, in: *Toward an Anthropology of Women*, ed. Rayna R. Reiter, New York 1975, 157-210, 159 [A.d.Ü.].

6 Eine von M. Strathern untersuchte Stammesgesellschaft in Papua-Neuguinea [A.d.Ü.].

glas benutzt werden konnte, um die universelle (oder überaus übliche) Unterordnung der Frauen sichtbar zu machen, weniger um die historische Einheit des Menschen und das Projekt seiner Selbstverwirklichung in den Aktivitäten von Männern herauszuarbeiten. Oder aber die feministische Theorie benutzte eine rekonstruierte Version der Frau und insistierte auf der Streuung der Kategorie, auf der Irreduzibilität der Differenzen zwischen Frauen, die daher nicht unter einer einzigen Kategorie Frau subsumierbar seien. Die Frau ist hier plural; das Wort »zerbröselt im Munde« (Sandoval). Zu den Möglichkeiten, die eine solche Strategie eröffnet, gehört auch die ersehnte Entdeckung, daß Frauen *nicht* immer männlicher Herrschaft unterworfen waren, daß Hoffnung auch in der Vergangenheit liegt, nicht nur in der Zukunft (Rosaldo 1980). Zudem eröffnete sie die Erkenntnis, daß auch Frauen Erfahrung in Herrschaft hatten.

Die feministische Theorie erschafft auf diese Weise mit Hilfe des Operators biologisches Geschlecht-gesellschaftliches Geschlechterkonstrukt eine Genealogie. Eine Genealogie ist eine Ursprungsgeschichte; sie gibt Positionen an, von denen Bedeutung ausgeht. In diesem Sinn ist die Primatologie ihrem Wesen nach eine genealogische Praxis. Innerhalb des Feldes der Primatologie können alle denkbaren Positionen für die Bedeutung des Weiblichseins generiert werden und werden dies auch. Tatsächlich ist die Primatologie ein besonders geeignetes Feld, um die Bedeutung von durch die Achse oder das Netz Geschlecht-Geschlechterverhältnis strukturierten Basiskategorien in Frage zu stellen. Die Frage, was es heißt, innerhalb der Primatenordnung weiblich zu sein, welche möglichen Bedeutungen diesem Status zukommen, steht im Zentrum des primatologischen Diskurses. Die immer mehr- oder doppeldeutigen Objekte und Grenzen der Primatologie sind für diesen Diskurs geradezu gemacht. Wie verhält sich weiblich zu Frau? weiblich zu Weibchen? Frau zu Frauen? Worum geht es und für wen, wenn die intimen Details im Leben von Pavianen und Schimpansen aufgezeichnet werden?

Sex als Rohmaterial des gesellschaftlichen Geschlechterkonstrukts bleibt eine Art generative Ressource: potentiell frei und befreiend, aber überall durch Geschlechterpolitik eingegrenzt. Immer schon erschien Potenz unschuldiger als der Akt. Daher wird »the end of gender«, das Ende jeder kulturellen Bestimmung von Geschlecht, ein mögliches feministisches Ziel, ein sehr verführerisches sogar. Die Kategorie »Frau« selbst ist ein Skandal, der das Ende der Bedingungen, die sie hervorbringen, erfordert. Aber wenn die kulturell bestimmte Geschlechterrepräsentation ein Ende hat, muß das auch für das biologische Geschlecht gelten, gerade so wie auch der »Westen« ohne seine »Anderen« nicht bestehen kann und vice versa. Die frühere Konstruktion Frau/weiblich, die innerhalb eines feindlichen wissenschaftlichen und sozialen, durch die Achse Natur-Kultur wie auch durch die Achse Geschlecht-Geschlechterrepräsentation strukturierten Feldes zustande kam, war für die feministische Theorie ein Kernproblem. Aber obschon klar ist, daß ›Frau‹ die (politische) Konstruktion des (konstruierten) weiblichen Geschlechts ist – was sind Frauen? (Auch Männer haben ein merkwürdiges Verhältnis zum ›Mann‹, gar nicht zu reden von ihrem Verhältnis zum Männlichen. Aber es ist kein zufälliges Verhältnis.) Was ist das Objekt (als Gegenstand wie als Ziel verstanden) des Feminismus? Was ist das »natürliche-technische Wissensobjekt« des Feminismus, wenn man diesen als »Human-« und »Natur«-wissenschaft begreift? Wie verhält sich das Objekt feministischer Theorie und Praxis zu den »natürlichen-technischen *Objekten*« (in beiderlei Sinn) der Primatologie?

Tiere, insbesondere solche, die die Grenze markieren wie in erster Linie die Primaten, dienen als spezifische Objekte, um die Ursprünge sozialisierten, fast schon kategorisierten Geschlechts[7] zu begreifen. Das ist eine ernste Sache in der Politik von Herrschaft und Befreiung, in der die Quelle von Energie, die sich selbst erneuernde Luminiszenz, jenseits des toten Lichts der Vernunft lokalisiert ist – und, in einem anderen Kapitel der Herrschaftsgeschichte, angeeignet werden muß. Aus gutem Grund haben Kultur- und Persönlichkeitsforschungen regelmäßig die Psychobiologie des Geschlechtsverhaltens zu Rate gezogen. Gesucht wird die immer unsichtbare, aber immer anschaulich zu machende Grenze zwischen biologischer Geschlechtlichkeit und kultureller Geschlechterrepräsentation. Diese Grenze ist gleichbedeutend mit der zwischen menschlich und tierisch, eine sehr potente optische Illusion und technische Errungenschaft. Primatologen, auch die Frauen unter ihnen, haben dem Sexualverhalten außerordentlich große Aufmerksamkeit geschenkt. Es führt umstandslos zu den

7 Haraway spricht hier von »socialised sex, almost gendered sex« [A. d. Ü].

kritischen Punkten, zu den Bedeutungen des Ursprungs von Gesellschaftlichkeit, die der Logik des Natur-Kultur-Gegensatzes entsprechen.

Primatologinnen haben sich auf das Sexualverhalten weiblicher Primaten konzentriert (auf ihre Sexualität? Oder ist dieser Begriff den Menschen vorbehalten?), zum Teil, um es aus dem natürlichen Trägheitszustand zu befreien, der ihm in den Texten ihrer Primatologen-Brüder zukam. Die Kategorie Weibchen war analog der Kategorie Frau rekonstruiert worden. Weiblicher Sex war reine Ressource für männliche Aktivitäten, die Tiere an die Grenze zur Menschlichkeit brachten. Aber so ist es nicht mehr; weibliches Sexualverhalten hat inzwischen die beiden vielversprechenden Eigenschaften: aktiv und natürlich, so daß es gleichermaßen als Vermittlung des Übergangs zur Kultur dienen kann. Und da nun nicht mehr bloße Zeichen im Tausch der Männchen, sind weibliche Primaten Sexualhändler eigenen Rechts geworden. Weibliches Sexualverhalten – nicht zu sprechen vom beobachteten Orgasmus in der gesamten Primatenordnung – ist in den letzten fünfzehn Jahren sehr aktiv, sozial und dementsprechend interessant geworden (Burton 1971; Chevalier-Skolnikoff 1974; Foucault 1978; Lancaster 1979). Solly Zuckerman (1932) würde die Primatengesellschaft kaum wiedererkennen. Weibliches Sexualverhalten ist sozialisiert und aktualisiert worden – ein entscheidender Schritt, um Weibchen innerhalb des von mir beschriebenen epistemologischen Feldes zu politischen Akteuren zu machen. Ein zu erwartendes Resultat ist, daß nunmehr auch sie strategische Gründe haben, ihre Investitionen klug zu verwalten – eine subtile Wendung »mütterlichen Denkens« (Altmann 1980; Ruddik 1982). Gut, das zu »wissen«.

Die Fülle der in der komplexen Geschichte der Primatenforschung wiedererzählten Geschichten wirft die zentrale Frage dieses Essays auf: Kann Politik, das klassische Projekt, aus dem Chaos der Differenz eine gemeinsame Welt zu schmieden, eine andere Bedeutung haben als – durch die Logik des Tauschs verdeckt – Herrschaft und Krieg (Hartsock 1983a)? Sind die von Wissenschaftlerinnen erzählten Lebensformen von Affen wirklich anders? Könnten vielleicht, ähnlich den Schleimpilzen, dem biologischen Modell für Individualität und Gemeinschaft[8], auch aus

8 Die zelligen Schleimpilze (Acrasiomycota) bilden Aggregationsplasmoiden. Dabei kriechen einzelne Amöben zu einem größeren Aggregat zusammen, ohne dabei

dem hungrigen utopischen Projekt der Primatologie irgendwelche Früchte tragenden Körper hervorgehen, die neue Bedeutungen von Macht aussäen? Ohne die Meinung der Leser über die Intentionen der Autorin beeinflussen zu wollen, bevor sie den Essay zu Ende gelesen haben, möchte ich doch als Leseanleitung einige vermittelnde Schlußfolgerungen vorschlagen.

Erstens, obwohl die Primatologie voller Ideologien im alten, schlichten Sinn ist, ist es langweilig und falsch, die Frage der Geschlechterpolitik durch Entlarvung einer zugrundeliegenden Ideologie anzugehen. Es gibt keine Verschwörung kapitalistischer Patriarchen im Jenseits, die eine Wissenschaft vom tierischen Verhalten erschaffen hat, um die Phantasien von weißen Amerikanern im 20. Jahrhundert zu naturalisieren, wie sehr der Augenschein auch zuweilen zu einer solchen Vorstellung verführen mag. Und die Bemühungen um eine feministische Wissenschaft kommen durch das Schreiben von Geschichten, die wir für wahr halten wollen, nicht weiter, auch wenn »wir« alle dies tun. Es ist wichtig, die sehr reale Schwierigkeit, eine gute wissenschaftliche Geschichte zu erzählen, nicht zu trivialisieren. Geschlechtlichkeit und Geschlechterrepräsentation sind für die Begründung der Primatologie zentral, aber immer auf komplexe Weise und in Wechselwirkung mit vielfältigen anderen Verflechtungen, wodurch Achsen entstehen, die das Netz der westlichen Diskurse bilden. Gerade die Konstitution von Geschlechtlichkeit und Geschlechterrepräsentation als Objekte und Bedingungen von Wissen stehen im Feminismus und im feministischen Lesen/Produzieren der Primatologie zur Debatte.

Einer meiner Informanten über Primatenforschung, ein älterer Wissenschaftler, meinte, Geschlecht im biologischen und sozialen Sinne spielten in der Primatologie *in der Tat* eine Rolle, da sie bestimmen, »wie« jemand »weiß«, aber diese »Variable« würde von einer ganzen Schar anderer überschwemmt, die die Unterschiede zwischen dem wissenschaftlichen Handwerk von Frauen und Männern überdecken. Ich meine, er gebrauchte die falschen Metaphern. Wir befassen uns nicht mit Variablen, die als abhängig oder unabhängig eingestuft und vielleicht durch ausgefeilte Anwendungen multivarianter Analysen gewichtet werden können, wir suchen

ihre Individualität aufzugeben. Das entstehende unechte Plasmodium kann sich insgesamt fortbewegen und bildet unter Zelldifferenzierung einen Fruchtkörper aus. [A. d. Ü.]

auch nicht nach grundlegenden Unterschieden zwischen einer weiblichen und einer männlichen Wissenschaftspraxis als Lösung der Schlüsselfragen, obschon solche Unterschiede nicht trivial sind. Wir betrachten vielmehr die praktischen und theoretischen Konstruktionen eines narrativen Feldes, dessen Erklärungsmodell besser aus der Semiotik und Hermeneutik als aus der Statistik gewonnen wird (Semiotik: die Wissenschaft vom Zustandekommen von Bedeutungen. Hermeneutik: die Wissenschaft der Auslegung. Statistik: die Wissenschaft der Zusammenstellung von Zahlen). Ich selbst hoffe auf eine politisierte Semiotik, in der Politik die Suche nach einer gemeinsamen Welt ist – vermittelt durch viele gesellschaftlich begründete Praktiken, einschließlich der Primatologie. Wie sollte die Primatologie kein Feld feministischer Bemühungen sein? Der Ort westlicher Frauen ist in der Tat der Dschungel. Ob andere Frauen und Männer diesen materialen/mythischen Ort einnehmen werden, wenn sie Affen und Menschenaffen beobachten, ist eine Funktion anderer Geschichtsverläufe und anderer Geschichten.

Der Dschungel: Schauplätze

In Maßen verwendet, haben Zahlen der Interpretation nie Abbruch getan. Wie viele Frauen also betreiben Primatologie als Hauptberuf? Die Frage ist aus mehreren Gründen schwer zu beantworten. Mein Augenmerk liegt auf der Feldprimatologie, d. h. auf Untersuchungen über wilde oder freilebende und unter Schutz stehende Tiere in einer Umgebung, die epistemologisch als »natürliche«, als denkbarer Schauplatz des Beginns der Evolutionsgeschichte konstruiert werden kann. Gleichwohl ist die Primatologie beides, Laborwissenschaft und Feldforschung, und überschreitet als solche viele disziplinäre Grenzen: zur Zoologie, Ökologie, Anthropologie, Parasitologie, Psychologie, biomedizinischen Forschung, Psychiatrie, Demographie, zum Artenschutz usw. Üblicherweise gehören US-amerikanische Forscher drei zentralen wissenschaftlichen Vereinigungen an, aber viele, die wichtige Beiträge geliefert haben und die mir erlaubten, sie zu interviewen und ihre unveröffentlichten Papiere zu lesen, erscheinen nie oder nur für einige Jahre in den Mitgliedslisten.

Ich bin daher oft auf Vermutungen angewiesen, wenn ich hier

anhand der Mitgliedslisten der American Association of Physical Anthropology (AAPA), der American Society of Primatologists (ASP) und der International Primatological Society (IPS) aus dem Jahre 1980 den gegenwärtigen Anteil von Frauen in der Feldprimatologie zu erfassen suche. Diese globalen Zahlen vermitteln allerdings nur einen minimalen Einblick, da es gute Gründe gibt, anzunehmen, daß Frauen in der Feldforschung stärker repräsentiert sind als in ausschließlich auf Laborforschung basierenden Arbeitsbereichen; zweifelsohne genießen sie, ungeachtet ihrer Zahl, in der Feldforschung größere Autorität. Zwar besteht in der Primatologie keine absolute Trennung zwischen Feld und Laboratorium, wohl aber eine spannungsgeladene Differenz der Gewichtung, auch wenn die offizielle Lehrmeinung besagt, daß Naturstudien wegen der größeren experimentellen Manipulationsmöglichkeiten auf jeden Fall ergänzende Laborstudien benötigen.

Ich übergehe das weite Problem einer möglicherweise schiefen Gewichtung durch meine Konzentration auf nordamerikanische – mit Schwenks zu den britischen – Forscherinnen trotz des nicht unwichtigen Faktums, daß die Primatenforschung seit den fünfziger Jahren in der Tat zu einer internationalen Passion geworden ist. Dennoch waren, sieht man von einigen bedeutsamen Ausnahmen ab, die einflußreichen Sprecherinnen und der größte Anteil der Frauen in der Primatologie an amerikanischen Institutionen ausgebildete und/oder dort beschäftigte US-Amerikanerinnen. Die weitaus meisten von ihnen – vergleichsweise mehr als in anderen biologischen Wissenschaften – waren Weiße, was sich indessen mittlerweile ändert.

Zwischen 1977 und 1978 führte die Namensliste der IPS (gegründet 1966) 715 Mitglieder, von denen 382 eine amerikanische, 92 eine britische, 115 eine japanische, 14 eine afrikanische Adresse angaben (10 aus Südafrika) und 151 aus anderen Ländern kamen. Der Anteil der Frauen in der ISP betrug insgesamt 20%: 22% aller Amerikaner, 22% der Briten, 9% der Japaner und 24% aller »anderen«. Bei vielen der Mitglieder ließ sich das Geschlecht, da aus den Initialen nicht ablesbar, nicht identifizieren; sie wurden aus den Berechnungen herausgenommen, was wahrscheinlich eine Unterbewertung des Frauenanteils zur Folge hat. In der Regel werden die an den festen Standorten der Feldforschung beschäftigten Mitarbeiter in den Wissenschaftlerlisten nicht aufgeführt; als Resultat erscheint die Feldprimatologie weit mehr eine Angelegenheit von Weißen zu sein, als sie es tatsächlich ist. Da das ausgebildete Personal zunehmend den Nationen angehört, in denen die nichtmenschlichen Primaten leben, ist dies irreführend; sieht man aber ab von den Berichten aus den Nationalparks und den internen Unterlagen der Forschungszentren, so sind die Autoren der primatologischen Arbeiten in überwältigender Mehrheit eben jene Fachleute, die auf den Listen der primatologischen Gesellschaften erscheinen.[9]

Bezogen auf die einzelnen Disziplinen stellen Frauen 22% der Anthropologen, 12% der Mediziner, 27% der Psychologen, 19% derer, die sich zoologischen Gärten und Naturreservaten widmen, 19% der Zoologen und Ökologen und 25% sind in anderen Bereichen tätig. (Der Prozentsatz aller Mitglieder, die diesen Subdisziplinen zugeschrieben werden können, beträgt 17% für die Anthropologie, 20% für die Medizin, 16% für die Psychologie, 3% für Zoos oder Naturschutz, 9% für Zoologie und Ökologie und 25% für »andere«.)[10]

Die Namensliste der AAPA (gegründet 1918) aus dem Jahr 1979 führt 1200 Personen auf, von denen 26% Frauen zu sein scheinen. Traditionellerweise lehrten Vertreter der physischen Anthropologie an medizinischen Hochschulen oder suchten Anstellungen in Museen, aber diese allgemeine Tendenz scheint 1980 an Bedeutung verloren zu haben. Die Namensliste der ASP (gegründet 1966) enthält 445 Personen, von denen lediglich 23 Ausländer sind, vor allem Kanadier. Ungefähr 30% der ASP-Mitglieder sind Frauen, darunter 45%, die eine Anthropologie-verbundene Adresse angeben. Eine solche Adresse verweist auf die Tatsache, daß Primatologen, ganz unabhängig von ihrer fachlichen Ausbildung, Anstellungen häufig in anthropologischen Fachbereichen finden.[11]

9 Zu Anzeichen einer Veränderung vgl. Baranga (1978) und Goodall u. a. (1979).

10 Grob gesehen sind Frauen also verhältnismäßig überrepräsentiert (sofern dieses Wort Sinn macht, wenn man bedenkt, daß ihre Anzahl niemals 30% überschreitet!) in der Anthropologie, der Psychologie und den »anderen Bereichen«, und sie erreichen in den zoologischen Gärten, in Naturreservaten, der Zoologie und der Ökologie Zahlen, die ihrer Präsenz in der Fachgesellschaft entsprechen. Im medizinischen Bereich hingegen sind Frauen unterrepräsentiert. Die trotz der internationalen Bedeutung der japanischen Primatologie sehr niedrige Anzahl japanischer Frauen wird unterstrichen durch die Schwierigkeit, über sie als einzelne Forscherinnen (bei Benutzung englischsprachiger Quellen) etwas in Erfahrung zu bringen. Dies steht in erschreckendem Gegensatz zur öffentlichen Anerkennung, die westliche Frauen in diesem Feld genießen.

11 Etwa 24% der Frauen sind Psychologinnen; sie stellen 36% derjenigen, die in

Primatologinnen scheinen in deutlich höherem Maße in der Anthropologie ausgebildet und/oder beschäftigt zu sein, als es insgesamt ihrem Anteil in der Vereinigung entspricht. Der umgekehrte Fall scheint in der Zoologie/Ökologie vorzuliegen. Zu beachten ist dabei allerdings, daß amerikanische Primatologinnen, verglichen mit ihren männlichen Kollegen, dazu neigen, eher Mitglied in einer amerikanischen als in einer internationalen Vereinigung zu werden.

Zum Vergleich: die Veröffentlichung der National Science Foundation vom Januar 1982 *Women and Minorities in Science and Engineering* stellt fest, daß 1978 in den Vereinigten Staaten Frauen etwa 20% der beschäftigten Sozial- und Biowissenschaftler[12] sowie Mathematiker, aber nur 9,4% aller beschäftigten Wissenschaftler[13] und Ingenieure stellten. (Man vergleiche dies mit dem Frauenanteil von 43% an allen »professional speciality occupations«[14]). Etwa 85% der Beschäftigungszunahme bei promovierten Wissenschaftlerinnen im Zeitraum von 1973 bis 1978 fand in den Biowissenschaften, den Sozialwissenschaften und der Psychologie statt.[15] Das ist der Pool, aus dem die Primatologinnen kommen, und sie erreichen Zahlen, die im großen und ganzen denen anderer biologischer und sozialwissenschaftlicher Fächer entsprechen. Nirgendwo in diesen globalen Fächerauflistungen erreicht der Anteil von Frauen die 30%-Marke. Mit Ausnahme der Psychologie sind promovierte Frauen in keinem wissenschaftlichen Fach mit 20% vertreten. Von diesen wenig eindrucksvollen Ergebnissen heben sich die Primatologinnen etwas ab. Ihr Einfluß

zoologischen Gärten und Naturreservaten arbeiten, 20% aller in der Zoologie und Ökologie Beschäftigten und 47% derjenigen, deren Interessen sich mit der Psychiatrie überschneiden (verglichen mit 11% in der IPS).

12 Biowissenschaften (life sciences) umfassen in der angeführten Statistik Agrikultur, biologische Wissenschaften und Medizin, sofern diese nicht überwiegend Patientenbehandlung betrifft.

13 Wissenschaftler (scientists) sind in sieben Untergruppen aufgeteilt: Naturwissenschaftler, Mathematiker, Computerspezialisten, Umweltspezialisten (environmental scientists), Psychologen, Sozialwissenschaftler.

14 Diese Klassifikation umfaßt neun weitgefaßte Kategorien professioneller Tätigkeitsbereiche: Ingenieurwesen, Mathematik- und Computerwissenschaften, Naturwissenschaften, Gesundheitswesen (unterteilt in drei Untergruppen: Diagnose, assessment und Behandlung), Unterrichtswesen (alle Ebenen), Rechtswissenschaften, Gerichtswesen und andere spezialisierte Tätigkeiten. [A. d. Ü.]

15 Zusammen umfassen die Biowissenschaften (30%), die Sozialwissenschaften (17,2%) und die Psychologie (14,7%) 61,9% aller Wissenschaftlerinnen.

ist größer gewesen als ihre Zahl, verglichen mit den meisten anderen Gebieten der Anthropologie und allen anderen Bereichen der Biologie. Um dies zu belegen, wende ich mich ihrer Praxis und ihren Publikationen zu.

Feldprimatologie ist ein modernes Unterfangen, in dem nahezu die gesamte Arbeit erst in den fünfziger Jahren begann, die Periode seit 1975 weist den steilsten Anstieg an Feldforschungen über Primaten auf. Das explosive Anwachsen der Primatologie überlappte mit der »zweiten Welle« der euro-amerikanischen Frauenbewegungen. Jungen Frauen und Männern, die in diesen Jahren in die Primatologie hineinwuchsen, konnte nicht verborgen bleiben, daß ihr Arbeitsbereich in der Geschlechterpolitik und vielem anderen von »außen« angefochten wurde. Er geriet auch von »innen« unter Druck. Ein Resultat war ein explosionsartiges Ansteigen der von Frauen über Primatengesellschaften und das Verhalten von Primaten verfaßten Schriften für wissenschaftliche wie für populäre Zwecke.[16]

16 Die folgende Liste, die lediglich Bücher enthält, was kaum die Hauptveröffentlichungsform ist, vor allem nicht in den Naturwissenschaften, ist nicht erschöpfend, aber sie vermittelt eine Vorstellung von der Fülle der von Frauen produzierten Primatenliteratur und stellt in chronologischer Folge deren ständiges Anwachsen dar. Nadie Kohts *Untersuchungen über die Erkenntnisfähigkeiten des Schimpansen aus dem zoopsychologischen Laboratorium des Museum Darwinianum in Moskau* (Moskau 1923) soll meine Liste eröffnen, um das sofortige Überschreiten der Kategorien der amerikanischen Feldprimatologie nach dem Zweiten Weltkrieg zu dokumentieren und auch um eine wichtige Vorgängerin im Begreifen der geistigen Fähigkeiten von Primaten zu ehren. Mein nächster Eintrag soll deutlich machen, welche Rolle häufig offiziell nichtwissenschaftliche Ehefrauen spielten, die wesentlich zu der Erstellung primatologischer Texte beitrugen: Robert Yerkes und Ada Yerkes, *The Great Apes* (New Haven 1929). (Beginnend 1929, aber mit fast allen Eintragungen erst seit 1965, habe ich etwa 65 Ehepaare gezählt, die zusammen in der Primatologie veröffentlichten, einschließlich einer flüchtigen Zählung der Labor-Psychologen und einer sorgfältigeren der Feldforscher. In meiner Zählung fehlen die meisten Ehepaare außerhalb Englands und der Vereinigten Staaten. Diese Zahl ist ein signifikanter Anteil aller aktiven Primatologen.) Auch der nächste Eintrag ist wahrscheinlich lediglich den *aficionados* von Menschenaffen bekannt, aber die Autorin kennzeichnet mehrere für die Geschlechterdifferenz in der Primatologie wichtige Kategorien (Arbeit im zoologischen Garten, Laienstatus, Erfolg in der Aufzucht von Menschenaffen: Belle Benchley, *My Friends the Apes* (Boston 1942). Ich habe diese drei Namen aus der Zeit vor dem zweiten Weltkrieg auch aufgenommen, um herauszustreichen, daß es mir nicht gelungen ist, vor den sechziger Jahren auch nur ein einziges – populäres oder wissenschaftliches – Buch über Primaten zu finden, das von einer promovierten Wissenschaftlerin geschrieben wurde. Es gibt mehrere von promovierten Männern. Dann kommt der bekannteste Name von allen, und er eröffnet eine

Ein besonders reichhaltiges Bild entsteht, wenn wir die Fülle von Büchern betrachten, die sich auf die Debatten über Geschlecht und Geschlechterkonstrukte beziehen und die Arbeit weiblicher Primatenforscher ernsthaft berücksichtigen bzw. die männlicher Primatologen umstrukturieren. Jedes dieser Bücher ist, insbesondere seit den sechziger Jahren, Teil einer breiten internationalen gesellschaftlichen Auseinandersetzung über die politische-symbolische-gesellschaftliche Struktur, die Geschichte (Natur- und sonstige Geschichte) und Zukunft der Frau bzw. der Frauen. Die politischen Auseinandersetzungen sind den geschriebenen Texten keineswegs äußerlich. Die Frauenbewegungen etwa sind nicht das »outside« gegenüber irgendeinem davon abgegrenzten »inside«. Die geschriebenen Texte selbst sind Bestandteil des politischen Kampfes, eines Kampfes, der mit sehr spezifischen »wissenschaftlichen« Mitteln geführt wird, auch anhand denkbarer Geschichten innerhalb des narrativen Feldes der Primatologie. Da der Ausgangspunkt qua Definition außerhalb der Geschichte, die ich erzählen will, liegen muß, soll an dieser Stelle der einzige vor 1960 geschriebene Klassiker erwähnt werden, ein Buch, das für die Geschichte der weiblichen Primaten wie auch für die Primatologinnen selbst eine Bedeutung hatte wie Simone de Beauvoirs *Das andere Geschlecht* für die zweite Welle feministischer Theorie: Ruth Hershbergers *Adam's Rib* (New York 1948, wiederaufgelegt als Taschenbuch 1970 – wohl kaum ein zufälliges Datum). Daß Hershberger ihr Buch G.E.H. (G. Evelyn Hutchinson) widmete, einem bedeutenden Wissenschaftler, der es sich zur

chronologische Liste professioneller Biologinnen und Anthropologinnen, die für viele Leserkreise schreiben: Jane van Lawick Goodall, *My Friends the Wild Chimpanzees* (*National Geographic* 1967), gefolgt von *In the Shadow of Man* (Boston 1971), dt. *Wilde Schimpansen, Verhaltensforschung am Gombe-Strom*, 1971; Thelma Rowell, *Social Behaviour of Monkeys* (Baltimore 1972); Alison Jolly, *Lemur Behavior* (Chicago 1966), *The Evolution of Primate Behavior* (New York 1972); Jane Lancaster, *Primate Behavior and the Emergence of Human Culture* (New York 1975); Sarah Blaffer Hrdy, *Langurs of Abu* (Cambridge 1977) und *The woman That Never Evolved* (Cambridge 1981); Alison Richard, *Behavioral Variation* (Lewisburg 1978) und *Primates in Nature* (im Erscheinen); Jeanne Altmann, *Baboon Mothers and Infants* (Cambridge 1980); Katie Milton, *The Foraging Strategies of Howler Monkeys* (New York 1980); Nancy Tanner, *On Becoming Human* (London 1981); Linda Marie Fedigan, *Primate Paradigms* (Montreal 1982); Adrienne Zihlman, *Human Evolution Coloring Book* (New York 1982); Dian Fossey, *Gorillas in the Mist* (Boston 1983), dt.: *Gorillas im Nebel: Mein Leben mit den sanften Riesen*, 1989); weitere Bücher sind im Entstehen.

Gewohnheit gemacht hatte, heterodoxe Wissenschaftlerinnen zu unterstützen, belegt auch die entscheidende Bedeutung, die profeministischen Männern in der Frühphase feministischer Wissenschaftskämpfe zukam.[17]

Die seit den sechziger Jahren entstandenen und insbesondere in den siebziger Jahren stark zunehmenden Schriften über Tiere sind in mehrfacher Hinsicht heterogen: bezogen auf die politische Einstellung, das anvisierte Publikum, den Ruf der Autoren und Herausgeber, das Publikationsformat, das Genre usw. Interessanterweise sind sie dagegen hinsichtlich der nationalen und ethnischen Zugehörigkeit homogen; dies ist angesichts der universalisierenden Tendenz dieser Literatur, die immer wieder versucht, Aussagen über die Natur »der Frau« zu machen, nicht ohne Bedeutung. Niemand könnte aus der hier angeführten Literatur folgern, daß weiße Amerikanerinnen eine einheitliche Ideologie vertreten oder sich auf simple Weise »in Opposition« zu männlichen Positionen, noch weniger zu Männern befänden. Aber ebenso unmöglich ist

17 Ein Titel aus den sechziger Jahren ist der Ausgangspunkt für die Betrachtung von Weibchen im Hinblick auf die (zoologische) Art, aber man beachte, wie das Feld in den siebziger Jahren expandiert, als das mütterliche Verhalten nicht mehr allein ausschlaggebend war für das, was es heißt, weiblich zu sein: Harriet Rheingold (Hg.), *Maternal Behavior in Mammels* (New York 1963); Elaine Morgan, *Descent of Woman* (New York 1972); Carol Tavris (Hg.), *The Female Experience* (Delmar 1973); Rayna Rapp Reiter (Hg.), *Toward an Anthropology of Women* (New York 1974), mit dem »klassischen« Aufsatz von Sally Linton, *Woman the gatherer: male bias in anthropology«*; Evelyn Reed, *Woman's Evolution* (New York 1975); M. Kay Martin und Barbara Voorhies, *Female of the Species* (New York 1975; Margaret Mead gewidmet); Ruby Rohrlich Leavitt, *Peaceable Primates and Gentle People* (New York 1975); Bettyanne Kevles, *Watching the Wild Apes* (New York 1976); H. Katchadourian (Hg.), *Human Sexuality: A Comparative and Developmental Perspective* (Los Angeles 1978); Lila Leibowitz, *Females, and Families: A Biosocial Approach* (Belmont 1978); Lionel Tiger und Heather Fowler (Hg.), *Female Hierarchies* (Chicago 1978); W. Miller und L. Newman (Hg.), *The First Child and Family Formation* (Chapel Hill 1978); Elizabeth Fisher, *Woman's Creation: Sexual Evolution and the Shaping of Society* (New York 1979); Frances Dahlberg (Hg.), *Woman the Gatherer* (New Haven 1981); Helen Fisher, *The Sex Contract: The Evolution of Human Behavior* (New York 1982); Ruth Bleier, *Science and Gender: A Critique of Biology and Its Theories on Women* (New York 1984). Es wäre ein Fehler, die Science Fiction zu übergehen, die sowohl von den Auseinandersetzungen über Geschlecht und Geschlechterkonstruktionen in der Primatologie beeinflußt ist als auch selbst Einfluß auf sie ausübt; zum Beispiel Jean Auels *Clan of the Cave Bear*, dt. *Ayla und der Clan des Bären*, München 1988); Marge Piercys *Woman on the Edge of Time*, dt.; und die Bio-Fiktionen von C.J. Cherryh und James Tiptree, Jr., hinter deren beider Namen sich Science Fiction-Autorinnen verbergen.

es, die kollektive Wirkung dieser öffentlichen, in Auftrag gegebenen Geschichten zu überhören: in der Primatologie sind nunmehr neue Machtlinien vorhanden. Es ist nicht mehr möglich, in jedem Text dieselben Leerstellen zu finden. Das narrative Feld wurde rekonstruiert in einer Polyphonie, die von Alalie bis zu Heteroglossie reicht. In der Verbreitung wichtiger Ursprungsgeschichten unter den Völkern der Bibel sprechen nun auch Frauen in Zungen und imaginieren das Weibliche in eigenen Sprachen (Elgin 1984).

Von professionellen Primatologinnen herausgegebene oder mitherausgegebene Sammelbände bilden eine weitere lange Liste, an deren Anfang die Veröffentlichung der bei der von Phyllis Jay 1965 organisierten Wenner Gren Conference gehaltenen Vorträge steht (Jay 1968). Den vorläufigen Abschluß bildet ein Schwall Mitte der achtziger Jahre veröffentlichter Bücher, die die neu erworbene Vormachtstellung der »soziobiologischen Theorie« in der Primatologie belegen sowie deren komplexe Funktion bei der Erarbeitung explizit pro-weiblicher, oft feministischer Beiträge über Evolution, Verhalten und Ökologie von Primaten und Wirbeltieren generell (Hausfater & Hardy 1984; Small 1984; Wasser 1983). Meredith Smalls *Female Primates: Studies by Women Primatologists* ist ein explizites Feiern weiblicher Primaten, Menschen wie Tiere, und ihres Zusammenwirkens beim Schreiben primatologischer Arbeiten.[18] Das Buch beinhaltet Themen wie Tiere nach der Menopause, weibliche Adoleszenz, sexuelle Hyperaktivität bei Weibchen, Fütterungsstrategien, Paarungsstrategien, erklärt aus der Sicht der weiblichen Biologie als unabhängiger Variablen, und vieles mehr. Jede Vorstellung, das Buch sei möglicherweise eine unsauber populäre Zusammenstellung, wird durch seinen Stil und den Preis von 58 Dollar zunichte gemacht; es ist ein durch und durch professionelles Buch.

Als eine Art Zusammenschau und Feier weiblicher Primaten wie auch der Frauen, die sie sichtbar gemacht haben (im Sinne der Konstruktion eines »wir«), verdient *Female Primates* eine umfas-

18 Das Buch wurde auch – unter der Schirmherrschaft eines Herausgeberteams, bestehend aus neun Mitgliedern, von denen nur eines eine Frau (Jeanne Altmann) ist – als Band 4 der *Monographs in Primatology* veröffentlicht. Die Herausgeberin war eine Hochschulabsolventin, die dazu von einem männlichen Berater, Peter Rodman, explizit ermutigt wurde. Autoren von *Female Primates* sind 21 Frauen und ein Mann (als Co-Autor).

sende Analyse. An dieser Stelle werde ich jedoch nur kurz auf zwei Beiträge eingehen, um die von ihnen verfolgte Strategie in der Einführung der folgenden Arbeiten herauszuheben, durch die der Rahmen des gesamten Unterfangens abgesteckt wird. Beide Beiträge werfen die Frage auf, ob es einen Unterschied macht, daß Frauen, Primatenforscherinnen, ihr Interesse auf weibliche Tiere richten, aber beide übernehmen zugleich eine auf ein fortschreitendes Wissen verpflichtete Wissenschaftsphilosophie und -ideologie, die die Auseinandersetzung mit einem durch Geschlecht und Geschlechterrepräsentation strukturierten Wissenschaftsfeld blockiert. Nach Ansicht der rahmensetzenden Beiträge existiert »männliche Voreingenommenheit« zwar, kann aber recht einfach korrigiert werden. In der Primatologie bedarf es keiner gefährlichen Politisierung sozialer Beziehungen, und es liegt auch kein Grund vor, die »gebürtige« Anschauung des Forschers, wie Wissen zustande kommt, in Frage zu stellen, jedenfalls nicht öffentlich. Eine Voreingenommenheit hebt die andere auf und es entsteht kumulatives Wissen. Die angeführten Begründungen verweisen indessen auf eine noch stärkere Position: nur durch Voreingenommenheit (Empathie) sind »reale« Phänomene erfaßbar, oder auch, allein Erklärungen aus der Sicht einer Gruppe, nicht die Sicht eines trügerischen Ganzen, unter dem sich in Wirklichkeit doch nur eine Interessengruppe verbirgt, kann die »reale« Welt erfassen. Hier nun werden Voreingenommenheit oder die Sicht einer Gruppe zum sozialen oder epistemischen Operator, eben Geschlecht-Geschlechterrepräsentation. Die zentrale wissenschaftspolitische Frage ist, wie eine so potente Sicht konstruiert wird. Mit der Konstruktion des weiblichen Tieres wird auch die Primatenforscherin rekonstruiert, d.h. mit einer neuen Genealogie versehen. Aber diese Wiedergeburt geschieht innerhalb der durch den Westen gesetzten Grenzen, innerhalb des allgegenwärtigen Netzes von Natur und Kultur. Primatologie ist auf Affen bezogener Orientalismus (Said 1978).

Jane Lancaster, die den Band einleitete, war 1967 Doktorandin von Sherwood Washburn an der Universität von Kalifornien in Berkeley und unter anthropologischem Gesichtspunkt eine fortgeschrittene Studentin. Auffallend an ihrer Einleitung ist das Festhalten an soziobiologischen und sozioökologischen Sichtweisen; sie ist bezeichnend für den triumphalen Status, den dieser Erklärungsrahmen in der Evolutionsbiologie, einschließlich der Primatologie,

Mitte der achtziger Jahre hatte. Jane Lancaster betrachtet die Primatenforschung innerhalb dieses Rahmens, um vier Bereiche sexuellen Dimorphismus zu begreifen: »Geschlechtsunterschiede im Dominanzverhalten, im Paarungsverhalten und sexuellen Durchsetzungsvermögen, Anhänglichkeit an die Geburtsgruppe und deren Lebensbereich sowie ökologische und soziale Korrelationen zwischen Geschlechterdifferenz und Körpergröße« (Lancaster, in: Small 1984, 7-8). In jedem Fall geht die Argumentation dahin, daß »Weibchen Verhalten x ebenfalls aufweisen«. Es stellt sich heraus, daß (a) Weibchen konkurrieren und Dominanz anstreben; (b) daß auch Weibchen umherwandern und keineswegs nur soziale Anhänglichkeit und Beharrung verkörpern; daß (c) auch Weibchen sexuell aktiv und durchsetzungsfähig sind; und (d) daß im Leben der Weibchen die Energieanforderungen ebenso hoch sind wie bei den Männchen. Die Aufmerksamkeit ist auf die Weibchen gerichtet und nicht auf die

> »sich als ein amorphes Ganzes entwickelnde Spezies. Wir untersuchen die soziale Welt der Weibchen, weniger die der sozialen Gruppe ... Wir lernen, die Fortpflanzungsstrategien der Weibchen zu verstehen und diese gegen die Strategien der Männchen innerhalb der sozialen Systeme abzuwägen ... Am Ende gelangen wir zu einem Balancepunkt, an dem Verhalten und Anpassungsleistungen der Geschlechter gleich gewichtet sind.« (Lancaster, in: Small 1984, 8)

Das Auffinden der Weibchen bedeutet das Aufbrechen eines vormaligen Ganzen, das nun als *amorph*, nicht mehr als das erreichte Potential der Spezies bezeichnet wird. Der Feminismus erfordert auf jeden Fall das Aufbrechen bestimmter Versionen eines »wir« und die Konstruktion anderer.

Lancasters »wir« ist eine überaus interessante Konstruktion, da in ihr die Grenze zwischen weiblichem Tier und weiblicher Primatenforscherin aufgeweicht, mehrdeutig ist. Der bewußt doppeldeutige Titel des ganzen Bandes wird wieder und wieder aufgenommen: »wir« alle sind hier weibliche Primaten, jenseits der Geschichte im ursprünglichen Garten. Der Garten entpuppt sich natürlich als einer im liberalen Westen. Konkurrenz, Mobilität, Sexualität und Energie: das sind die Kennzeichen von Individualität, von Wert, von erster oder Primaten-Bürgerschaft. »Gleichgewicht« ist in diesen Dingen Gleichheit, hart erkämpft durch spezifische Aufmerksamkeit für die Wahrnehmung nicht des »amorphen Ganzen«, sondern »der sozialen Welt der Weibchen«.

Lancasters Geschichte erzählt eine Ursprungsgeschichte von der Verfügung über den eigenen Körper; es ist ein klassischer Eintritt in den großen Text liberaler politischer Theorie, neugeschrieben in der Sprache von Fortpflanzungsstrategien. Erneut bestimmen Geschlecht und Geist einander. Indem die weiblichen Primaten mittels aktiver Sexualität, physischer Mobilität, Energieanforderungen an das Selbst und die Umwelt sowie sozialem Wettbewerb als aktive Erzeugerinnen der Primatengesellschaft rekonstruiert werden, wird auch die Frau, die Primatenforscherin – das heißt, die weibliche (menschliche) Natur – rekonstruiert in ihrer Fähigkeit, Bürgerin zu sein; sie ist Mitglied eines öffentlich vertretenen »wir«, jemand, der an der Produktion öffentlichen Wissens beteiligt ist, eine Wissenschaftlerin. Wissenschaft ist sehr erotisch, eine Frage von Eros und Macht. Dementsprechend wird dieses »wir« in einer Ursprungsgeschichte geboren, einer Zeitmaschine für den Beginn einer neuen Geschichte und daher außerhalb der Geschichte.

An Thelma Rowell, eine Zoologin an der Universität von Kalifornien in Berkeley, die eine entscheidende Rolle im Aufbrechen von Geschichten über das soziale Verhalten von Primaten gespielt hat – insbesondere von Geschichten über Dominanzverhalten (Rowell 1974) –, erging die Aufforderung, die erste Unterabteilung des Sammelbandes zum Thema »Mütter, Kinder und adoleszente Jugendliche« einzuleiten. Wie immer drehte sich Rowells Botschaft um Komplexität. Dabei zögerte sie nicht, auf das Erbe männlicher Voreingenommenheit in der Primatologie hinzuweisen: beispielsweise wurde bei der Klassifizierung der Weibchen als jugendlich oder erwachsen ausschließlich auf ihre Gebärfähigkeit zurückgegriffen, wohingegen Männchen eine ganze Serie von Entwicklungsstufen durchlaufen, die sowohl in sozialen als auch minimalen reproduktiven Funktionen gründen.

»Aus diesem Grund besteht wenig Aufmerksamkeit für eine kontinuierliche soziale Entwicklung bei weiblichen (menschlichen) Jugendlichen, die in den meisten Fällen ebenfalls als entweder jugendlich oder aber gebärfähig eingeordnet werden. Im Gegensatz dazu wurde schon in den frühesten Untersuchungen über das Sozialverhalten von Primaten bei den Männchen eine kontinuierliche soziale Entwicklung im Anschluß an die Pubertät beobachtet, geradeso wie auch die Entwicklungsstufen im Alterungsprozeß bei Männern oft in aller Form anerkannt wurden. Dieses zweifache Maß hat, so denke ich, unser Verständnis der sozialen Organisation von Primaten verzögert«. (Rowell, in: Small 1984, 16)

Rowell macht deutlich, daß es das Verdienst der folgenden Aufsätze ist, die Welt der Primaten aus der »Sicht eines weiblichen Affen« zu sehen und auf diese Weise »anerkannte Erklärungen in Frage zu stellen«. Sie geht noch weiter, wenn sie schreibt: »Ich habe das Gefühl, daß es für Frauen einfacher ist, sich in Weibchen einzufühlen, und daß dieses Einfühlungsvermögen ein stillschweigend akzeptierter Aspekt der Primatenforschung ist – weil er Ergebnisse produziert« (Rowell, in: Small 1984, 16).

Sie schreckt indessen davor zurück, den beunruhigenden Implikationen dieser Auffassung über die durch den Beobachter strukturierten Wahrnehmungsmöglichkeiten nachzugehen. Statt dessen kommt sie, da Männchen sich mit Männchen und Weibchen mit Weibchen identifizieren und die Primatologie beide menschlichen Geschlechter anzieht, zu einem additiven Ergebnis, das »Voreingenommenheit« ausschaltet und zu kumulativem Fortschritt führt: »Das daraus resultierende stereoskopische Bild des sozialen Verhaltens von Primaten ist wesentlich differenzierter, als es bei sonstigen Gruppen [von Säugetieren] üblich ist« (ibid., 16). Aber die Geschichten sind nicht stereoskopisch, was heißt, daß die Eindrücke getrennter Augen von einem höheren Nervenzentrum interpretiert werden; sie stören und rekonstruieren Wissens- und Handlungsfelder. Der Leser ist kein optisches Tectum, sondern Teil und Partei im Kampfgetümmel, Hoffnung auf höhere Integration aus dieser Quelle ist daher vergeblich.

Hinzu kommt, daß »Empathie« auch in der mit Menschen befaßten Anthropologie Ergebnisse produziert, die Bestandteil eines sehr gemischten Erbes ist, welches Universalisierung, Identifikation und Leugnung der Differenz einschließt, da der »Andere« in die Erklärungsstrategie des Autors vereinnahmt wird. Empathie gehört zum wissenschaftlichen Handwerkszeug des Westens, sie wird in einem fortwährenden produktiven Spannungsverhältnis zu ihrem Zwilling gehalten: der Objektivität. Empathie wird mit dunkel, verdeckt oder implizit verbunden, Objektivität hingegen verbunden mit hell, anerkannt oder explizit. Aber beide prägen einander in der Geschichte der modernen westlichen Wissenschaft, ebenso wie Natur-Kultur und Mann-Frau in der Logik der Aneigung und des Fortschritts wechselseitig konstruiert werden. Wenn Lancaster »Gleichgewicht« finden will und Rowell über »stereoskopische Bilder« schreibt, schneiden sie das vertrackte Thema einer wissenschaftlichen Konstruktion von Geschlecht und

Geschlechterrepräsentation als Objekten wie auch Bedingungen von Wissen zwar an, aber weisen es zugleich zurück. Offizielle (oder persönliche) Wissenschaftsphilosophien verschleiern den Forschern die Komplexität ihres Tuns und die mit »unserem« Wissen verbundene Politik.

Hochrangige Wissenschaft, so läßt sich durchaus argumentieren, erfordert größtmögliche empathische und intuitive Anstrengungen, die in besonderer Weise von Vertretern des männlichen Geschlechts, nicht aber von Frauen vorgeführt werden. Kekulés Traum vom Benzolring ist ein Beispiel; ganze Teile der chemischen Industrie beruhen auf jener Nacht. Einstein, Polanyi, Chargaff, Faraday und anderen Physikern, insbesondere solchen aus der theoretischen Physik und der Mathematik, werden besondere Fähigkeiten zum intuitiven Erfassen der Welt nachgesagt. Die Zuschreibung von Genie beruht keineswegs allein auf der Ideologie von Objektivität, nicht einmal grundsätzlich. Andererseits – und das ist nicht überraschend – wird von den gleichen Wissenschaften gesagt, sie erforderten das höchste Maß an rationaler Urteilskraft und »Objektivität«. Die Geschlechtercodierung ist notwendigerweise widersprüchlich, ansonsten wäre sie nicht der machtvolle Operator, der sie evidentermaßen ist. Jede würde durch das Netz schlüpfen, was aber unglücklicherweise niemand von uns tut, auch wenn wir von Zeit zu Zeit erfolgreich Teile von uns dieser Codierung entziehen. Es ist ein wenig riskant, selbst für Privilegierte. Nuancierte und gegensätzliche Überlegungen zu diesem Thema aus feministischer Sicht finden sich bei Traweek (1982) und Keller (1983, 1985).

Die Darstellung der Publikationen und die groben statistischen Angaben verlangen als Ergänzung einen kurzen Überblick der wichtigsten Institutionen, die weibliche Wissenschaftler in diesem Feld hervorgebracht haben. Die berufliche Praxis in der Feldprimatologie bedeutete für Frauen Zugang und Beitrag zu den institutionellen Gegebenheiten der Wissensproduktion, aber auch Unterwerfung unter sie. Entgegen des von National Geographic präsentierten Bildes von Jane allein mit den Menschaffen im Dschungel wird ein Doktorgrad für eine *soziale* Arbeit verliehen, die oft als einsam erfahren und manchmal als entfremdet bezeichnet wird, in einer anderen Art Dschungel, wo Affen und Menschenaffen in Texte transkribiert oder in jüngerer Zeit auf Band aufgenommen werden.

Selbst Tarzan lernte lesen; tatsächlich ist er nur einer in einer langen Reihe von Autodidakten, der Nachkommenschaft der Bibliogenesis. Die Nachkommenschaft umfaßt Frankensteins Monster; Tarzans Autor, Edgar Rice Burroughs; und Frankensteins Autorin, Mary Shelley. Die von National Geographic produzierten Filme drehen sich um die Hoffnung, die Natur zu berühren und akzeptiert zu werden. Die Filme verweisen kaum auf die mit viel Arbeit verbundene Geschichte des Sammelns von Aufzeichnungen in Gombe, in die über 25 Jahre Dutzende von Mitarbeitern aus vielen Ländern einbezogen waren, unterstützt von bedeutenden Universitäten (wie Stanford, der Universität von Dar Es Salaam und Cambridge) und mit Hilfe von Computern beträchtlicher Größenordnung, Bandgeräten und anderen für den modernen wissenschaftlichen Schreibprozeß notwendigen Ausrüstungsgegenständen.

Frauen erhielten ihren Doktorgrad für Forschungen über Primatenverhalten nicht wahllos an irgendeiner titelverleihenden Institution, in der solche Arbeiten betrieben wurden. Die Harry Harlow Laboratorien an der Universität von Wisconsin zum Beispiel boten auffällig wenig Raum für eine Fauna, in der Doktorandinnen gedeihen konnten – ein Faktum, das an dem Muster mitwirkte, daß innerhalb der Primatologie mehr Frauen im Feld als in der auf Laborarbeit beruhenden psychologischen Forschung arbeiteten. Anfänglich waren zwei Universitäten entscheidend, die anthropologische Abteilung der Universität von Kalifornien in Berkeley (UCB) und die Unterabteilung für Tierverhalten an der Cambridge Universität in Medingley. Während der siebziger Jahre wurden aus Sicht dieses Aufsatzes das Programm zur Humanbiologie an der Universität Stanford mit seinen Verbindungen nach Gombe und der dortigen Schimpansenkolonie sowie das Programm zur physischen Anthropologie an der Harvard Universität wichtig.

Meine Zählungen sind nicht endgültig. Aber seit Sherwood Washburn 1957/58 an der Universität von Chicago das Seminar über die »Ursprünge menschlichen Verhaltens« eröffnete, seinem Wechsel nach Berkeley im gleichen Jahr, wo er eine Versuchsstation zur Beobachtung von Tierverhalten einrichtete sowie Feldstudien über Primaten in der ganzen Welt in Gang setzte, bis zu seiner Emeritierung im Jahre 1980 hatten zumindest 18 Frauen einen Doktorgrad für Arbeiten über Evolution und Verhalten von Primaten innerhalb eines Forschungsprogramms erworben, das zutiefst von seinen Plänen beeinflußt war: die physische Anthropologie sowie die Erklärungen der menschlichen Evolution neu zu strukturieren. Viele dieser Frauen waren Studentinnen einer ehemaligen Studentin Washburns, Phyllis (Jay) Dolhinow, die 1966 nach Berkeley kam. Das Programm war berühmt für die in der frühen Nachkriegsphase der Primatologie ungewöhnlich hohe Zahl von Studentinnen, die es förderte. Die Rolle, die Washburn bei der Ausbildung seiner Studentinnen spielte, ist umstritten, auch waren viele andere Personen für ihre intellektuelle Ausbildung entscheidend: zum Beispiel Peter Marler, Frank Beach und Thelma Rowell. Dennoch blieb das durch Washburns einflußreiche Position in der physischen Anthropologie begründete und getragene Programm für die meisten U.S.-Amerikanerinnen bis in die späten siebziger Jahre die entscheidende Empfehlung, die es übrigens auch für die meisten Männer – während der sechziger Jahre – war.

Viele der UCB-Frauen waren Vorreiterinnen in der Arbeit an der Rekonstruktion von Geschlecht und der Geschlechtskonstruktionen innerhalb der wissenschaftlichen Erzählungen über Primaten. Während der Studienzeit bildeten sie innerhalb der jeweiligen Jahrgänge peer-groups, und in ihrem späteren Berufsleben unterhielten sie Netzwerke zur gegenseitigen Unterstützung und Kritik. Es gibt unter den UCB-Primatologinnen verschiedene »Generationen«, wobei ihre individuelle Heterogenität nicht verschwiegen werden soll – Verallgemeinerungen sind heikel. Ihre Stärken und ihre Begrenzungen sind umstritten und hängen eng zusammen mit den Debatten über die Erklärungspotentiale der Soziobiologie und Sozioökologie einerseits und die eines evolutionären strukturalen Funktionalismus andererseits. Die akademischen Unternehmungen Washburns waren ungemein wichtig für den beruflichen Status und die beruflichen Möglichkeiten dieser Frauen und Männer. Ein brauchbarer Weg, ihrem kollektiven Schicksal nachzugehen, bietet das Verfolgen der von der Wenner-Gren-Foundation veranstalteten Konferenzen, vom Höhepunkt des Einflusses des Washburn-Netzwerkes in den frühen sechziger Jahren bis zum Aufstieg der Soziobiologie/Sozioökologie; das heißt von der von Sol Tax 1958 an der Universität von Chicago organisierten Hundertjahrfeier für Darwin und der unweigerlich »Origin of Man« genannten Folgekonferenz 1965 bis hin zu der

Konferenz über »Infantizid bei Tieren und Menschen« im Jahre 1982.

Ähnlich wie Washburn förderte auch Robert Hinde in Cambridge die Doktorarbeiten einer nicht unbeträchtlichen Zahl von Primatologinnen, unter ihnen die durch *National Geographic* berühmt gewordenen Primatenforscherinnen Jane Goodall und Dian Fossey. Zumindest ebenso wichtig war die Arbeit von Thelma Rowell, einer früheren Studentin von Hinde, die, nach mehreren Jahren an der Makerere Universität in Uganda, zum Zoologischen Institut in Berkeley überwechselte, wo ihre Präsenz von den Studentinnen und Studenten als wesentliche Veränderung erfahren wurde, möglicherweise am stärksten von den Frauen. Meine Interviewpartner und Studenten berichteten, daß Goodall und Rowell der theoretischen und methodologischen Entwicklung Hindes kritisch gegenüberstanden und ihn drängten, über Lorenz und Tinbergen hinauszugehen und die Komplexität und Individualität im Primatenverhalten zu beachten. Rechnet man Doktorandinnen und Postdoktorandinnen zusammen, so waren seit 1959 etwa 15 bis 20 Primatologinnen mit Hindes Laboratorium assoziiert. Der Forschungsansatz seines Laboratoriums kann in einem neueren Sammelband verfolgt werden (Hinde 1983). Viele dieser Wissenschaftler waren Amerikaner, die ihre Promotion in den Vereinigten Staaten erworben hatten und postdoc-Arbeiten in Madingley betrieben oder vice versa. Die Untersuchung der Netzwerke zwischen Institutionen und Forschern ist wahrscheinlich ein sinnvollerer Weg, um Primatenlingeas sichtbar zu machen, als eine Zusammenstellung der Doktorväter. Entscheidend in diesen Netzwerken sind langfristig angelegte Feldforschungszentren wie Gombe, Amboseli, Gilgil, Cayo Santiago und einige andere. Unter den Gombe-Feldforschern waren, wenn man nichtpromovierte Forschungsassistentinnen mitrechnet, mindestens 35 Frauen.

Die Stanford Universität war eine Zeitlang Knotenpunkt für Institutionen und Feldforschungseinrichtungen, wobei die Verbindungen zu Berkeley und Gombe besonders intensiv waren. Entscheidend waren die Unternehmungen von David Hamburg. Ihm und Washburn gelang es, in einem über ein Jahr währenden Treffen über Primaten am Stanford Center for Advanced Study, 1962-63, Verbindungen zwischen verschiedenen Welten zu knüpfen, ein Unternehmen, aus dem einer der ersten Sammelbände über moderne Primatenforschung entstand (DeVore 1965). Hamburg war verantwortlich für die fruchtbare Zusammenarbeit zwischen der Stanford Universität und Jane Goodall bzw. der Primatenforschung im Gombe-Strom-Nationalpark in Tansania, eine Zusammenarbeit, die durch die Entführung amerikanischer Doktoranden aus Stanford in Gombe im Jahre 1975 ein tragisches Ende nahm. Dennoch wurden während der Hamburg-Goodall Jahre mehrere Studenten der Primatologie ausgebildet, darunter verschiedene Frauen, deren anhaltende Diskussion untereinander wesentlichen Anteil an der Restrukturierung der Primatologie seit der Herausforderung durch die Soziobiologie Mitte der siebziger Jahre hatte. Die Frauen aus Stanford, ehemalige Studentinnen und Doktorandinnen, hatten auch zu anderen zentralen Institutionen der Primatenforschung wichtige Verbindungen. Außer in Gombe arbeiteten sie in Harvard, Cambridge, an der Universität von Kalifornien in Davis, auf der Kekopey Ranch in Gilgil, in Amboseli, der Universität von Chicago, dem Forschungszentrum der Rockefeller Universität in Millbrook und an anderen Orten. Ihre Verbindungen untereinander und mit den männlichen Kommilitonen hatten wesentlichen Anteil am Zustandekommen eines zweiten Primaten-Jahres 1983-84 am Center for Advanced Study in the Behavioral Sciences, aus dem ein zweiter Sammelband entstehen soll, der die in jüngster Zeit aufgekommenen Erklärungsansätze reflektiert. Es steht außer Frage, daß in diesem Band Neubestimmungen weiblicher Tiere ebenso wie Primatologinnen an prominenter Stelle stehen werden.[19]

Iren DeVore war die dominante Figur in der physischen Anthropologie, seit er 1962 – nach vielen Darstellungen als Washburns Lieblingsschüler – seine Doktorarbeit beendete. DeVores frühe Pavianfeldforschungen waren ein zentrales Standbein des

19 Dorothy Cheney, Robert Seyfarth, Barbara Smuts, Thomas Strusaker, Richard Wrangham. Im allgemeinen sind die Berkeley-Frauen in Netzwerken, die sich von dem der Stanford-Harvard-Cambridge-Frauen unterhaltenen grundsätzlich unterscheiden. Zum Teil entspricht der Unterschied der Kluft zwischen zoologisch-ethologischen und anthropologischen Erklärungsansätzen. Diejenigen, die die Kluft überbrücken, sind besonders interessant, im allgemeinen allerdings führt dieser Brückenverkehr indessen eher zur Übernahme soziobiologischer-sozioökologischer Strategien. Aus einem anderen Blickwinkel kann man aber auch wahrnehmen, daß die Netzwerke unter jüngeren Forscherinnen und Forschern, insbesondere unter Frauen, schlicht nicht mehr den durch die berühmten Kontroversen aufgenommenen Brüchen folgen.

Man-the-Hunter-Forschungsprogramms, und die männlich orientierte Ausrichtung seines Forschungsberichts war berüchtigt. (Sie wurden auch zur Standardquelle von Schulbüchern, auch die *Time-Life*-Tierserie rekurrierte auf sie. Das Man-the-Hunter-Programm stand gewissermaßen auf drei Beinen, eines war in der funktionalen Anatomie, eines in der Primatenfeldforschung und ein drittes in anthropologischen Untersuchungen menschlicher Jäger-Sammler-Gesellschaften. Für letztere war Richard Lee, ebenfalls aus der Washburn-Welt, teilweise in Zusammenarbeit mit DeVore, von grundlegender Bedeutung. Lees pro-feministischer Ruf wie auch seine Publikationen heben sich deutlich von denen DeVores ab.) DeVores Grundkurs über Primatenverhalten war unter den Harvardstudenten äußerst beliebt, und nach seiner berühmten »Bekehrung« zur Soziobiologie in den siebziger Jahren (zum großen Entsetzen Washburns) dienten dieser Kurs und sein Doktorandenseminar über Primaten zur Weitergabe dieser Erklärungsstrategien an jüngere Wissenschaftler. Daß Robert Trivers DeVore unter seine wissenschaftlichen Fittiche nahm, ist ein wesentlicher Aspekt jenes Kontexts. Es scheint auch, daß die Seminare in den ersten soziobiologischen Jahren auf geradezu klassische Weise »Männer-dominiert« waren, sowohl was den Lehrkörper als auch was die Studenten betraf.

Aber dann beginnt der Name von Sarah Blaffer Hrdy aufzutauchen, in Veröffentlichungen wie auch in den Berichten meiner Informantinnen und Informanten. Sie stellte als überzeugte Soziobiologin Frauen und weibliche Tiere in einer Weise in den Mittelpunkt ihrer Darstellungen, die Generalisierungen zur Frage, was »die Soziobiologie« über weibliche Tiere oder Frauen zu sagen hat, ins Wanken brachte. Sie ist auch eine überzeugte Feministin, tief bewundert von der Rezensentin ihres Buches *Woman That Never Evolved* in *Off Our Backs*, der wichtigsten überregionalen radikalfeministischen Zeitung in den Vereinigten Staaten, dagegen stark kritisiert von sozialistischen-feministischen Gegnerinnen liberaler politischer Theorien, einschließlich ihrer soziobiologischen Varianten. Ich war damals im Lager der letzteren, aber glücklicherweise läßt sich Hrdy nicht so einfach einordnen. Ihr Denken ist beträchtlich vielschichtiger, als derlei Etikettierungen implizieren. Hrdy ist in mehrfacher Hinsicht umstritten, sowohl was ihre Art, mit Frauen umzugehen, anbelangt, als auch hinsichtlich der Politik und Wissenschaft, die sie in ihrer Feldarbeit und in ihren Veröffentlichungen betreibt. Im vorliegenden Zusammenhang geht es indessen um ihre Rolle in den Primatenseminaren in Harvard. Studentinnen, die zu Hrdy nach Harvard kamen, um dort zu promovieren, bezeichnen ihre Anwesenheit durchgängig als wesentlichen Faktor für die Stärkung ihres Selbstvertrauens und ihrer individuellen Fähigkeiten. Sie bildeten eigene Studiengruppen und betrachteten Hrdy als ihre ältere Schwester. Viele der derzeit interessanten Rekonstruktionen weiblicher Primaten und der Primatengesellschaft als eines aufgespaltenen »Ganzen« gründen in jenen Netzwerken.

Noch ein letzter wichtiger Ort soll hier beschrieben werden: das Savannenforschungsprojekt über Paviane im Amboseli-Nationalpark in Kenia und die Abteilung für Biologie (Allee Laboratory of Animal Behavior) an der Universität von Chicago, an denen Jeanne Altmann und Stuart Altmann seit 1970 gearbeitet haben. Das Phänomen des verheirateten Paares ist in der Primatenforschung nicht ungewöhnlich gewesen, wobei der Ehemann in aller Regel der bekanntere war. In mancher Hinsicht paßt dazu auch das Bild der Altmanns, dennoch gibt es erfrischende Unterschiede, die in einer Rekonstruktion der Geschichte der Primatologie nicht unwichtig sind. In den Feldforschungen über Primaten war Jeanne Altmann wichtig, seitdem sie in den frühen sechziger Jahren mit Stuart Altmann zusammenzuarbeiten begann, promoviert wurde sie jedoch erst 1979 mit einer dem Comittee on Human Development an der Universität von Chicago vorgelegten Arbeit: *Ecology of Motherhood and Early Infancy*. Die Dissertation war eine Version ihres wichtigen Buches *Baboon mothers and infants* (1980). 1974 veröffentlichte Jeanne Altmann einen der in der Primatenfeldforschung am häufigsten zitierten Aufsätze: *Observational Study of Behavior: Sampling Methods*. Der schlichte Titel täuscht über die Bedeutung des Aufsatzes hinweg, der Standards für nicht-experimentelle Forschungssituationen gesetzt hat, insbesondere, wenn der Forscher auf verläßliche statistische Analysen hofft. Anfänglich, als Jeanne Altmann noch über keinen Doktortitel verfügte, wurde sie selten zu Tagungen eingeladen, wenn nicht auch ihr Ehemann geladen war. Mit der Zeit und zunehmend gewann sie jedoch selbst und auf Grund ihrer eigenen Arbeiten Einfluß und Ansehen in der Primatologie. Jeanne Altmann wurde besonders von meinen jüngeren Informantinnen als wichtiger »Knotenpunkt« in der Entwicklung »unsichtbarer Kolleginnen« unter Frauen genannt. Ihr Einfluß ähnelt ein wenig dem, den Lillian Gilbreth in der Geschichte der wissenschaftlichen Betriebsführung in den ersten Jahren der Arbeitswissenschaft nach dem Triumph des Taylorismus hatte. Lillian Gilbreth war eine wichtige Theoretikerin in jener Ära kapitalistischer Wissenschaft. Jeanne Altmann ist eine Theoretikerin der Ergonomie der Pavian-Mutterschaft; Ergonomie ist hier eine Art Kybernetik der Arbeitsteilung und zugleich ein entscheidendes Konzept des Versuchs, Natur grundsätzlich als Frage von Investitionsstrategien zu konstruieren (Trescott 1984).

Der Text: Repräsentationen

In der westlichen Tradition greifen die Erzählungen über Natur und Möglichkeit von Bürgerrechten wie auch von Politik regelmäßig auf Ursprungsversionen »der Familie« zurück. Die Bühne ist frei: schließen wir deshalb mit den bewußt parodistischen und humorvollen Erzählungen von Adrienne Zihlman und Sarah Hrdy, zwei Bioanthropologinnen, die ansonsten sehr verschiedene Erzählstrategien verfolgen.

Sowohl Hrdy als auch Zihlman sind leidenschaftliche Feministinnen, und beide sind überzeugt, daß dieses Engagement integraler Bestandteil der *guten* Wissenschaft ist, die sie zu praktizieren beanspruchen. Ihre Vorstellungen von Feminismus und die Art und Weise, wie sie Wissenschaft betreiben, stehen in scharfem Widerspruch zueinander, aber für beide sind »Geschichten« keine Freizeitbeschäftigung, sondern sie nehmen sie als Teil ihres wissenschaftlichen Handwerks ernst. Ihre besten Schriften demonstrieren eine vielschichtige Reflektiertheit hinsichtlich ihrer eigenen Ideologien, resultierend aus einer bewußt oppositionellen Praxis innerhalb gleichermaßen privilegierter wie oppressiver Zusammenhänge. Hrdy und Zihlman sind beide »Töchter Miltons«. Keine von ihnen genoß den Luxus einer professionellen Ausbildung im Rahmen einer symbolischen Kultur und einer Gesellschaft, deren Geschichten und Wissenschaften ihnen und ihresgleichen freundlich gesonnen waren. Sie erbten einen anderen Status. Gleichwohl hatten sie Zugang zu den Quellen maßgeblichen Geschichtenerzählens in unserer Kultur: Promotionen an wichtigen wissenschaftlichen Institutionen, bedeutende finanzielle Ressourcen und den intellektuellen und emotionalen Reichtum eines weltweiten Wiederauflebens des Feminismus während kritischer Perioden ihres persönlichen und beruflichen Werdegangs. Als Miltons Töchter lasen diese Wissenschaftlerinnen zunächst »für« den blinden Vater, aber sie begannen rasch, das Buch der Natur auch zu eigenen Zwecken zu lesen. Zihlman erzählte die überkommenen Geschichten von »Man-The-Hunter« wieder, anfangs innerhalb des eingeschränkten Rahmens struktural-funktionalistischer physischer Anthropologie. Hrdy revidierte Plots und Charaktere der Soziobiologie, indem sie wenig vielversprechendes Material zur wissenschaftlichen und ideologischen Ressource machte.

Die Geschichten, um die es hier geht, waren Erwiderungen auf die Interpretation, die die unlängst im paläoanthropologischen Feld in Haadar, Äthiopien, wiederaufgetauchte winzige, uralte (etwa drei Millionen Jahre alt) Hominidenahnin – aufrechtgehend, wenn auch von geringem Verstand – nach sich zog. Als Adams Söhne gaben ihre Entdecker ihr einen Namen: Lucy – nach der Drogenkultur, die ihrer Studentengeneration ihre historische Identität gegeben hatte (Johanson, D. und Edey, M. [1981]. Eine Anspielung auf »*L*ucy in the *S*ky with *D*iamonds« von den Beatles. Lucy könnte auch Lucien sein, aber lassen wir es bei ihrem Geschlecht, da es für die Geschichte, um die es geht, entscheidend ist. Im übrigen besagt der Mangel an afrikanischen Namen in der paläoanthropologischen und primatologischen Literatur einiges über Adams eingeschränkten Anspruch auf die Vaterschaft der Spezies.) Lucys nahezu vollständig erhaltenes Skelett wurde von den kundigen Händen einer Bruderschaft ausgegraben, die in ihr und ähnlichen Skeletten ein Mittel sah, potenten maskulinen Versionen vom Ursprung des Menschen erneut Geltung zu verschaffen (Lovejoy 1981). So wurde aus Lucy schnell eine hominide Mutter und getreue Ehefrau, eine effizientere Gebärmaschine, als ihre Affenschwestern es sind, und eine verläßliche, wenn auch dürftig ausgestattete Sexpuppe. Das sind die Qualitäten, die unentbehrlich zu sein scheinen für jene männlich dominierte, »monogame« heterosexuelle Familie, die mit geisttötender Regelmäßigkeit als »die Familie« bezeichnet wird. Lucys Knochen wurden einer wissenschaftlichen Fetisch-Phantasie einverleibt, die Sarah Hrdy in ihrer Erwiderung respektlos als »Love and Joy«-Hypothese verulkte (Hrdy & Bennett 1981, 7). Aber noch verulken Frauen, während Männer »benennen«.

Aber was macht Lovejoys Lucy-Interpretation zu einer »maskulinen« im Gegensatz zu einer schlicht unannehmbaren oder unter seinen Gegnern kontroversen Interpretation? Die Antwort liegt darin, daß er sich unwissentlich als Schüler von Aristoteles, dem Vater der Biologie, erweist. Lovejoys *Ursprung des Menschen* ist gefangen in der Erzählung von der aktiven, potenten, dynamischen, sich selbst verwirklichenden Männlichkeit, die mittels ihrer Funktion bei der Fortpflanzung zum Menschen schlechthin wird: der Schlüssel zur Humanität ist die Vaterschaft. Und das Wissen um die Vaterschaft ist eine welthistorische Errungenschaft. Mutterschaft ist ihrem Wesen nach bewahrend und beharrend; sie erfordert den Ehemann als Besteller, um wirklich fruchtbar zu werden, um vom Tierischen zum Menschlichen aufzusteigen. Die *Loslösung* von der Kategorie »Natur« – Norm in westlichen maskulinen Darstellungen – ist essentiell für die »natürliche« Stellung des Mannes: die Selbstverwirklichung des Menschen, des Mannes (Transzendenz, Kultur) erfordert es. Genau hier ist der Knoten, in dem sich die Achsen Natur/Kultur und Geschlecht/Geschlechterrepräsentation kreuzen.

Lovejoy behauptet, das Überwechseln in eine mosaikartige Savannenumwelt in der die Hominisation markierenden Zeitspanne habe für die Prähominiden eine Reproduktionskrise zur Folge gehabt, die entweder einen geringeren Abstand zwischen den Geburten oder eine höhere Überlebensrate der Nachkommenschaft oder beides notwendig machte. Die Vertreibung aus dem Paradies der Wälder brachte eine reproduktive Bürde mit sich, die Arterzeugende Ausmaße hatte. Die Geschichte von den matrifokalen, weiblich-zentrierten Welten der Affen mußte einer neuen von der dynamischeren »menschlichen« Familie weichen.

»In der behaupteten hominiden Strategie der Reproduktion würde der Prozeß der Paarbindung nicht nur zu einer direkten Einbeziehung der Männchen in das Überleben der Nachkommen führen(;) bei so intelligenten Primaten, wie es die damals existierenden Hominiden waren, würde sie die Vaterschaft begründen und so zu einer allmählichen Ersetzung der matrifokalen Gruppe durch eine ›bifokale‹ führen – die primitive Kernfamilie.« (Lovejoy 1981, 347-348)

Die Anthropologin Carol Delaney (1985) hat herausgestellt, daß Vaterschaft in den traditionsreichen Diskussionen, die in ihrer Disziplin darüber geführt werden, ob es tatsächlich jemals Menschen gegeben hat, die *wirklich* nichts von ihr wußten, nicht einfach Wissen um einen männlichen biologischen Beitrag zur Empfängnis meint. In der westlichen patriarchalen Kultur bedeutet sie, was Aristoteles darunter verstand: das Männliche als Ursache der Fortpflanzung im Medium des empfangenden Weiblichen. Durch Privilegierung des Männlichen in der Kultur der Anthropologen entstand eine Blindheit, die ihnen die spezifische Bedeutung ihres Begriffs von Vaterschaft verdunkelt hat; Abweichungen suchten sie daher durch Irrationalität oder Unreife zu erklären. Für Lovejoy indessen ist die Definition klar: es geht um die Rate, die Zahl der Kinder.

Nichts, was ein Weibchen hätte tun können, hätte die Spezies über die Hominiden-Hominiden-Grenze führen können; sie tat bereits das Beste, was die Natur ihr zu tun erlaubte. »Sie würde der Kinderaufzucht mehr Energie widmen müssen. Aber während der Millionen Jahre, in denen ihre Vorfahren in Westafrika beheimatet waren, hat die natürliche Auslese ihre mütterlichen Fähigkeiten bereits vervollkommnet. Dennoch gibt es in den meisten Primatenarten ein ungenutztes Potential reproduktiver Energie – das Männchen« (Lovejoy 1984, 26). In der Gewißheit der Vaterschaft konnte ein Männchen durch Versorgung des nunmehr paarbezogenen und seßhaften, an ein Heim gebundenen Weibchens mit vor allem durch Sammeln erbeuteten pflanzlichen Erzeugnissen und kleinen Tieren die Spezies über die Grenze zum Ursprung des Menschen führen. Lovejoy gab Jagen als Kennzeichen des Menschseins auf, auf die Vaterschaft indessen konnte er nicht verzichten. Mütter könnten eine Menge Kinder haben, eine These, auf die Theodore Roosevelt in seiner 1905 veröffentlichten Analyse eines modernen (weißen) »Rassenselbstmordes« so viel Hoffnung setzte, jenem Konzept eines dämmernden Bewußtseins von der Möglichkeit einer Politik differentieller Geburtenraten. Die Spezies hatte also endlich Gründe für den aufrechten Gang, auch wenn dieser anfangs wenig effektiv war. Der Mensch, der Mann war endlich unterwegs auf seinem langen, einsamen Weg. Und der Platz der Frauen in dieser Revolution ist da, wo ihn ein beträchtlicher Teil der amerikanischen Politik der sechziger Jahre für alle Rassen ausmachte – auf dem Bauch, empfängnisbereit. Wie Lovejoy es ausdrückt: Frauen haben den Östrus nicht »verloren«; sie stellen seine Zeichen vielmehr unablässig zur Schau. Soll die neue Strategie erfolgreich sein, »muß die Frau für den Mann ständig attraktiv sein ... Zwar ist das Geheimnis der Bipedie nicht völlig gelöst, aber das Motiv wird sichtbar« (Lovejoy 1984, 28). Es wundert wenig, daß Lovejoy einen Bruder-Kollegen heranzieht, um zu belegen, daß »Frauen ständig sexuell empfänglich sind« (Lovejoy 1981, 246 und die zugehörige Anmerkung S. 350: »Persönliche Mitteilung von D. C. Johnson«).

Warum mußten ernsthafte Wissenschaftlerinnen auf diese Geschichte eingehen? Hrdy und Zihlman waren mit eigenen Forschungen und Veröffentlichungen beschäftigt, in denen sie versuchten, ganz anderen Erzählungen Geltung zu verschaffen, darunter einigen, die ebenfalls Lucy einbezogen. Es kostete Zeit, über Lovejoy zu schreiben, gerade so wie es in diesem Aufsatz Raum brauchte; Lovejoy allerdings hat sich nicht die Zeit genommen, um präzise auf die Interpretationen von Hrdy und Zihlman einzugehen. Seine Entscheidung, Zihlmans wesentliche und unmittelbar in den Zusammenhang gehörende fachkundige Arbeit in einem Aufsatz voller Literaturhinweise nicht zu zitieren, hat den Lesern der 1981 in *Science* erschienenen Titelgeschichte ihre wichtige Arbeit über Bipedie, Geschlechterdimorphismus und Rekonstruktionen des sozialen und reproduktiven Verhaltens von Hominiden in der entscheidenden Übergangszeit auf wirkungsvolle Weise vorenthalten (Lovejoy 1981; für eine Zusammenfassung und vorangegangene Erwähnungen vgl. Ziehlman 1983; Laporte & Zihlman 1983). Die Titelgeschichte ist das Entscheidende: Lovejoys Geschichte und seine Beschäftigung mit immens wichtigen Fossilien kann man nicht ignorieren. Diesen Luxus haben Miltons Töchter nicht. Allerdings haben sie eine stärkere Waffe als die wie auch immer verlorenen oder allgegenwärtigen Zeichen von Östrus: sie schreiben.

Zihlman erwiderte – zusammen mit Jerrold Lowenstein – mittels eines parodistischen ernsten Interview mit einem eingefrorenaufgetauten lebenden weiblichen Australopithecus-Fossil: *A Few Words with Ruby* (Zihlman & Lowenstein, 1983). Ihren Namen erhielt Ruby von »Ruby Tuesday« von den Rolling Stones. In einem Interview im Britischen Museum schilderte sie das soziale und sexuelle Leben ihrer Gruppe und auch die Beziehung zu ihrem Wissenschaftler-Freund, Dr. Aaron Killroy. »Ruby seufzte: ›Eines hat sich in drei Millionen Jahren nicht geändert. Männer denken immer noch, Sex erkläre alles . . .‹« (Zihlman & Lowenstein 1983, 83). Unter Schirmherrschaft der Wissenschaft erhielt Ruby einen fast hektischen Terminplan, auf dem auch eine BBC-

Dokumentation mit dem Titel *Ruby, Woman of the Pliocene* (»Ruby, eine Frau aus dem Pliozän) stand. Dennoch nahm sie sich die Zeit, ihr Leben in Begriffen zu beschreiben, die an eine heutige Spezies erinnern, *pan paniscus*, jene Zwergschimpansen, die Zihlmans bevorzugtes Modell für das Studium der Ursprünge sind. Kernpunkte in Rubys Bericht sind: aktive, selbst während der Schwangerschaft mobile weibliche Hominiden, Formen der Nahrungsteilung, die aus einer matrifokalen sozialen Organisation erwachsen, und die Wahl sozial umgänglicherer Männchen innerhalb dieses Zusammenhangs sowie offene und flexible Gruppen. Nahrung spielte eine größere Rolle als Sex.

Abgesehen von den Einzelheiten gibt es einen formalen Unterschied in Zihlmans Geschichte, in dem Interview mit Ruby wie auch in anderen Schriften (Laporte & Zihlman 1983; Zihlman 1983). Es gibt keinen Ursprung der Familie. Es gibt keinen Bruch, keine Vertreibung aus dem Paradies, keine dramatische Grenzüberschreitung. Die Grenze zwischen Miozän und Pliozän wird als weniger krass dargestellt, eher als Eröffnung von Möglichkeiten, für die *paniscus*-ähnliche Hominoide in physischer und sozialer Hinsicht bereit waren. Es gibt keine Erzählung von einer Zeit der Unschuld in den Wäldern, der eine Zeit der Prüfungen im trockenen Grasland folgte, die zu Heldentaten in der Reproduktionspolitik aufrief. Die grundlegenden Kausalitätsgeschichten beruhen weniger auf der antagonistischen Natur-Kultur-Dialektik und den dramatischen Geschichten der westlichen Welt und den Anderen. Im westlichen Sinn gibt es einfach weniger Drama. Zihlmans Geschichten bringen nie »andere« als Rohmaterial für entscheidende Übergänge zu höheren Entwicklungsstufen ins Spiel. Das ist nicht Resultat »moralischer Überlegenheit« oder gar eines besonderen »Genius«; es ist vielmehr eine historische Möglichkeit, die sich aus dem politisch-wissenschaftlichen Kampf um kohärente Darstellungen möglicher Verbindungen eröffnet. Ein Wissensobjekt, das in diesen Darstellungen wegfällt, ist »die Familie«. In gewissem Sinn gibt es da nichts zu erklären, keine Urszene, deren tragische Folgen in Geschichte eskalieren, keine Kultur und deren Unbehagen, kein Hereinbrechen von Unterdrückung. Kein Wunder, daß die Reproduktionsstrategien anders aussehen.

Diese grundlegenden narrativen Strategien bestimmen Zihlmans Darstellung der physischen und sozialen Parameter der menschlichen Evolution. Sie sind bildlich dargestellt in der Illustration von Lucy, deren Verwandten, den Zwergschimpansen, und dem Menschen in ihrem *Human Evolution Coloring Book* (Zihlman 1982, IV). Die Illustration birgt einen Überraschungseffekt: der Mensch ist hier weiblich, selbst Lucys mutmaßliches Geschlecht wird deutlich. Die Umrißlinien einer hohen menschlichen Gestalt umfassen einen gedoppelten Menschenaffen: die eine Hälfte ist ein weiblicher Zwergschimpanse, die andere, an der Mittellinie angrenzende eine Rekonstruktion von Lucy. Die drei Gestalten teilen mehrere Körpergrenzen, differieren hingegen im Grad der bipedischen Spezialisierung und in anderen, die Grenze zwischen hominoid und hominid kennzeichnenden Besonderheiten. Zwischen den beiden Hominidenarten *Homo* und *Australopithecus* und der Schimpansenart *paniscus* besteht ein Spiel von Ähnlichkeit und Differenz. Sie formen einander in der Einladung an den Studenten, ihre gemeinsamen Flächen auszumalen. In Zihlmans Darstellung existieren Grenzen, aber sie suggerieren eher Übergangszonen, als daß sie die Inversionen dualistischer Geschichten hervorheben.

Hrdy hat – in Zusammenarbeit mit einem Wissenschaftsjournalisten – auf Lovejoy mit einem populärwissenschaftlichen Text genannt, *What Did Lucy's Husband Stand For?* geantwortet (Hrdy & Bennett 1981). Dieser Text und die Besprechung von Donald Symons soziobiologischer Arbeit *The Evolution of Human Sexuality* enthalten den Kern ihrer Erklärungsstrategie wie auch ihre Vorstellung von der zentralen Bedeutung, die der Fortpflanzungspolitik für die Stellung des Menschen in der Natur zukommt (Hrdy 1979). Ebenso wie Zihlman muß auch Hrdy rekonstruieren, was Erklärung fordert, und auf der Strecke bleibt dabei vor allem »die Familie«. Auch wie bei Zihlman ist ihre Parodie auf Lovejoys Version der Vertreibung aus dem Paradies – vollständig, bis hin zu Evas Schicksal einer immer effizienteren Kinderproduktion unter Bedingungen des Mangels und der Mühsal – gekoppelt mit detaillierten Neuverhandlungen überkommener Erzählungen über Sexualpolitik. Im Unterschied zu Zihlman ist für Hrdy jedoch Sex der springende Punkt für das, was es bedeutet, menschlich zu sein. Lovejoys monogame Kernfamilie mit männlichem Versorger und ergebener-aber-immer-attraktiver weiblicher Babymaschine wird auseinandergenommen durch Vergleichen der Ausprägungen des Geschlechterdimorphismus im Verhältnis zu Aufzuchtsystemen und ökologischen Nischen bei den Menschen einerseits und bei anderen Primaten andererseits; durch Diskussion weiblicher Versorgungsaktivitäten in Jäger- und Sammlergesellschaften; durch Heranziehen ökologischer, auf weiblichen Möglichkeiten und Bedürfnissen basierender Erklärungen; und durch Diskussion rationaler Geninvestitionsstrategien, die männliche Mitglieder früher Hominidengruppen zur Monogamie führen konnten. Es sieht aus wie eine schlechte Wette. Hrdy tut auch das Problem der Bipedie ab und klärt so den Hintergrund für die wesentliche Frage einer aktiven weiblichen Sexualität. Sie stimmt Peter Rodmans Erklärung zu, daß unsere hominoiden Vorfahren nicht sehr effiziente Vierfüßler waren, so daß ein Übergang zu ineffizienter Bipedie keinen großen Verlust bedeutete. Die überzeugendsten Erklärungen scheinen durch genaue Betrachtung des Interessenobjekts zu gelingen.

Die weibliche Orgasmuspolitik ist es, die in Hrdys narrativer Logik der Aufklärung bedarf, nicht aus irgendeinem exzentrisch lüsternen Interesse heraus oder um die Frauen zu verteidigen, sondern im Interesse eines rationalen Bewußtseins und gleicher Bürgerrechte in der spätkapitalistischen, von den Gesetzen des Marktes beherrschten Primatenpolis (Hrdy 1979). Für Symons ist der menschliche weibliche Orgasmus lediglich ein Nebenprodukt der vollkommeneren und wahrnehmbaren männlichen Version, die so zentral ist für die Geschichte der reproduktiven Maximierungsstrategien angesichts der begrenzten Ressourcen, als die die Frauen definiert werden. Hrdy dagegen argumentiert, daß die Evolution Frauen gleichermaßen betrifft; das heißt, es gibt eine große Variationsbreite der weiblichen Fitness und somit Gründe für Auslese. Weibliche reproduktive Fitness kann in zumindest fünf Kategorien variieren: in der Wahl eines Sexualpartners, der Einschätzung männlicher Unterstützung und männlichen Schutzes, dem Konkurrieren mit anderen Frauen um Ressourcen, der Kooperation mit anderen Frauen und in der weiblichen ergonomischen Effizienz. Die weibliche Orgasmuspolitik bildet den Kern der Sache. Sie besteht in einer aktiven, investierenden und kalkulierenden weiblichen Sexualität; Sex ist grundlegend für das Bewußtsein. Die beiden Kategorien fallen in soziobiologischen Darstellungen zusammen. Hrdy betrachtet Sexualität als Instrument, um Männchen zu manipulieren und zu täuschen, nicht um eine trügerische Ehebindung zu verschönen, sondern um männliche Unterstützung – freiwillig oder nicht – für ihren Reproduktionsprozeß zu erlangen. Verborgene Ovulation, Orgasmus, aktives Werben, wenn Befruchtung unmöglich ist: all dies sind rationale Verhaltensweisen eines Investors unter bestimmten, in der Zeit der Anfänge der Menschheit vorherrschenden Marktbedingungen.

Verfügung über das Selbst war im Westen, zumindest seit dem 17. Jahrhundert, die Grundlage des Bürgerrechts. Die Hinfälligkeit eines solchen Verfügungsrechts für das reproduzierende weibliche Geschlecht hat Bürgerrechte für reale Frauen zu etwas Anormalem oder schlicht Unmöglichem gemacht. Die heute in Fragen von Abtreibung und anderen reproduktiven Rechten betriebene Politik sollte allen bequemen Vorstellungen, diese Dinge gehörten der Vergangenheit an, ein Ende setzen. Hrdy führt ihren biologisch argumentierenden Kampf um rational begründete Bürgerrechte innerhalb der durch die narrative Logik von Knappheit und agonistischer Differenz gesetzten Bedingungen; das heißt innerhalb der traditionellen Grenzen westlicher Geschichten. Die Feministinnen des 19. Jahrhunderts übernahmen die damaligen medizinischen Lehren vom weiblichen Tier, der vom Uterus bestimmten Kreatur, Schauplatz fruchtbaren Erzeugens und Aufziehens, und brachten die Rationalität weiblicher Bürgerrechte in Form der sozialen Mütterlichkeit ins Spiel: sie dehnten die uterine Macht des häuslichen Herdes in die sterile männliche öffentliche Welt aus. Feministische Soziobiologinnen führen eine vergleichbare Aufgabe mit durch das 20. Jahrhundert kodierten Körpern und deren Investitionsvermögen aus. Weibliche Primaten bekamen in den siebziger Jahren Orgasmen, weil dies für einen umfassenderen Kampf notwendig war. Aktives Verfolgen von Lust und Profit ist Kennzeichen des rationalen Mannes, das Ausüben bürgerlicher Tugend im Zustand der Natur. Frauen konnten es nicht darunter tun. Weibliches Sexualverhalten nahm das vielversprechende und in den westlichen Geschichten so starke doppelte Merkmal auch für sich in Anspruch: aktiv und natürlich zugleich.

Primatologie ist also in der Tat Politik mit anderen Mitteln. Auf zahllosen Wegen und auf der Welt zugewandte Weise sucht sie in ihrer Praxis Möglichkeiten von Gemeinschaft, einer gemeinschaftlichen Welt, von rationalem Handeln zustande zu bringen. In der Primatenforschung geht es um Handlungsprinzipien, um Gegenseitigkeit, Veränderung, Energie, um Möglichkeiten und

Zwänge von Politik. Das Deuten von Lucys Knochen hat mit all diesen Dingen zu tun. Zu anderen Zeiten und an anderen Orten hätten andere Menschen Lucys Knochen möglicherweise in Leichenrituale einbezogen, für Zwecke, die westliche Beobachter *magisch* genannt hätten. Westliche Menschen hingegen haben Lucys Knochen in »wissenschaftliche« Muster eingebaut, um Einblick in eine durch die nur allzu reale Umsetzung der westlichen Erzählungen von Apokalypse und Transzendenz problematisch gewordene Zukunft des Menschen zu erhalten. Die Vergangenheit, das Tier, das Weibliche, Natur: das sind die umstrittenen Bereiche in dem allochronischen Diskurs der Primatologie.

Literatur

Clifford, J., *On ethnographic authority*, in: *Representations*, I, Nr. 2, S. 118-146.

Dawkin, R., *The selfish gene*, London 1976, dt.: *Das egoistische Gen*, Berlin 1987.

Delaney, C. *Virgin birth, once again*, Unpublished manuscirpt, 1985.

DeVore, I. (Hg.), *Primate behavior: Field studies of monkeys and apes*, New York 1965.

de Waal, F. *Chimpanzee politics: Power and sex among the apes*, New York 1982.

Douglas, Mary, *Natural symbols*, London 1970, dt.: *Ritual, Tabu und Körpersymbolik*, Frankfurt am Main 1974.

Elgin, S. H., *Native Tongue*, New York 1984.

Fabian, J., *Time and the other*, New York 1983.

Fedigan, L. M. *Primate paradigms: Sex roles and social bonds*, Montreal 1982.

Fossey, Dian, *Gorillas in the mist*, Boston 1983, dt.: *Gorillas im Nebel: Mein Leben mit den sanften Riesen*, München 1989.

Foucault, M., *Sexualität und Wahrheit*, Frankfurt am Main 1977.

Goodall, J. van L., *In the shadow of man*, Boston 1971, dt.: *Wilde Schimpansen. Verhaltensforschung am Gombe-Strom*, Reinbek bei Hamburg 1973.

Goodall, J., Bandoro, A., Bergmann, E., Busse, C., Matama, H., Mpongo, E., Pierce, A., Riss, D., *Intercommunity interaction in the chimpanzee population of the Gombe National Park*, in: D. A. Hamburg u. E. R. McCown (Hg.), *The great apes*, S. 13-54, Menlo Park, CA.

Gubar, S. u. Gilbert, S., *Madwomen in the attic*, New Haven 1979.
Haraway, Donna, *The biological enterprise: Sex, mind and profit from human engineering to sociobiology*, in: *Radical History Review*, 1979, Nr. 20, S. 206-237.
Haraway, Donna, *In the beginning was the word: The genesis ob biological theory*, in: *Signs*, 1981, Nr. 3, S. 469-481.
Haraway, Donna, *The High Cost of Information in Post War II Evolutionary Biology*, in: *Philosophical Forum*, 1981-1982, XIII, Nr. 2-3, S. 244-278.
Haraway, Donna, *Signs of dominance: From a physiology to a cybernetics of primate society*, in: *Studies in History of Biology*, 1983, 6, S. 129-219.
Haraway, Donna, *The contest for primate nature: Daughters of man the hunter in the field, 1960-1980*, in: M. Kann (Hg.), *The future of American democracy*, S. 175-207, Philadelphia 1983.
Haraway, Donna, *A manifesto for Cyborgs: Science, technology, and socialist feminism in the 1980*, in: *Socialist Review*, 1980, Nr. 80, S. 65-108, dt.: *Lieber Kyborg als Göttin! Für eine sozialistisch-feministische Unterwanderung der Gentechnologie*, in: *Argument Sonderband 105*, 1981.
Harding, S., *Why has the sex/gender system become visible only now?* in: S. Harding u. M. Hintikka (Hg.), *Discovering reality: Feminist perspectives on epistemology, metaphysics, and philosophy of science*, Dordrecht 1983, S. 311-324.
Harding, S., *The science question in science*, Ithaca, NY 1985; dt.: *Feministische Wissenschaftstheorie: zum Verhältnis von Wissenschaft und sozialem Geschlecht*, Hamburg 1990.
Harris, N., *Humbug: The art of P. T. Barnum*, Boston 1973.
Hartsock, N., *Money, sex and power*, New York 1983.
Hartsock, N., *The feminist standpoint: Developing the ground for a specifically feminist historical materialism*, in: S. Harding u. M. Hintikka (Hg.), *Discovering reality: Feminist perspectives on epistemology, metaphysics, and philosophy of science*, Dordrecht 1983, S. 183-210.
Hausfater, G. u. Hrdy, S.B. (Hg.), *Infanticide: Comparative and evolutionary perspectives*, Chicago 1984.
Hinde, R. (Hg.), *Primate social relationships*, Sunderland 1983.
Hrdy, S.B., *The eolution of human society: The latest word and the last*, in: *The Quarterly Review of Biology*, 1979, 54, S. 309-314.
Hrdy, S.B., *The woman that never evolved*, Cambridge 1981.
Hrdy, S.B., *Heat lost*, in: *Science* 33, Oktober 1983, S. 73-78.
Hrdy, S.B. u. Bennett, W., *Lucy's husband: What did he stand for?*, in: *Harvard Magazine*, Juli-August 1981, S. 46.
Jameson, F., *The political unconscious: Narrative as a socially symbolic act*, Ithaca, NY 1981, dt.: *Das politische Unbewußte. Literatur als Symbol sozialen Handelns*, Reinbek b. Hamburg 1988.
Jameson, F., *Post modernism or the cultural logic of late capitalism*, in: *New Left Review*, Juli-August 1984, S. 53-94.

Jay, P. (Hg.), *Primate Studies in adaptation and variability*, New York 1968.
Johanson, D. u. Edey, M., *Lucy: The beginning of humankind*, New York 1981.
Keller, E. F., *A Feeling for the Organism*, New York 1981.
Keller, E. F., *Reflections on gender and science*, New Haven 1981, dt.: *Liebe, Macht und Erkenntnis: Männliche und weibliche Wissenschaft?*, München 1986.
Lancaster, J., *Sex and gender in evolutionary perspective*, in: H. A. Katchadourian (Hg.), *Human sexuality: a comparative and developmental approach*, Los Angeles 1979.
Landau, M., *Human evolution as narrative*, in: *American Scientist*, 72, 1984, S. 262-268.
Laporte, L. F. u. Zihlman, A. L., *Plates, climate and hominoid evolution*, in: *South African Journal of Science*, 79, 1983, S. 96-109.
Latour, B., *Observing scientists observing baboons observing... Paper prepared for the Wenner Gren Conference: »Baboon Field Research: Myths and Models«*, unveröffentlichtes Manuskript, 1978.
Latour, B., *Les microbes, guerre et paix, suivi de irreductions*, Paris 1984.
Latour, B. u. Strum S., *Oh, please, tell us another story*, unveröffentlichtes Manuskript, 1983.
Lovejoy, C. O., *The origin of man*, in: *Science* 211, Nr. 4480, 1981, S. 341-350.
Lovejoy, C. O., *The natural detective*, in: *Natural History*, Oktober 1984, S. 24-28.
Morris, D., *The naked ape*, New York 1967, dt.: *Der nackte Affe*, München 1970.
Nash, R., *Wilderness and the American mind* (3. Aufl.), New Haven 1982.
Ortner, S. B., *Is female to male as nature is to culture?*, in: *Feminist Studies*, 1, S. 5-31. Wiederveröffentlicht in: M. Z. Rosaldo u. L. Lamphere (Hg.), *Women, culture, and society*, Stanford, S. 67-88; dt.: *Verhält sich weiblich zu männlich wie Natur zu Kultur*, in: Rippl, G. (Hg.), *Unbeschreiblich weiblich. Texte zur feministischen Anthropologie*, Frankfurt am Main 1993, S. 27-54.
Rosaldo, M. Z., *The use and abuse of anthropology*, in: *Signs*, 5, Nr. 3, 1980.
Rowell, T., *The concept of dominance*, in: *Behavioral Biology*, 11, 1974, S. 131-154.
Ruddick, S., *Maternal Thinking*, in: B. Throne u. M. Yalom (Hg.), *Rethinking the family*, New York 1982, S. 76-94.
Said, E. W., *Orientalism*, New York 1978, dt.: *Orientalismus*, Frankfurt am Main, Berlin, Wien 1981.

Sandoval, C., *Women respond to racism*, Oakland, CA, Center for Third World Organizing.
Sherfey, M. J., *The nature and evolution of female sexuality*, New York 1973, dt.: *Die Potenz der Frau: Wesen und Evolution der weiblichen Sexualität*, Köln 1974.
Shostak, M., *Nisa: The liefe and words of a !Kung woman*, Cambridge 1981, dt.: *Nisa, eine Kungfrau erzählt*, Reinbek b. Hamburg 1990.
Small, M. (Hg.), *Female primates: Studies by women primatologists*, New York 1984.
Strathern, M., *No nature, no culture: The Hagan case*, in: M. Strathern u. C. MacCormach (Hg.), *Nature, Culture, Gender*, London 1980.
Strathern, M., *Dislodging a world view. Challenge and counter-challenge in relationship between feminism and anthropology*; unveröffentlichtes Manuskript eines Vortrags in der Reihe *Changing paradigmas: The impact of feminist theory on the world of scholarship*. Research Centre for Women's Studies, Adelaide, Australien, 1984.
Symons, D., *The evolution of human sexuality*, New York 1979.
Tiger, L. u. Fox, R., *The imperial animal*, New York, dt.: *Das Herrentier*.
Tournier, M., *Vendredi ou les limbes du Pacifique*, Paris 1972, dt.: *Freitag oder im Schoß des Pazifik*, Frankfurt am Main 1982.
Traweek, S., *Uptime, downtime, spacetime, and power: An ethnographic study of the high energy physics community in Japan and the United States*. Unveröffentlichte Dissertation, History of Consciousness Board, University of California at Santa Cruz, 1982.
Trescott, M., *Women engineers in history: Profiles in holism and persistence*, in: V. Haas u. C. Perrucci (Hg.), *Women in Scientific and Engineering Professions*, S. 181-204, Ann Arbor 1984.
Trivers, R., *Parental investment and sexual selection*, in: B. Campbell (Hg.), *Sexual selection and the descent of man*, Chicago 1972, S. 136-179.
Wasser, S. (Hg.), *Social behavior of female vertebrates*, New York 1983.
Williams, G., *Adaptation and natural selection*, Princeton 1966.
Wilson, E. O., *Sociobiology, the new synthesis*, Cambridge 1975.
Winner, L., *Do artifacts have politics?*, in: *Daedalus*, Winter 1980, S. 121-136.
Winner, L., *Techne and politeia: The technical constitution of society*, in: T. Durbin u. F. Rapp (Hg.), *Philosophy and technology*, Dordrecht 1983, S. 97-111.
Wrangham, R., *On the evolution of ape social systems*, in: *Social Science Information*, 1979, 18, Nr. 3, S. 335-369.
Zacharias, K., *The Owen-Huxley debate on the brain. A new appraisal*, unveröffentlichtes Manuskript, 1984.
Zihlman, A., *The human coloring book*, New York 1982.

Zihlman, A., *A behavioral reconstruction of Australopithecus*, in: K. J. Reichs (Hg.), *Hominid origins: Inquiries past and present*, Washington, DC 1983, S. 207-238.
Zihlman, A. u. Lowenstein, J., *A few words with Ruby*, in: *New Scientist*, April, 14, 1983, S. 81-83.
Zuckerman, S., *The social life of primates*, London 1932.

III

Vom Wesen der Geschlechter
Frühe Theorien zu Zeugung und Fortpflanzung

Seit jeher stellt die Rolle der Geschlechter bei der Fortpflanzung, die Bedeutung der körperlichen Unterschiede, einen zentralen Gegenstand des Nachdenkens in der Biologie dar. In den frühen Theorien dazu – beeinflußt von den Lehren Aristoteles' und Galens – gehen Naturbeobachtungen und normative Setzungen ineinander über. Hier tritt die Selbstverständlichkeit zu Tage, mit der das weibliche Geschlecht als das minderwertige angenommen wird, und es wird die Anstrengung sichtbar, genau das auch für seine Bedeutung im Fortpflanzungsgeschehen zu behaupten. Die Themen von Zeugung und Generativität werden zum Feld des Geschlechterkampfes, die Leugnung oder Minimierung des weiblichen Beitrags zur nachfolgenden Generation begründet die soziale Vorrangstellung des Mannes.

Welche Entwicklungen diese patriarchalen Vorstellungen nahmen, wie Irrtümer über Jahrhunderte weitergegeben und nicht in Frage gestellt wurden, weil dazu kein Anlaß bestand, führt Nancy Tuana in ihrem Beitrag aus. Daß jenes Denken aber keineswegs unangreifbar war, sondern daß im Rahmen dieses Theoriegebäudes selbst die Behauptungen über die natürliche, weil gottgegebene Hierarchie der Geschlechter zurückgenommen und ihre Rolle bei Zeugung und Fortpflanzung von einer kompetenten Frau neu bestimmt werden konnten, kann Joan Cadden am Beispiel der Hildegard von Bingen darstellen.

Wegen der Vermischung von Normen und Tatsachen erscheint uns das Wissen über Natur, das den methodischen Regeln neuzeitlicher Wissenschaft nicht folgt, als »ideologisch«, also einfach als »unwissenschaftlich«. Dieser Eindruck täuscht, denn gerade die patriarchalen Dimensionen stellen zentrale Anknüpfungspunkte für die modernen Ansichten dar: Die Reduktion des Weiblichen in einer geschlechtshierarchischen Betrachtung der Fortpflanzung leitet hin zu den Abstraktionen späterer Naturwissenschaftler. Die Bestimmungen des Weiblichen, Minderwertigkeit und Passivität, erscheinen wieder als Eigenschaften des Forschungsgegenstandes, der Natur überhaupt. In den patriarchalen Traditionen liegen die Voraussetzungen dafür, daß die Biologie, die heute Wahrheit beansprucht – sei es in der Taxonomie, Evolutionstheorie, Ökologie oder Genetik –, die Veränderungen in der Natur, das

Werden und Vergehen der Lebewesen nur in kausalen Modellen zu denken vermag. Und die normativen Aspekte, die damit zum Tragen kommen, werden nicht mehr explizit gemacht.

Nancy Tuana

Der schwächere Samen
Androzentrismus in der Aristotelischen Zeugungstheorie und der Galenschen Anatomie

Die Frau als die andere, das zweite Geschlecht, das schwache Gefäß, als mißratener Mann – wir sind uns der sich durch Jahrhunderte ziehenden Litanei von Theorien, die der Frau einen untergeordneten Status zuweisen, deutlich bewußt.

Wie jede Arbeit ist auch die Arbeit von Wissenschaftlern nicht zu trennen von der Weltsicht ihrer Zeit. Die Theorien, die sie entwickeln, und die Fakten, die sie akzeptieren, müssen mit diesem System von Glaubensüberzeugungen übereinstimmen. Es ist daher nicht überraschend, daß die Wissenschaft eine biologische Erklärung und Rechtfertigung für die Vorstellung von der Frau als minderwertigem menschlichen Wesen bereitgestellt hat. Die Geschichte der Entwicklungs- und Zeugungstheorien ist ein aufschlußreiches Beispiel für die Auswirkungen, die diese vorausgesetzte Minderwertigkeit der Frau auf die Entwicklung wissenschaftlicher Theorien hat. Wir können – bei der Zeugung – die auf der Annahme einer biologischen Minderwertigkeit der Frau beruhende Herabsetzung des weiblichen Prinzips von Aristoteles bis zu den Entwicklungstheorien des 17. Jahrhunderts verfolgen.

Kalte Frauen – Unfruchtbarer Schoß

Die erste systematische wissenschaftliche Erklärung der Inferiorität der Frauen ist in den Schriften von Aristoteles zu finden. Sicher ist diese Vorstellung einer größeren Vollkommenheit des männlichen Geschlechts nicht seine Erfindung, aber seine Schriften liefern eine detaillierte und scheinbar rationale Rechtfertigung dieses über Jahrhunderte akzeptierten Glaubens.

Aristoteles' Naturkunde geht von der zentralen Prämisse aus, daß Wärme das grundlegende Prinzip der Vervollkommnung der Lebewesen ist. Wärme dient dazu, den Stoff »gar zu kochen«, d. h. sie bringt ihn dazu, sich zu entwickeln. Je mehr Wärme ein Lebewesen zu erzeugen vermag, desto entwickelter wird es sein. »... dasjenige [muß] schwächer sein, welches naturgemäß eine geringere Wärme besitzt.«[1] Nach dem aristotelischen Modell muß es also möglich sein zu zeigen, soll die Frau als dem Mann biologisch unterlegen gelten, daß sie weniger Wärme erzeugt als der Mann.

Der Glaube, die Frau sei kälter als der Mann, ist eine zentrale Prämisse der aristotelischen Naturkunde. Er benutzt sie, um zahlreiche angebliche physiologischen und psychologischen Unterschiede zwischen Frauen und Männern zu erklären und um deren Wahrnehmung als »Defekte« der Frau zu rechtfertigen. Da die Frau weniger Wärme hat, ist sie kleiner und schwächer als der Mann. »... die Männchen [sind] größer und langlebiger als die Weibchen ... auch ist das Weibchen nicht so sehnig und weniger gegliedert.«[2] Der Mangel an Wärme hat auch zur Folge, daß das Gehirn der Frau kleiner und weniger entwickelt ist als das des Mannes. »Am meisten Gehirn hat aber im Verhältnis zu seiner Größe der Mensch und unter den Menschen die Männer mehr als die Weiber.«[3] Das kleinere Gehirn der Frauen erklärt wiederum ihre defekte Natur. Daher ist die Frau:

»... auch neidischer, nachtragender, schmäh- und streitsüchtiger. Das Weib läßt eher als der Mann Mut und Hoffnung sinken, ist schamloser und falscher, weiß sich besser zu verstellen und trägt länger nach.«[4]

Der für Aristoteles erwiesene Mangel an Wärme der Frau ist eng verknüpft mit seiner Zeugungstheorie. Ihr zufolge entsteht der Samen aus dem Blut. Aristoteles bezeichnet den männlichen Erguß als »Samen« und hebt hervor, daß der männliche Samen dem Blut nicht ähnlich, sondern von weißer Farbe ist. Er beharrt darauf, daß das Aussehen des männlichen Samens Resultat der Wärme sein müsse. Da eine Substanz durch Kochen eine Umwandlung erfährt und für eine solche »Kochung« Wärme erforderlich ist, muß die Erscheinungsform des männlichen Samens Ergebnis einer Wärmezufuhr sein, die den Gehalt des Blutes konzentriert und seine Erscheinungsform verändert.

1 Aristoteles, *Von der Zeugung der Tiere*, in: Aristoteles, *Werke*, hrsg. von Alexander von Frantzius, Neudruck der Ausgabe Leipzig 1833, Aalen 1978, Bd. 3, 726 b 72.

2 Aristoteles, *Tierkunde*, in: Aristoteles, *Die Lehrschriften*, hg. von Paul Gohlke, Paderborn 1957, Bd. VIII/1, 538 a 22 und 538 b 3.

3 Aristoteles, *Über die Teile der Tiere*, in: Aristoteles, *Werke*, a. a. O., 7, 33, S. 79.

4 Aristoteles, *Tierkunde*, a. a. O., 608 b 10.

Aristoteles' Darstellung des weiblichen Samens beruht auf der Annahme einer weiblichen Minderwertigkeit. Er setzt Menstruationsflüssigkeit und männlichen Samen gleich. Der Monatsfluß ist eine Ausscheidung, da »der Samenflüssigkeit bei dem Männchen der Monatsfluß bei den Weibchen entspricht«.[5] Da der Monatsfluß ebenso wie das Vermögen, Samen auszuscheiden, in der Pubertät beginnt und im Alter schwindet, folgert Aristoteles zu Recht, daß auch er mit der Zeugung in Zusammenhang stehen muß. Aber fälschlicherweise nimmt er an, der weibliche Samen werde ebenso wie der männliche sichtbar ausgeschieden. Auf Grund dieses Irrtums identifiziert er die Menstruationsflüssigkeit als weiblichen Samen.

Die Beweisführung für den weiblichen Mangel an Wärme liegt nun auf der Hand. Weiblicher Samen wird in reichlicher Menge ausgeschieden und ähnelt dem Blut. Männlicher Samen ist gering an Menge und dem Blut ganz unähnlich. Aristoteles behauptet nun, diese Unterscheide gingen auf die Unfähigkeit der Frauen zurück, ihren Samen rein zu »kochen« – ein Beweis ihrer relativen Kälte. Da es ihnen im Vergleich zum Mann an Wärme fehlt, wird ihr Samen nicht umgewandelt und hat das Aussehen von Blut. Und er ist in reichlicher Menge vorhanden, weil Frauen nicht in der Lage sind, ihn durch Wärmezufuhr zu reduzieren. »[Es ist aber] notwendig, daß auch das Schwächere eine Ausscheidung habe, aber in größerer Menge und minder gar gekocht.«[6]

Weiter folgert er, daß der weibliche Samen zeugungsunfähig ist. »[Es ist] offenbar, daß das Weibchen zur Zeugung keinen Samen beiträgt. Denn hätte es Samen, so würde der Monatsfluß nicht sein, da aber dieser stattfindet, so hat es jenen nicht.«[7] In anderen Worten, die Menstruationsflüssigkeit ist das Blut, das in zeugungsfähigen Samen verwandelt werden würde, wenn die Frau ausreichend Wärme hätte, es gar zu kochen. Auf Grund ihres Mangels an Wärme ist sie unfähig, dieses Blut in Samen zu verwandeln.

Diese Ansicht beruht auf der Gleichsetzung der Menstruationsflüssigkeit der Frauen mit der Samenflüssigkeit der Männer. Aber zwischen Menstruation und Samen bestehen auffallende Unterschiede. Der augenfälligste ist, daß die Menstruation nur einmal im Monat auftritt und keine Verbindung mit Geschlechtsverkehr

5 Aristoteles, *Von der Zeugung der Tiere*, a. a. O., 727 a 72.
6 Ibid., 726 b 72.
7 Ibid., 727 a 76.

oder genitaler Stimulierung hat, während männliche Samenflüssigkeit ausgeschieden wird, wann immer genügend Stimulation für einen Erguß gegeben ist. Aristoteles hätte daher logischerweise fragen müssen, ob es bei Frauen eine Flüssigkeit gibt, die während des Geschlechtsverkehrs oder einer anderen genitalen Stimulation ausgeschieden wird und ob diese dem männlichen Samen entspricht. Tatsächlich war eine solche Ansicht so verbreitet, daß Aristoteles es für wichtig hielt, sie zu widerlegen. »Einige glauben, daß das Weibchen bei der Begattung Samen beitrage, weil sie bisweilen eine eben solche Lust wie die Männer empfinden und weil zugleich eine Flüssigkeit abgeht.«[8]

Aristoteles führt drei Argumente an, um diese Ansicht zu widerlegen. Im ersten betont er, daß diese Ausscheidung nicht bei allen Frauen stattfindet. »Sie zeigt sich bei denen, die eine weiße Haut und im Ganzen genommen mehr weibliches Aussehen haben, sie fehlt dagegen denen mit dunkler Haut und männlichem Aussehen.«[9] (Er gibt keine Erklärung, wie er zu dieser Beobachtung gekommen ist.) Da manche Frauen diese Ausscheidung nicht haben, aber alle empfangen können, zieht Aristoteles den Schluß, sie könne nicht die weibliche Samenflüssigkeit sein.

Sein zweites Argument ist, daß »ihm [dem Weibchen] bei der Begattung das Lustgefühl durch die Berührung an derselben Stelle entsteht, wie den Männern, obgleich sie diese Flüssigkeit nicht dort ergießen«.[10] Aristoteles scheint hier zu argumentieren, es sei inkorrekt, diese Ausscheidung mit männlichem Samen in Verbindung zu bringen, da sie diesem insofern unähnlich sei, als sie nicht aus der Stelle der Berührung herrühre. Daß diese Argumente erzwungen sind, sollte offensichtlich sein. Aristoteles müht sich, seine Theorien entgegen beobachtbaren Tatsachen aufrechtzuerhalten. Alle Frauen haben Schleimabsonderungen. Sie können durch Stimulierung der Vulva oder der Vagina erzeugt werden, entstehen also am Ort der Berührung. Außerdem kann ein Mann durch Stimulation anderer Bereiche als seines Penis zum Samenerguß kommen, eine Situation, in der also Samenfluß nicht von der berührten Stelle ausgeht.

Im dritten Argument wird die gleiche Anstrengung deutlich. Aristoteles behauptet, Argumente, die diese Schleimflüssigkeit

8 Ibid., 727b 80.
9 Ibid., 726b 80.
10 Ibid., 728a 83.

mit weiblichem Samen in Verbindung bringen, seien irreführend, weil die Frau oft empfange, ohne Lustgefühl während des Geschlechtsverkehrs empfunden zu haben.[11] Obwohl es nicht explizit formuliert wird, scheint Aristoteles zu unterstellen, Samenflüssigkeiten seien diejenigen, die ausgeschieden werden, wenn genügend viele Ebenen sexueller Lust durchlaufen worden sind. Da Frauen empfangen, ohne im Geschlechtsverkehr Lust erfahren und daher ohne solche Flüssigkeiten ausgeschieden zu haben, andererseits im Geschlechtsverkehr Lust empfinden und solche Flüssigkeiten ausscheiden, ohne zu empfangen, liegt Grund vor, eine Verbindung dieser Flüssigkeiten mit Samen zu verneinen. Die Schwäche dieser Argumentation wird deutlich durch das offensichtliche Faktum, daß ein Mann während des Geschlechtsverkehrs häufig zum Samenerguß kommt, ohne daß daraus eine Schwangerschaft entsteht. Aber Aristoteles hält daran fest, das Faktum, daß eine Frau ihre Schleimflüssigkeit ausscheiden kann, ohne zu empfangen, sei Beweis dafür, daß es sich um keine Samenflüssigkeit handelt. Eine der Begründungen, um die Verbindung dieser weiblichen Ausscheidungsflüssigkeit mit Samen zu verneinen, würde daher auch die Verbindung von männlichem Erguß und Samen in Frage stellen.

Aristoteles' These, Frauen erzeugten keinen Samen, hatte vielerlei Auswirkungen auf sein Verständnis der menschlichen Zeugung. In einem bezeichnenden Passus vertritt er die Ansicht, daß der Fötus im Mann enthalten sei und von ihm in die Frau gebracht würde. »Das Männchen und das Weibchen unterscheiden sich ... dem Wesen nach dadurch, daß männlich dasjenige ist, welches in ein anderes hinein zu zeugen vermag ..., weiblich aber dasjenige, welches in sich selbst hinein zu zeugen vermag und aus welchem dasjenige, was geboren wird, hervorgeht, *indem es zugleich in dem Erzeugenden vorhanden ist.*«[12]

Folgt man Aristoteles weiter, so wird deutlich, daß dieser Abkömmling nicht als bereits im Körper des Männchens vorgeformt existierend gedacht werden soll. Es ist vielmehr die Form des Fötus, die das Männchen an das Weibchen weitergibt. Die weibliche Rolle in der Zeugung besteht darin, den Stoff, das Menstruationsblut, zu liefern, dem der männliche Samen Form verleiht. Die Metaphorik, die Aristoteles verwendet, um diesen Prozeß zu er-

11 Vgl. Aristoteles, *Von der Zeugung der Tiere*, a. a. O., 727b 78.
12 Ibid., 716b 4, Hervorhebung von der Autorin.

klären, ist sehr ähnlich der in der *Genesis* [2,7] benutzten, wo Gott der ungeformten Substanz (Erde) Form verleiht. Aristoteles vergleicht den Vorgang der Empfängnis mit dem Vorgehen eines Zimmermanns, der ein Bett zimmert. In der Empfängnis liefert das Weibchen den Rohstoff, so wie der Baum das Holz[13] liefert. Aber es ist der Mann, der, entsprechend dem Zimmermann, die Funktion des zu schaffenden Objekts bestimmt und ihm seine Form gibt. Der weibliche Körper wird so zum Werkplatz und zur Quelle von Rohstoff, aus dem der Mann ein menschliches Leben formt.[14] So wie der Gott der *Genesis* dem Staub der Erde Form verlieh und Leben einhauchte, so prägt der Mann dem Blut im Schoß der Frau Form und Natur eines menschlichen Wesens ein.

In diese Metaphorik geht das Werturteil ein, daß die Rolle der Frau in der Zeugung zwar notwendig, aber relativ unbedeutend ist. Sie liefert lediglich den Rohstoff, aus dem der Fötus geformt werden wird. Für Aristoteles bedingt von allen vier möglichen Ursachen die stoffliche Ursache die niedrigste Form des Seienden und den geringsten Grad an Vollkommenheit.

»Die erste bewegende Ursache, in welcher der Begriff und die Form liegt, [ist ein] Höheres und Göttlicheres, als der Stoff... denn ein Höheres und Göttlicheres ist das Prinzip der Bewegung, welches als Männliches den werdenden Geschöpfen zu Grunde liegt, indem das, was als Weibliches zu Grunde liegt, Stoff ist.«[15]

Die Frau wird also mit der wenigst bedeutsamen Ursache in Verbindung gebracht. Der für die Form und Bewegung des Fötus sorgende Mann ist für seine Erzeugung in weit höherem Maß verantwortlich.

Aristoteles versucht seine These von der überragenden Bedeutung des männlichen Beitrags zur Zeugung durch das Argument zu stärken, anders als der weibliche enthalte dieser gerade nichts Stoffliches. Implizit wird hier vorausgesetzt, nichtstoffliche Substanz sei der stofflichen überlegen oder besitze einen höheren Grad an Vollkommenheit. Noch einmal die Analogie zum Zimmermann aufnehmend, beschreibt Aristoteles den männlichen Samen als ein Werkzeug, das den Stoff im Schoße der Frau in Bewegung versetzt und ihm Form und Kraft verleiht, aber nicht

13 Griechisch *hyle* bedeutet »Holz« und »Stoff«. [A. d. Ü.]
14 Vgl. Aristoteles, *Von der Zeugung der Tiere*, a. a. O., 729b 89-92.
15 Ibid., 732a 3.

Teil des Stoffes des Fötus wird. Aristoteles zufolge ist im männlichen Samen »das Prinzip der Seele« enthalten.[16] Der Stoff, der mit ihm zusammen ausgeschieden wird, löst sich auf und verdampft und hat am Zeugungsprozeß keinen Anteil. Aristoteles verbindet den männlichen Beitrag mit »etwas Göttlichem«. »Der Körper aber kommt vom Weibchen, die Seele dagegen vom Männchen; denn die Seele ist die Grundlage und Wesenheit eines Körpers.«[17] Der männliche Beitrag gibt dem Nachkommen also Form und Seele. Wiederum wird der weibliche Beitrag als geringwertiger dargestellt – ihm fehlt das Prinzip der Seele. »Das Weibchen ist nämlich gleichsam ein verstümmeltes Männchen, und der Monatsfluß Samen, der aber nicht rein ist; denn es fehlt ihm nur noch eines, das Prinzip der Seele.«[18]

Diese Ausführungen klingen wie ein Echo der Worte Apollons in den *Eumeniden* des Aischylos: »Nicht ist die Mutter ihres Kindes Zeugerin,/ sie hegt und trägt den eingesäten Samen nur:/ es zeugt der Vater, aber sie bewahrt das Pfand.«[19] In der aristotelischen Metaphysik ist der Zweck der Dinge in dem, was die Form und die Ursache der Bewegung bewirkt, wirklicher präsent als in dem, was den Stoff bereitstellt. In der Zeugung ist aber der Mann die Ursache der Bewegung, da er dem Samen Bewegung verleiht, der sie wiederum an die Menstruationsflüssigkeit weitergibt. Diese Auffassung spiegelt sich auch darin, daß Aristoteles in der Zeugung dem Mann die aktive Rolle zuweist und darauf beharrt, die Frau spiele nur eine passive Rolle. »Nun ist aber das Weibliche, insofern es weiblich ist, ein Leidendes, das Männliche aber, insofern es männlich ist, ein Wirkendes und ein solches, von dem die Bewegung ausgeht.«[20] In der Zeugung wird auf das Weibliche eingewirkt, es ist passiver Stoff, den der Künstler bearbeitet. Der wirklich schöpferische Zeugungsakt entspringt also aus dem Wirken des Mannes. Erzeuger im vollen Sinn des Wortes ist daher der Mann, da nur er der Leibesfrucht Gestalt und Bewegung verleiht. Die schöpferischen Aspekte der Fortpflanzung werden ausschließlich dem Mann zugewiesen, das weibliche Prinzip hingegen

16 Vgl. Aristoteles, *Von der Zeugung der Tiere*, a. a. O., 737 a 40.
17 Ibid., 738 b 52.
18 Ibid., 737 a 40.
19 Aischylos, *Die Eumeniden*, in: *Sämtliche Tragödien*, übertr. von J. J. Droysen, München 1977.
20 Aristoteles, *Von der Zeugung der Tiere*, a. a. O., 729 b 91.

wird abgewertet und erhält nur die passive und wenig bedeutungsvolle Rolle, den gesäten Samen zu nähren.

Aristoteles hatte auf diese Weise den Mangel an Wärme bei der Frau dokumentiert und auch seine Implikationen für ihr Wesen und ihre Rolle in der Fortpflanzung beschrieben, aber eine Erklärung für die Ursache dieses Defekts stand noch aus. Er versuchte zwar eine solche Erklärung, aber dieser Teil seiner Theorie sollte bald durch das Werk Galens umgestoßen werden, der ganz zu Recht behauptete, Aristoteles habe das Problem umgangen.

Um die Ursache des weiblichen Wärmemangels zu erklären, insistiert Aristoteles darauf, daß ein weiblicher Embryo entstünde, sobald »das Bildungsprinzip nicht den Stoff bewältigt und aus Mangel an Wärme ihn nicht gar zu kochen, und ihn nicht in seine eigene Gestalt zu bringen vermag«.[21] Das ist keine Erklärung der Ursache des Mangels, sondern nur dessen Behauptung. Galen hatte völlig recht, wenn er diesen Teil der aristotelischen Theorie angriff. Die Formulierung verrät jedoch zwei wichtige Voranahmen. Erstens glaubt Aristoteles, daß die einem menschlichen Wesen »eigene Gestalt« männlich sei. In dieser Hinsicht ist die Frau nicht völlig menschlich. Aristoteles führt keinen Beweis und keine Rechtfertigung für seine Behauptung an. Es ist ein Axiom, das seiner Prämisse der weiblichen Minderwertigkeit entspricht.

Die zweite, aus der ersten sich ergebende Vorannahme ist, daß ein weiblicher Embryo durch eine Abweichung von der Natur verursacht wird. In der aristotelischen Darstellung sucht die Natur immer das am vollkommensten geformte Wesen zu erzeugen – ein männliches nach dem geschilderten Vorurteil. Wenn ein Mangel an Zeugungswärme oder ein Mißgeschick vorliegt, wird die Schöpfung nicht vollkommen sein und ein weibliches Wesen entstehen. Eine Frau ist also ein mißlungener Mann, Resultat eines Mangels an physischer Wärme während des Zeugungsprozesses.

Die Belege, die Aristoteles zur Unterstützung solcher Behauptungen anbietet, zeigen, in welchem Ausmaß Vorurteile seine Wissenschaft beeinflußten. Ihm zufolge »beweisen die Erscheinungen die Richtigkeit des Gesagten. Denn in der Jugend zeugen sie mehr Weibchen, als im mittleren Alter, und ebenso im höheren Alter: denn bei jenen ist die Wärme noch nicht vollkommen, bei

21 Ibid., 766a 25.

diesen beginnt sie zu mangeln.«[22] Genaue Beobachtung hätte diese Wahrnehmung rasch widerlegen können.

Eine andere Behauptung, die genauer Überprüfung nicht standgehalten hätte, war, die größere Wärme des männlichen Fötus führe dazu, daß er sich schneller entwickele als der weibliche. Aristoteles behauptet, der männliche Fötus begänne sich um den vierzigsten Tag im Mutterleib zu bewegen, während der weibliche nicht vor dem neunzigsten damit anfinge.[23] Das ist eine einsichtige Folgerung aus seiner Theorie, aber eine, die durch genaue Beobachtung der Bewegung des menschlichen Fötus leicht hätte widerlegt werden können.

Darüber hinaus ist Aristoteles' Theorie voller Widersprüche. Er beharrt darauf, die Frau sei eine Verstümmelung, da sie aus einem Mangel an Wärme entstehe. »Das Weibchen ist nämlich gleichsam ein verstümmeltes Männchen.«[24] Er bemerkt aber, daß Jungen häufiger mit Verstümmelungen geboren werden als Mädchen. Es erschiene logisch, diese höhere Rate an Verstümmelungen bei Jungen auf einen Mangel an Wärme zurückzuführen und somit gegen die Prämisse der männlichen Überlegenheit zu argumentieren. Aristoteles aber bringt es zustande, die höhere Zahl an Geburtsfehlern bei Knaben zu einem Zeichen der Vollkommenheit zu machen. Er betont, daß die männlichen Defekte nicht durch einen Mangel an Wärme, sondern gerade durch die größere Wärme verursacht werden. Die Logik auf den Kopf stellend, beharrt er darauf, daß auf Grund der größeren natürlichen Wärme der männliche Fötus »sich im Mutterleibe viel heftiger bewegt, als die weibliche [Frucht], und in Folge der Bewegung verletzt er sich viel leichter«.[25]

Aristoteles bemerkt auch, daß Mädchen die Pubertät schneller erreichen als Jungen. Auf der Basis seiner früheren Argumentation würde man die Folgerung erwarten, Mädchen hätten größere Wärme als Knaben. Aber durch eine weitere logische Verdrehung hält er daran fest, die verschiedenen Pubertätszeiten seien ein weiterer Beweis für den Mangel an Wärme der Frau.

»Die Weibchen haben nämlich eine schwächere und kältere Natur und man muß die Weibchen wie eine natürliche Verkümmerung betrachten. Inwen-

22 Ibid., 766 b 31.
23 Vgl. ibid., 583 b 3-5.
24 Ibid., 737 a 40.
25 Ibid., 775 a 99.

dig nun gliedert es sich langsam wegen der geringeren Wärme; denn die Gliederung ist eine Kochung und diese geschieht durch die Wärme, das Wärmere aber ist leichter zu kochen; außen aber gelangt es wegen seiner Schwäche rascher zur Blüte und zum Alter. Denn alles Kleinere gelangt schneller an sein Ziel, sowohl in den Werken der Kunst, als auch in den Bildungen der Natur.«[26]

An solchen Widersprüchen in der aristotelischen Theorie können wir erkennen, daß die Lehre von der Minderwertigkeit des weiblichen Geschlechts keine These war, die es zu beweisen oder zu rechtfertigen galt, sondern eine implizite Glaubensüberzeugung, die seiner biologischen Theorie zugrunde lag, und ein Axiom, auf dem er seine Zeugungstheorie aufbaute.

Die phallische Vagina

Aristoteles' Auffassung vom Vorrang des männlichen Zeugungsprinzips stimmte sowohl mit den metaphysischen Vorstellungen als auch mit anderen wissenschaftlichen Entwicklungstheorien der damaligen Zeit überein. Aber seine Zeugungstheorie, wonach ausschließlich der Mann Samen beitrüge, war eine extreme Position. Viele klassische Theoretiker, einschließlich Anaxagoras, Empedokles, Hippokrates und Parmenides, meinten, der Fötus sei Resultat einer Kombination von männlichem und weiblichem Samen. Aber obwohl diese Theoretiker der Frau bei der Erschaffung der Form und des Stoffes des Fötus eine Rolle zuwiesen, hielten sie daran fest, daß ihr Beitrag geringer sei als der des Mannes.

Ihre von Aristoteles abweichende Ansicht wurde von Galen unterstützt. Galen akzeptierte zwar vieles von der Naturkunde des Aristoteles, bot aber gleichzeitig gewisse »Korrekturen« und Weiterentwicklungen an. Er akzeptierte die aristotelische Grundposition, daß ein Mangel an Wärme ausschlaggebend sei für die Unvollkommenheit der Frau. »Die Frau ist weniger vollkommen als der Mann aus nur einem, aber wesentlichen Grund – weil sie kälter ist.«[27] Allerdings meinte er, Aristoteles habe einen der augenfälligsten Indikatoren der weiblichen Unterlegenheit übersehen – ihre Genitalien. »Aristoteles hatte recht zu denken, daß die

26 Ibid., 775 a 101.

27 Galen, *Opera Omnia* (Ed. C. G. Kühn, Hildesheim 1964, Nachdruck der Ausgabe von 1833), Bd. IV, Lib. XIV, Cap. VI, S. 158.

Frau unvollkommener ist als der Mann; er hat freilich die Argumentation nicht zu Ende geführt, sondern sozusagen gerade die Hauptsache ausgelassen.«[28]

Seziert man die Genitalien beider Geschlechter, so behauptet Galen, wird man erkennen, daß Frauen alle Teile, die Männer besitzen, auch haben. Der einzige Unterschied zwischen den Genitalien der beiden Geschlechter bestehe darin, daß sich bei den Frauen die verschiedenen Teile im Körper befinden, während sie beim Mann außen sind. »Betrachte zunächst einen beliebigen Teil, wende ihn bei der Frau nach außen, wende den des Mannes nach innen und falte ihn doppelt, und du wirst sie bei beiden in jeder Hinsicht gleich finden.«[29]

Galens Erklärung dieses Unterschiedes ist nicht überraschend. Die Genitalien der Frau »wurden in ihr gebildet, als sie ein Fötus im Mutterleib war, konnten sich aber auf Grund des Mangels an Wärme nicht entwickeln und nach außen treten«.[30] Die innere Lage der weiblichen Genitalien ist also der »Beweis«, den Aristoteles übersah. Nach der Gleichsetzung männlicher und weiblicher Genitalien beharrt Galen darauf, die innere Lage der weiblichen könne nur durch eine gehemmte Entwicklung erklärt werden. Wirklich gar gekochte Genitalien, ihre »wahre« Form, sind natürlich Penis und Hoden. Frauen sind sozusagen halbgar.

Die Geschichte der Anatomie belegt die Macht der Galenschen Deutung der weiblichen Genitalien. Über Jahrhunderte wiesen anatomische Zeichnungen der inneren Genitalien der Frau eine untrügliche Ähnlichkeit mit den äußeren Genitalien des Mannes auf.

Wie nicht anders zu vermuten, zieht Galen aus dieser »Demonstration« der Unvollkommenheit der weiblichen Genitalien die Schlußfolgerung, der weibliche Samen sei gleichermaßen unvollkommen. »Die Frau muß kleinere, weniger vollkommene Keimdrüsen(testes) haben und der in ihnen erzeugte Samen muß kärglicher, kälter und feuchter sein (denn diese Dinge folgen zwangsläufig aus dem Mangel an Wärme).«[31] Galen weicht also ab von der aristotelischen Position, Frauen steuerten keinen Samen zur Zeugung bei. Frauen steuern Samen bei, aber er ist minderwertiger als der des Mannes.

28 Ibid., Bd. IV, Lib. XIV, Cap. V.
29 Ibid., Bd. IV, Lib. XIV, Cap. VI.
30 Ibid., Bd. IV, Lib. XIV, Cap. VI.
31 Ibid., Bd. IV, Lib. XIV, Cap. VI.

Galen wendet sich im folgenden der Ursache des weiblichen Wärmemangels zu. Man wird sich erinnern, daß Aristoteles keine überzeugende Erklärung der physiologischen Ursache dafür liefern konnte. Galen, der diese Auslassung erkannte, befaßte sich mit ihr. Er hielt die verbreitete hippokratische Auffassung für richtig, der männliche Samen würde in den rechten Keimdrüsen (testes), der weibliche in den linken erzeugt.[32] Dieser Theorie zufolge wird ein Mädchen gezeugt, wenn Samen aus der linken Keimdrüse der Frau (ovarium) mit dem Samen aus der linken Keimdrüse des Mannes (Hoden) zusammenkommt und in die linke Hälfte der Gebärmutter eingepflanzt wird, denn von der linken Hälfte des Uterus glaubte man, er produziere Nahrung, die zu weiblichen Charakteristika führt.

Auf der Basis dieses Glaubens, daß nämlich der Samen, aus dem eine Frau entsteht, aus den linken Keimdrüsen (testes) kommt, während der männliche Samen aus den rechten stammt, gelingt es Galen, eine biologische Erklärung für die Minderwertigkeit des weiblichen Samens zu konstruieren und so den physiologischen Ursprung des weiblichen Mangels an Wärme zu erklären. Unter Zuhilfenahme einer sehr kreativen Anatomie legt Galen dar, daß die Arterie und Vene, die männlichen und weiblichen Samen bilden und zur rechten Keimdrüse und zur rechten Hälfte des Uterus führen, direkt aus der Vena cava und der Aorta unterhalb der Nierengefäße kommen und daher bereits gereinigtes Blut mit sich führen. Die entsprechenden Venen und Arterien der linken Keimdrüse kommen aus den Nierengefäßen, die zur linken Niere führen und daher ungereinigtes Blut weiterleiten. Wir wissen inzwischen, daß die Venen und Arterien beider Seiten von der Vena cava und der Aorta kommen, aber dieser Irrtum Galens erwies sich als sehr gelegene physiologische Erklärung für die biologische Unterlegenheit der Frau. In der Annahme, sie würden von zu den Nieren hinführenden Venen genährt, legt Galen dar, daß »das linke Testikulum beim Mann und der linke Uterus bei der Frau Blut empfangen, das noch ungereinigt, voller Überreste, wäßrig und serumähnlich ist«.[33] In anderen Worten, das zur linken Seite fließende Blut ist unrein. Und weil es unrein ist, enthält dieses Blut weniger Wärme, was zur Erzeugung unvollkommenen Samens führen wird. Der männliche

32 *Die Werke des Hippokrates*, Stuttgart 1933-40, Bd. I, *Die Diät (Lebensordnung)*, 1. und 2. Buch, Kap. 27 und 29.

33 Ibid., Bd. IV, Lib. XIV, Cap. VII.

Samen dagegen, genährt vom reinen Blut der Vena cava und der Aorta, ist in der Lage, eine vollkommene Entwicklung zu bewirken, und daher selbst vollkommener als der weibliche Samen.

Galen verwarf die extreme aristotelische Position, Frauen erzeugten überhaupt keinen Samen, akzeptierte aber den Glauben an den Vorrang des Mannes in der Zeugung und legte ihn seiner Argumentation zugrunde. Er entwickelte eine der ersten biologischen Erklärungen für die Unterlegenheit des weiblichen Zeugungsprinzips. Da die Frau aus unreinem Blut empfangen wurde, ist sie kälter als der Mann. Auf Grund ihres Mangels an Wärme sind ihre Zeugungsorgane nicht voll ausgebildet. Weil ihre Geschlechtsorgane nicht voll entwickelt sind, ist der von ihnen erzeugte Samen unvollkommen. Die Religion hatte ein männliches Wesen – Marduk, Jahweh, Zeus – als die höchste Schöpfungsmacht postuliert, um das Primat des männlichen Zeugungsprinzips zu bezeugen. Die Wissenschaft wies auf den dazu passenden anatomischen Bau der Geschlechtsorgane hin.

Das Primat der männlichen Zeugungskraft
Die anatomische Tradition

Die durch das Werk Galens korrigierte aristotelische Naturkunde blieb über viele Jahrhunderte maßgeblich. Aristoteles' Behauptung, der Mann stelle die wesentliche Ursache der Zeugung, sowie Galens Erklärung der weiblichen Unvollkommenheit und der damit verbundenen Schwäche ihrer Zeugungskraft wurden von den Wissenschaftlern bis weit ins 16. Jahrhundert wiedergegeben. Die Eleganz der Galenschen Erklärung mag die Popularität dieser Position teilweise erklären, aber das Faktum, daß sie auf einem anatomischen Irrtum basierte, legt noch eine andere Erklärung nahe. Wissenschaftliche Theorien spiegeln die Wertvorstellungen und Einstellungen ihrer Autoren wider. Es gibt gute Gründe anzunehmen, daß die das Denken von der klassischen Periode bis in die moderne Zeit prägende Annahme der weiblichen Inferiorität wissenschaftliche Erklärungen und wissenschaftliche Beobachtung gleichermaßen beeinflußt hat.

Der Glaube an den Vorrang der männlichen Zeugungskraft war einem Teil der abendländischen Weltauffassung inhärent. Die Schöpfungsmacht als männliche denkend, hatten christliche wie jüdische Theoretiker wenig Schwierigkeiten, die aristotelische Ansicht, der Mann sei die wesentliche schöpferische Kraft in der menschlichen Zeugung, zu akzeptieren und ihrerseits zu bekräftigen. Die aristotelische Theorie aufnehmend, behauptete zum Beispiel Gregor von Nyssa, der Embryo würde vom Mann in die Frau eingepflanzt. Thomas von Aquin verglich die menschliche Zeugung mit der Erschaffung der Welt. So wie allein Gott der Materie Form verleihen kann, so erzeuge die tätige Kraft des männlichen Samens in dem körperlichen Stoff, den die Mutter beiträgt, Form. Die Frau ist lediglich zu der passiven und weniger vollkommenen Rolle geeignet, den Stoff bereitzustellen, auf den der männliche Samen einwirkt.[34] Oder man nehme das Bild von der Zeugung aus dem *Midrasch*, das mit dem des Aristoteles identisch ist. Das Sperma des Mannes wirkt auf das Menstruationsblut der Frau ein, so daß es zusammenkommt und Form erhält.

»Und Hiob sagte ›Hast du mich nicht wie Milch hingegossen und wie Käse gerinnen lassen...‹ (Hiob 10). Der Leib einer Mutter ist voll stehenden Blutes, das von dort in die Menstruation fließt. Aber wenn Gott will, dringt ein Tropfen Weißes ein und fällt mitten in das Blut hinein und siehe da, ein Kind entsteht. Das ist wie bei einer Schale Milch: wenn ein Tropfen Lab hineinfällt, erstarrt sie und steht, wenn nicht, bleibt sie flüssig.«[35]

Wenn der Vorrang des männlichen Prinzips und die Minderwertigkeit der Frau derart stark in Glaubensvorstellungen eingebettet waren, fangen wir an zu begreifen, weshalb es so viele Jahrhunderte brauchte, um der anatomischen Interpretation Galens entgegenzutreten und sie als Irrtum aufzudecken. Ich werde zeigen, daß die westliche anatomische Tradition vom 13. bis zum 16. Jahrhundert Aristoteles' und Galens Auffassungen fortführte und von den gleichen Grundannahmen und Irrtümern ausging.

Der Anatom Ricardi Anglici (1180-1225) beruft sich in seiner *Anatomia Vivorum* auf die Autorität des Aristoteles. Er hebt hervor, dieser habe recht gehabt in der Annahme, männlicher und weiblicher Samen seien für verschiedene Zwecke bestimmt. Er identifiziert den weiblichen Samen mit dem Menstruationsblut und stimmt mit der aristotelischen Position überein, der weibliche Samen sei so unvollkommen entwickelt, daß er nur die unvollkommenste Ursache der Zeugung und Entwicklung darstellen könne – die stoffliche Ursache.

34 Vgl. Thomas von Aquin, *Summa theologica*, 1.98.2.
35 *Midrasch Rabba*, 14,19.

»Der Zweck des männlichen Samens ist es, Form zu geben in Gestalt dessen, von dem er kommt; der Zweck des weiblichen Samens ist, die Gestalt dessen, von dem der Samen kommt, zu empfangen. Vom männlichen Samen kommen daher Geist, schöpferische Kraft und Form; vom weiblichen Samen kommen Einbettung, Entwicklung und Stoff.«[36]

Um den Mechanismus zu beschreiben, durch den der Samen des Mannes dem weiblichen Samen Form verleiht, benutzt Anglici nicht wie Aristoteles die Metapher des Zimmermanns, sondern die einer Gußform. »Der männliche und weibliche Samen verbinden sich im Uterus, und der männliche Samen wirkt auf den weiblichen ein, denn der männliche Samen tendiert von Natur aus dazu, die Form dessen, von dem er kommt, einzuprägen, und der weibliche dazu, Form zu empfangen.«[37] Ein weiteres Mal wird der männliche Samen als aktiv, der weibliche als passiv wahrgenommen.

Albertus Magnus (1206-1280), dessen Überlegungen sehr einflußreich waren, akzeptierte die Galensche Auffassung, daß die Frau zusätzlich zu ihrem Menstruationsblut Samen erzeugt. Aber obwohl er die Existenz von Samen bei der Frau bestätigt, gesteht er ihm doch nur eine zweitrangige Rolle bei der Zeugung zu. Der Samen des Mannes bleibt die aktive und formende Kraft, während der Samen der Frau allein die Aufgabe hat, die Menstruationsflüssigkeit so auszustatten, daß sie das Wirken des männlichen Samens aufnehmen kann. Die Rolle des weiblichen Samens ist darauf beschränkt, »den Stoff dazu zu befähigen und darauf vorzubereiten, das Werk des Wirkenden, das heißt des männlichen Samens, zu empfangen«.[38] Das männliche Sperma, ausgestattet mit der wesentlichen schöpferischen Kraft oder dem, was Albertus »formende Kraft« nannte, verleiht dem weiblichen Samen und der Menstruationsflüssigkeit ihre Form und ihren Zweck. Um diesen Prozeß zu beschreiben, bietet Albertus, die Zimmermannsmetapher von Aristoteles variierend und eine ähnliche wie Anglici aufgreifend, das Bild der Prägung an. Beim Eindringen in den Schoß empfängt das männliche Sperma zunächst den weiblichen Samen und dann das Menstruationsblut, dem er Form und Glieder

36 Anglici, Ricardi, *Anatomia vivorum*, in: George Corner (Hg.), *Anatomical texts of the earlier middle ages*, Washington 1927, S. 88. [Da der lateinische Originaltext Anglicis kaum zugänglich ist – er befindet sich nur in wenigen europäischen Bibliotheken –, folgt die Übersetzung der englischen Übertragung. Dies gilt auch für die im folgenden zitierten Anatomen. A. d. Ü.]

37 Ibid., S. 105.

38 Albertus Magnus, *De animalibus libri XXVI*, Lib. XVI, tr. 1 c 16.

des Geschöpfes aufdrückt und einprägt.[39] So wie Marduk aus dem Fleisch Tiamats Berge und Flüsse formt oder Yahweh der ungeformten Erde Form gibt, so formt der männliche Samen das Blut und den Samen der Frau.

Galens Begründung wurde auch im 15. und 16. Jahrhundert allgemein akzeptiert. Allessandro Achillini (1463-1512), der italienische Anatom und Philosoph, hält daran fest, daß der weibliche Samen für die Zeugung eines Mädchens durch die linke Nierenvene wandert, die angefüllt ist mit »wäßrigem Blut«, das erst gereinigt werden muß. Er behauptet, zweimal anatomische Untersuchungen angestellt zu haben, bei denen er überprüfen konnte, daß das linke Samengefäß aus der linken Nierenvene gespeist wird. Achillini zufolge bestätigt diese Untersuchung, daß das Sperma für die Zeugung eines männlichen Kindes aus dem rechten Samengefäß kommt,

»weil dieses Gefäß, angefüllt mit reinem Blut, aus der Vena cava entspringt, das heißt, nachdem die Niere den wäßrigen Teil herausgesogen hat, und auch weil der Zweig der Arterie mit den rechts liegenden Gefäßen verbunden ist und daher einen reicheren (produktiveren) Geist mit sich trägt.«[40]

Die Frau, erzeugt aus unreinem Blut, dem ein »reicher Geist« fehlt, kann die beim Mann vorfindbare Vollkommenheit nicht erreichen.

Alessandro Benedetti (1450-1521), Professor für Medizin und Anatomie an der Universität von Padua, entwickelte eine Zeugungstheorie aus einer eigenartigen Mischung aristotelischer und galensischer Prämissen. Ähnlich wie Aristoteles besteht er darauf, daß der weibliche Samen »nutzlos und verdorben« sei. Anstatt die Menstruationsflüssigkeit mit weiblichem Samen zu identifizieren, schlägt er sich auf die Seite Galens und behauptet, daß Frauen zusätzlich zur Menstruation Samen erzeugen. Er setzt ihn gleich mit dem, was er »die weiße Feuchtigkeit« des weiblichen Genitals nannte. Auch in seiner Ansicht, daß Frauen an der formenden Rolle in der Zeugung teilhaben, weicht er von Aristoteles ab.

»Die Glieder des Fötus werden von beiden, Mann und Frau, geformt und auch das geistige Leben wird von beiden erzeugt, aber die wichtigen Glieder werden vom männlichen Samen geschaffen und nur die anderen nie-

39 Ibid., Lib. XVI, tr. 1 c 10.

40 Alexandro Achillini (1520), *Annotationes Anatomicae*, zitiert und übersetzt nach L. R. Lind (Hg.), *Studies in pre-Vesalian anatomy: Biography, translation, documents*, Philadelphia 1975, S. 49.

deren vom weiblichen, gerade so wie – als sei sie aus reinerem Stoff – die Geisteskraft [von ihm] erzeugt wird.«[41]

Benedetti gibt also der Rolle der Frau in der Zeugung einen höheren Stellenwert als Aristoteles und gesteht ihr zu, daß sie auch an der Formung des Kindes teilhat, aber ihre Rolle bleibt der des Mannes deutlich unterlegen, da sie nur das weniger Reine beiträgt und die zweitrangigen und »niederen« Glieder des Körpers formt.

Der spanische Anatom Andres de Laguna (1499-1560) vertrat die gleiche Position wie Galen.

»Die Gefäße, die zur linken Keimdrüse (testes) führen, gehen von den Nierenvenen aus, die zur linken Niere verlaufen. Die die rechte Keimdrüse erreichen, kommen ohne jeden Zweifel von der Vena cava und der hinteren Arterie. Aus diesem Grunde muß die rechte Keimdrüse wärmer sein als die linke und die rechte Seite der Matrix wärmer als die linke, besonders weil das unreinere und serumähnlichere Blut immer in die linke Keimdrüse (testes) fließt.«[42]

De Laguna meint, der weibliche Samen würde in der linken Keimdrüse erzeugt. Die Unreinheit des Blutes verdirbt den Samen und führt zur Unvollkommenheit des so gezeugten Menschen. Diese Unvollkommenheit ist in den weiblichen Zeugungsorganen deutlich erkennbar, da eine Frau de Laguna zufolge wenig Samen produziert und der Samen, den sie erzeugt, kälter ist als der des Mannes. Das weibliche Zeugungsprinzip ist daher zwar notwendig, aber es spielt eine zweitrangige Rolle bei der Zeugung.

Bis ins 16. Jahrhundert wurden Sektionen im allgemeinen mit dem Ziel durchgeführt, die Abhandlungen Galens oder des islamischen Arztes Avicenna (980-1037) zu illustrieren. Mit der Aufdekkung zahlreicher Widersprüche zwischen den traditionellen Texten und den in den Leichen gefundenen Bedingungen entstand unter den Anatomen jedoch allmählich die Einsicht, daß das Thema einer Revision bedurfte. Das Werk des Anatoms Andreas Vesalius aus Brüssel (1514-1564) gilt allgemein als das zentrale für diese Bewegung, die Autorität der Tradition in Frage zu stellen und die moderne anatomische Praxis zu begründen.

41 Alessandro Benedetti (1497), *Historia corporis humani; sive Anatomice*, zitiert und übersetzt nach L. R. Lind, a. a. O., S. 99.

42 Andres de Laguna (1535), *Anatomica Methodus, seu de Sectione Humani Corporis Contemplatio*, zitiert und übersetzt nach L. R. Lind, a. a. O., S. 278.

Ungeachtet dieser Veränderungen hielten die Anatomen jedoch hartnäckig daran fest, der weibliche Samen sei wegen der Unreinheit des ihn nährenden Blutes unvollkommen. Obwohl eine sorgfältige Beachtung der tatsächlichen Struktur der Venen diese Ansicht widerlegt hätte, nahmen sie dies auch weiterhin nicht wahr, selbst Vesalius nicht. In seiner Darstellung der weiblichen Geschlechtsorgane kommt das den linken Eierstock nährende Blutgefäß aus der Nierenarterie, die ungereinigtes Blut mit sich führt, während der rechte Eierstock durch das gereinigte Blut der hinteren Arterie gespeist wird. Man darf daraus nicht den Schluß ziehen, diese anatomische Fehlkonzeption sei Resultat von Unkenntnis des weiblichen Körpers gewesen. Vesalius stützte seine Zeichnungen der weiblichen Geschlechtsorgane auf Sektionen von zumindest neun weiblichen Körpern.

Der Glaube, weiblicher Samen entstünde aus dem »serösen, salzigen und ätzenden« Blut der linken Keimdrüse, war die einzig verfügbare Erklärung des wahrgenommenen Unterschieds zwischen Frauen und Männern in der wissenschaftlichen Theorie, deren Erbe Vesalius war.

Auch der italienische Arzt und Anatom Niccolo Massa (1485-1569) bestätigt die Macht solcher Vorurteile. In seinem *Liber introductorius anatomiae* behauptet er, die das linke Ovarium speisenden Blutgefäße kämen aus der gleichen Quelle wie die, die das rechte nähren.

»Man wird aber bemerken, daß dieses linke Blutgefäß häufig nicht aus der Nierenvene entspringt, sondern aus dem Strang der großen Chilisvene (vena cava) und auch aus dem Strang der Aorta, gerade so, wie in der Anatomie der männlichen Samengefäße gesagt wurde, daß es das rechte Blutgefäß tut.«[43]

Man beachte seine explizite Zurückweisung der Ansicht, es gäbe einen anatomischen Unterschied zwischen den Samengefäßen der rechten und linken Testikel und Ovarien.

Trotzdem beharrt Massa weiterhin darauf, der weibliche Samen sei schwächer als der männliche. Verblüffenderweise ist seine Erklärung für die Unvollkommenheit des weiblichen Samens identisch mit der Galens. »Ich weiß auch, daß zu der linken Keimdrüse der Frau ebenso wie zu der des Mannes von den Nierengefäßen ein wäßriges Blut geschickt wird. Aus ihm wird ein Samen erzeugt,

43 Niccolo Massa, *Liber introductorius anatomiae*, zitiert und übersetzt nach L. R. Lind, a. a. O., S. 205.

der nicht sehr stark ist.«[44] Obwohl er in der Lage war, Galens Irrtum zu sehen, war er unfähig, seine Implikationen wahrzunehmen. Er vertrat weiterhin Galens theoretische Erklärung der weiblichen Minderwertigkeit, obwohl er selbst deren physiologische Grundlage unterhöhlt hatte.

Die Vorstellung von der Frau als einem unvollständigen oder minderwertigen Mann trug zu der Persistenz der Galenschen Erklärung der Ursache dieses Unterschiedes bei. Trotz der von Anatomen wie Massa vorgenommenen Korrekturen sollte es ein Jahrhundert dauern, bis die Erkenntnis von Galens Irrtum allgemein verbreitet war. Noch Ende des 17. Jahrhunderts gestand zum Beispiel der Arzt Hermann Boerhaave (1668-1738), auch er sei anfangs von der Autorität der alten Lehrmeinung »verführt« worden zu der Annahme, die den linken Testikel sowie das linke Ovarium speisenden Blutgefäße entsprängen anderen Quellen als diejenigen auf der rechten Seite. Obwohl er den Fehler eingestand, erklärt er ihn in der Folge durch ein weiteres Stück kreativer Anatomie: er behauptete, die Venen und Arterien des linken Ovariums und des linken Testikel seien von einer »Kapsel« oder »Hülle« umgeben, so daß ihr Ursprungsort schwieriger wahrzunehmen sei als der der rechten.[45] Die Stärke des Vorurteils von der Inferiorität der Frau machte es schwierig, eine genehme Erklärung aufzugeben.

Konklusion

Die Geschichte der Embryologie von Aristoteles bis zu den Anatomen der Renaissancezeit bietet eine Illustration der Mechanismen, durch die das, was Evelyn Fox Keller das »gender/science system« nennt, auf wissenschaftliche Forschung und Theoriebildung einwirkt. Es kann gezeigt werden, daß der Glaube an die Minderwertigkeit der Frau bei verschiedenen Wissenschaftlern den Beobachtungsprozeß, die Interpretation der Daten und die theoretische Rechtfertigung und Verteidigung beeinflußt hat.

Aristoteles gab die grundlegende Orientierung für die folgen-

44 Ibid., S. 207.

45 Herman Boerhaave, *Dr. Boerhaave's academical lectures on the theory of physic*, London 1757, 42 n.

den 2000 Jahre embryologischen Denkens. Seine Argumente, ergänzt durch das Werk Galens, wurden selbst angesichts zunehmender Belege ihrer Unhaltbarkeit beibehalten. Grundsätzlich gab es zwei Entwicklungslinien: Erstens Aristoteles und die Leugnung des weiblichen Samens, und zweitens Galen und die Rolle des minderwertigen weiblichen Samens. Während der gesamten Zeit blieb der grundlegende Glaube an den Vorrang des Männlichen faktisch unangefochten.

Die Geschichte westlicher Vorstellungen von der menschlichen Zeugung ist mehr als eine Chronik des Aristotelischen und Galenschen Vermächtnisses. Die hartnäckige Verteidigung des Glaubens an den Vorrang der männlichen Zeugungskraft angesichts wachsender Gegenbeweise zeigt, wie tief verwurzelt diese Überzeugung ist und welcher emotionale Wert damit verbunden ist. Aristoteles und Galen waren Schlüsselfiguren, aber ein Teil ihrer Berühmtheit geht darauf zurück, daß sie eine systematische Erklärung formulierten, die diese Überzeugung erhielt und verteidigte.

Literatur

Achillini, Alessandro [1520], *Annotationes Anatomicae*, zitiert und übersetzt nach L. R. Lind (ed.), *Studies in pre-Vesalian anatomy: Biography, translation, documents*, Philadelphia 1975.

Aischylos, *Die Eumeniden*, in: *Sämtliche Tragödien*, übertragen von J. J. Droysen, München 1977.

Albertus Magnus, *De animalibus libri XXVI*.

Anglici, Ricardi, *Anatomia vivorum*, in: George Corner (ed.), *Anatomical texts of the earlier middle ages*, Washington 1927.

Aquin, Thomas von, *Summa theologica*.

Aristoteles, *Lehrschriften*, hg. und übertragen von Paul Gohlke, Paderborn 1975, Bd. VIII, *Tierkunde*.

Aristoteles, *Werke*, hg. von Alexander von Frantzius, Neudruck der Ausgabe Leipzig 1833, Aalen 1978, *Von der Zeugung der Tiere; Über die Teile der Tiere*.

Astruc, J., *A treatise on the diseases of women*, Vol. III, London 1762.

Benedetti, Alessandro [1497], *Historia corporis humani; sive Anatomice*, zitiert und übersetzt nach L. R. Lind, a. a. O.

Boerhaave, Herman, *Dr. Boerhaave's academical lectures on the theory of physic*, London 1757.
Cole, F. J., *Early theories of sexual generation*, Oxford 1930.
Cooke, J., *The new theory of generation*, London 1762.
Darwin, Erasmus, *Zoonomia: Or the laws of organic life*, New York 1974.
Dobell, Clifford, *Anthony van Leeuwenhoek and his little animals*, New York 1960.
Galen, *De usu partium corporis humani*, in: *Opera Omnia*, Bd. IV, ed. C. G. Kühn, Hildesheim 1964, Nachdruck der Ausgabe von 1833.
Garden, George, *A discourse concerning the modern theory of generation*, in: *Philosophical Transactions of the Royal Society*, Vol. XVII, 1691.
Hartsoeker, Nicolaus, *Essai de diotopique*, 1694.
Hippokrates, *Die Werke des Hippokrates*, Bd. I, *Die Diät (Lebensordnung)*, 1. u. 2. Buch, Stuttgart 1933-40.
Horowitz, Maryanne Cline, *Aristotle and women*, in: *Journal of the History of Biology* 1976, 9 (2), S. 183-213.
De Laguna, Andres [1535], *Anatomica Methodus, seu de Sectione Humani Corporis Contemplatio*, zitiert und übersetzt nach L. R. Lind, a. a. O.
Lange, L., *Woman is not a rational animal: On Aristotle's biology of reproduction*, in: S. Harding and M. Hintikka (ed.), *Discovering reality*, Dordrecht 1983.
Malebranche, Nicolas, *252 entretiens sur la metaphysique et sur la religion*, in: *Œuvres complètes*, Vol. 12, Paris 1965.
Massa, Niccolo, *Liber introductorius anatomiae*, zitiert und übersetzt nach L. R. Lind, a. a. O.
Meyer, A. W., *Human generation: Conclusions of Burdach, Dollinger and von Baer*, Standford 1956.
Midrash Rabbah, zitiert in: David Feldman, *Marital relations, birth control and abortion in Jewish law*, New York 1921.
Needham, Joseph, *A history of embryology*, Cambridge 1934.
Paré, Ambroise, *The collected works*, New York 1968.
Preus, Anthony, *Galen's criticism of Aristotle's conception theory*, in: *Journal of the History of Biology*, 1977, 10 (1), S. 65-85.
Preus, Anthony, *Science and philosophy in Aristotle's biological works*, New York 1975.
Rueff, Jacob, *De conceptu et generatione hominis*, Frankfurt 1580.
Ruestow, Edward, *Images and ideas: Leeuwenhoek's perception of the spermatozoa*, in: *Journal of the History of Biology*, 1983, 16 (2), S. 185-224.
Vesalius, Andreas, *The epitome of Andreas Vesalius*, Cambridge 1949.
Vesalius, Andreas, *The illustrations from the works of Andreas Vesalius of Brussels*, Cleveland 1950.

Joan Cadden

Und er schuf sie als Mann und als Weib: Geschlecht und Wissenschaft im Werk der Hildegard von Bingen

Sowohl die Vorstellung, daß Geschlecht ein soziales Konstrukt ist, als auch die, daß Wissenschaft bei seiner Ausarbeitung und Durchsetzung eine Rolle spielt, sind Resultate der Moderne. Wenn die analytischen Instrumente der modernen Philosophie, der Sozialwissenschaften und der Literaturkritik auf Wissenschaft und soziale Beziehungen in der Industriegesellschaft angewandt werden, eröffnen sie in ihrem spezifischen Kontext eine Vielzahl von Einsichten in die Wechselbeziehung zwischen Wissenschaft und Geschlecht – die in diesem Band gesammelten Aufsätze belegen es. Aber kein Glied der Gleichung – weder die Begriffe des Weiblichen und Männlichen noch die Regeln für das Erkennen der natürlichen Welt – ist statisch. Sie haben sich im Verlauf der abendländischen Geschichte verändert, unabhängig voneinander und im Verhältnis zueinander. Dieser Aufsatz behandelt eine Zeit – das 12. Jahrhundert –, in der die Anschauungen über weiblich und männlich, die Vorstellungen darüber, wie die Natur eingerichtet ist, und die Regeln, nach denen Wissen entstand und verkündet wurde, von den in unserer Gesellschaft gültigen sehr verschieden waren. Einige der Unterschiede werden schon in einer ganz kursorischen Beschreibung des Themas deutlich werden.

In jener Zeit wurde die natürliche Welt als von Absichten erfüllte Welt, und der Code, in dem Natur beschrieben wurde, war eher allegorisch als mathematisch; für die wissenschaftlichen Darstellungen des Geschlechterunterschiedes waren nicht nur physiologische, sondern auch theologische Einsichten ausschlaggebend; und die Forscherin war eine Mystikerin. Die Vorstellungen Hildegards von Bingen über die Geschlechterdifferenz bieten sich an zu einer Fallstudie über zwei Aspekte des Problems von Wissenschaft und Geschlecht: erstens die Art und Weise, wie Vorstellungen über Natur – in diesem Fall über lebendige Wesen – und gesellschaftliche Annahmen ineinandergreifen; und zweitens was geschieht, wenn eine Frau versucht, Wissenschaft zu betreiben. Die

Untersuchung beginnt mit einer Betrachtung von Hildegards Vorstellungen über die Ursprünge der Geschlechterunterschiede und deren Verbindungen zu den Qualitäten, die den Geschlechtern im Mittelalter zugeordnet wurden, und greift dabei zuerst die kosmische Frage auf: Warum existieren die Menschen als Männer und Frauen? Dann die eher weltliche Frage: Warum wird ein Kind als Junge und ein anderes als Mädchen geboren? Nach einer Erörterung nicht nur ihrer wissenschaftlichen Überzeugungen, sondern auch der Grundlagen, auf denen sie sie entwickelte und darstellte, schließen sich Überlegungen an zu Hildegards Position als einer Frau, die Wissenschaft betreibt.

Hildegard wurde 1098 in der Nähe von Spanheim in Rheinhessen geboren.[1] Aus einer kinderreichen Adelsfamilie stammend, wurde sie im Alter von acht Jahren in ein in der Nähe gelegenes Nonnenkloster gegeben, um dort erzogen und unterrichtet zu werden. Bereits in jener Zeit hatte sie (nach ihrem eigenen Bericht) die Visionen, die zur Grundlage des Hauptteils ihres literarischen Werkes werden sollten. Tatsächlich waren Visionen, schlechte Gesundheit und Schreiben konstante Begleiter ihres Erwachsenenlebens. Mit achtunddreißig Jahren wurde sie Äbtissin des Konvents, und als sie ungefähr fünfzig war, gründete sie auf dem Rupertsberg in der Nähe von Bingen eine neue Religionsgemeinschaft, die sie mehr als dreißig Jahre, bis zu ihrem Tode im Jahre 1179, leitete. Ihre international anerkannte Position als Seherin und Ordensvorsteherin verlieh ihren glanzvollen visionären Schriften und auch ihrer – wie berichtet wird – erfolgreichen Behandlung von Kranken Legitimität. Alle wesentlichen Werke Hildegards von Bingen, die mystischen wie die medizinischen, offenbaren ein Interesse an der Ordnung, an den Prozessen und Bedeutungen der Natur, und häufiger als die meisten ihrer männlichen Zeitgenossen greift sie Fragen auf, die das Geschlecht und das Geschlechterverhältnis reflektieren.[2]

1 Allgemeine Abhandlungen über Hildegards Leben und ihre Werke zur Medizin und Naturphilosophie finden sich bei Hans Liebeschütz, *Das allegorische Weltbild der heiligen Hildegard von Bingen*, Studien der Bibliothek Warburg, 15, Leipzig und Berlin 1930; Marianne Schrader und Adelgundis Führkötter, *Die Echtheit des Schrifttums der heiligen Hildegard von Bingen: Quellen und Untersuchungen*, Köln und Graz, 1956; Peter Dronke, *Hildegard of Bingen*, in: *Women Writers in the Middle Ages: A Critical Study of Texts from Perpetua († 203) to Marguerite Porete († 1310)*, Cambridge 1984.

2 Vgl. Bernhard W. Scholz, *Hildegard von Bingen on the Nature of Women*, in:

Nach mittelalterlicher Vorstellung waren die Unterschiede zwischen Männlichem und Weiblichem im allgemeinen und insbesondere zwischen Männern und Frauen natürlich. Natürlich in zweifachem Sinn: dem Wesen der Individuen inhärent und Teil der größeren Ordnung, Teil des Planes oder der Logik der Welt. Kurz, die wesentlichen Merkmale, die Männer und Frauen unterschieden, waren Teil *ihrer* Natur und Teil *der* Natur. Um diese Unterschiede zu untersuchen, benutzten Hildegard und andere Naturphilosophen des 12. Jahrhunderts zwei komplementäre Methoden: Bibelexegese und Naturphilosophie. Heute betrachten wir diese Methoden als unvereinbar, sogar antithetisch, und wir neigen dazu, lediglich die Naturphilosophie als legitime Ahnin dessen anzuerkennen, was wir »Wissenschaft« nennen. Zu Hildegards Zeit jedoch betrachteten die meisten Intellektuellen, die sich für die Beschreibung und Erklärung der natürlichen Welt interessierten, die beiden Ansätze nicht nur für miteinander vereinbar, sondern als sich gegenseitig erhellend. Wenn wir die Beziehung von Wissenschaft und Geschlecht im Mittelalter verstehen wollen, müssen wir daher nicht nur beide Methoden ernstnehmen, sondern auch akzeptieren, daß sie in Hildegards Denken integriert sind. In meiner Untersuchung ihrer Anschauungen über die Geschlechterunterschiede wende ich mich daher zunächst ihrer Darstellung der Schöpfung zu, die hauptsächlich auf dem Studium der Heiligen Schrift beruht, und dann beschäftige ich mich mit ihrer Darstellung von Zeugung, Naturphilosophie und Medizin. Obwohl Religion und Wissenschaft als kulturelle und gesellschaftliche Bereiche des Mittelalters sich in mancher Hinsicht verbanden, um eine ideologische Basis für die Unterdrückung von Frauen sicherzustellen, wird Hildegards Fall zeigen, daß selbst die mittelalterliche Wissenschaft flexibel genug war, Variationen und Veränderung zuzulassen. In den fähigen Händen einer schreibenden Frau konnten beide Zugänge zu Fragen der Geschlechterunterschiede – der religiöse und der wissenschaftliche – zu maßvoll feministischen Zielen verwendet werden.

American Benedictine Review, 31, 1980, S. 361-383, und Joan Cadden, *It Takes All Kinds: Sexuality and Gender Differences in Hildegard of Bingen's »Book of Compound Medicine«*, in: *Traditio*, 40, 1984, S. 149-174.

Geschlecht und Geschlechterverhältnis in der Schöpfungsgeschichte

Wenn die Natur, und darin stimmten alle überein, eine Ordnung hat, einer Absicht unterliegt und mit Bedeutungen verschlüsselt ist, dann muß jede vollständige Erklärung eines natürlichen Phänomens wie das der Unterschiede zwischen Männern und Frauen ihren Platz in dieser Ordnung, ihren Zweck und ihre Bedeutung erfüllen – seinen Platz im Plan Gottes haben. Um dies zu tun, wandte sich Hildegard, wie andere mittelalterliche Autoren auch, der ersten Autorität hinsichtlich der Quelle dieses Planes zu – Moses. Hildegard war sich bewußt, daß die *Genesis* zwei verschiedene Versionen des ursprünglichen Verhältnisses von Mann und Frau enthielt: die erste betont ihre Gleichheit, die zweite ihre Verschiedenheiten. Die erste Version ist sehr einfach, sie ist in dem Bericht über die Arbeit Gottes am sechsten Schöpfungstag enthalten: »Und Gott schuf den Menschen nach seinem Bilde, nach Gottes Bilde schuf er ihn; und er schuf sie als Mann und als Weib.« Viele Bibelexegeten kommentierten diesen Passus ausführlich, da sie feststellen wollten, in welchem Sinne die Menschen gottähnlich waren. Hildegard weist zu Beginn einer ihrer Erörterungen des Geschlechterunterschiedes darauf hin, um unter Berufung auf eine unstrittige Autorität klarzustellen, daß die von ihr beschriebenen Unterschiede zwischen den Geschlechtern nicht notwendigerweise mit fundamentaler Ungleichheit verbunden waren.[3] Hildegard billigte die meisten der gängigen, von ihren männlichen Zeitgenossen vertretenen Auffassungen über die Geschlechterunterschiede, aber indem sie sie in den Kontext der schlichten Aussage stellte, daß Gott beide Geschlechter nach seinem Bilde schuf, und auch durch andere Mittel, gelang es ihr, diesen Unterschieden eine eigene Richtung zu geben, ihnen einen eigenen Sinn zu verleihen.

Ausgehend von der unbestrittenen Position, daß beide, Mann und Frau, nach dem Bilde Gottes und ihm zum Gleichnis geschaffen wurden, setzt Hildegard für die Analyse der Geschlechterunterschiede einen Rahmen, der seinen Ausgang von einer Art Gleichheit nimmt. Sie sagt: »Mann und Frau sind auf solche Weise

3 Hildegard von Bingen, *Liber divinorum operum simplicis hominis*, hg. von Joannes Dominicus Mansi, in: *Opera omnia*, hg. von A. de Reuss et al., Patrologia Latina, 197, Paris 1853, Teil II, Vision v, Kap. 43, col. 945.

miteinander vermischt, daß einer das Werk des anderen ist. Ohne die Frau könnte der Mann nicht Mann heißen; ohne Mann könnte die Frau nicht Frau genannt werden ... und keiner vermöchte es, hinfort ohne den anderen zu existieren.«[4] Aber Hildegard wäre nicht so erfolgreich gewesen – wäre nicht während ihrer ganzen Karriere von weltlichen und kirchlichen Würdenträgern konsultiert worden –, hätte sie ein zur herrschenden Theologie und Naturphilosophie in direktem Widerspruch stehendes Modell der Unterschiede zwischen den Geschlechtern entworfen. Selbst im Kontext der ersten Version der Schöpfungsgeschichte, in der der Text keine hierarchische Interpretation verlangt, führt Hildegard Unterschiede ein, wie sie sie anderswo entwickelt hat; so sagt sie zum Beispiel, daß die Frau das Werk (*opus*) des Mannes ist, der Mann dagegen der Trost der Frau.[5] Es ist deutlich nicht ihre Absicht, eine Geschlechter*gleichheit* zu behaupten. Vielmehr nutzt sie vorhandene Möglichkeiten, um eine Geschlechter*symmetrie* zu konstruieren und zu untermauern. Es ist das Prinzip der Symmetrie und die Vorstellung einer symmetrischen Würde, die sie aus den Worten »Er schuf sie nach seinem Bilde ... und er schuf sie als Mann und als Weib« ableitet.

Aber Hildegard muß natürlich auch auf den zweiten biblischen Bericht über die Erschaffung des Menschen zu sprechen kommen: die längere und bekanntere Geschichte von Adam und Eva. Diesem Mythos, der vielen misogynen Interpretationen Stoff geboten hat, verleiht Hildegard etwas von der ausgewogeneren Bedeutung der früheren, einfacheren Version, die wir gerade erörtert haben. Durch Rückbezug auf die Worte »er schuf sie als Mann und als Weib« und auch durch häufiges Verweisen auf die Worte Gottes nach der Erschaffung der Frau: »Und sie werden sein ein Fleisch«, gelingt es ihr, die asymmetrischen und hierarchischen Implikationen der Adam-und-Eva-Geschichte zu dämpfen. Gleichzeitig akzeptiert und entwickelt sie die Unterschiede zwischen den Geschlechtern, so wie sie ihrer Meinung nach in der Adam-und-Eva-Geschichte enthalten sind.

4 Hildegard, *Liber divinorum operum*, Teil I, Vision iv, Kap. 100, col. 885: »Vir itaque et femina sic ad invicem admisti sunt, ut opus alterum per alterum est, quia vir sine femina vir non vocatur, nec femina sine viro femina nominaretur. Femina enim opus viri est, et vir aspectus consolationis feminae est, et neuter eorum absque altero esse posset.«

5 Vgl. Anm. 4.

Adam wurde »aus der Lebensfrische mannbarer Erde« geschaffen und war daher außerordentlich stark; Eva wurde aus seinem Mark gemacht und war daher weich.[6] (Manchmal sagt Hildegard »schwach«; manchmal ersetzt sie es durch weniger negative Worte wie »weich«.) Dieser Unterschied in der Komposition hatte physische, psychologische und soziale Konsequenzen. Die Erdhaftigkeit des Mannes ist Grund seines Bartes, die Frau dagegen ist bartlos wie die Kriechtiere und wie diese dazu bestimmt, dem Manne zu dienen.[7] Außerdem haben die Umstände ihrer Erschaffung ökonomische Implikationen. Wie die meisten Autoren des Mittelalters unterlegt Hildegard den mit der Vertreibung aus dem Paradies verbundenen Bestimmungen die Bedeutung, daß die Frau dazu bestimmt ist, Kinder zu gebären, und der Mann, das Land zu bearbeiten – und da sie Gottes Wort mißachtet haben, wird es für beide Mühsal sein. Aber im Gegensatz zu den meisten männlichen Autoren scheint Hildegard wahrgenommen zu haben, daß im Mittelalter die Frauen ebenfalls mit für die Subsistenz wesentlicher Arbeit befaßt waren – wenn es auch andere Arbeit war als die der Männer. Die Unterschiede zwischen der Arbeit von Männern und Frauen erklärt sie auf folgende Weise: Da die Erschaffung des Mannes eine grundlegende Transformation bedeutete (aus Lehm in Fleisch), beinhaltet auch seine Arbeit eine grundlegende Transformation – er bringt die Erde dazu, Früchte zu tragen. Dagegen bestand die Erschaffung der Frau lediglich aus der Umarbeitung eines bereits bestehenden Stoffes (aus seinem Fleisch in ihr Fleisch), folglich gelte dies auch für ihre Arbeit: sie verrichtet handwerkliche Arbeit.[8]

Auch ihr Verständnis der weiblichen und männlichen Rolle in der Zeugung leitet Hildegard aus der göttlichen Schöpfungsordnung ab: da der Mann der erste war, erzeugt er die Kinder, und da die Frau die zweite war, trägt sie sie aus.[9] In vielerlei Hinsicht klingt diese Vorstellung der Rollenverteilung im Fortpflanzungsgeschehen wie das klassische aristotelische Modell, das zu jener Zeit geläufig war und demzufolge das Männliche in der Zeugung

6 Hildegard von Bingen, *Causae et curae*, hg. von Paul Kaiser, Bibliotheca Scriptorum Graecorum et Romanorum Teubneriana, Leipzig 1903, Buch II, S. 46: »... de viriditate virilis terrae ...« Dieses Buch ist auch als *Liber compositae medicinae* und in der dt. Übersetzung als *Heilkunde* bekannt.

7 Hildegard, *Causae et curae*, Buch II, S. 34.

8 Hildegard, *Causae et curae*, Buch II, S. 59.

9 Hildegard, *Liber divinorum operum*, Teil II, Vision V, Kap. 43, col. 945.

eine aktive, das Weibliche eine passive Rolle spielt. Aber wiederum greift Hildegard eine geläufige Auffassung auf und reinterpretiert sie, um zu einem symmetrischeren Modell der Geschlechterunterschiede zu gelangen. Ohne zu leugnen, daß der Mann die erste Quelle der Nachkommenschaft ist, erklärt sie:

»So nähren sich auch aus der Wurzel des Baumes, die die Grünkraft in sich schließt, die Blüten und die Früchte; entstammen sie doch einer Einheit. Und so werden auch durch den Mann und die Frau gar viele [Nachkommen] hervorgebracht, die dennoch von einem einzigen Schöpfer abstammen. Wenn der Mann allein wäre oder die Frau allein bliebe, würde kein Mensch entstehen können.«[10]

Aus den Berichten über die Erschaffung des Menschen zieht Hildegard den Schluß, daß beide, Frau und Mann, im Zeugungsprozeß notwendig und aufeinander angewiesen sind. So ist die Antwort auf die erste Frage, warum es männliche und weibliche Menschen gibt, daß Gott sie dazu bestimmt hat, notwendige und sich ergänzende Rollen sowohl in der Gesellschaft – wie die natürliche Arbeitsteilung illustriert – als auch in der Erzeugung von Nachkommenschaft zu spielen.

Geschlechter und Geschlechterrollen in der menschlichen Zeugung

Auch wenn Hildegard die Struktur der menschlichen Reproduktion im Kontext ihrer medizinischen Werke behandelt, verweist sie weiterhin auf die im Moment der Erschaffung des Menschen von Gott eingesetzten Prinzipien und ordnet und interpretiert ihre Materialien so, daß sie eine Symmetrie der männlichen und weiblichen Rollen hervortreten lassen, nicht aber deren Gleichheit behaupten. So beantwortet sie die zweite Frage – Warum werden manche Kinder als Mädchen und manche als Jungen geboren? – durch wiederholtes Hervorheben des Primats des Vaters im Zeugungsprozeß, ändert dieses Primat aber gleichzeitig auf zweifache Weise ab. Erstens schwächt sie die Bedeutung des Geschlechts des Kindes ab, indem sie bei der Erklärung der Geschlechtsdetermi-

10 Ibid.: »Per radicem quoque arboris, quae viriditatem in se continet, flores et poma enutriuntur et ab uno sunt; ita per masculum et feminam multi procreantur, qui tamen ab uno creatore procedunt. Nam si masculus solus, vel femina sola esset, nullus homo generaretur.«

nierung gleichzeitig den moralischen Charakter des Kindes heranzieht. Zweitens schreibt sie der Mutter und der Beziehung der Eltern zueinander eine bedeutsame Rolle in der Determinierung dieser weiteren Faktoren zu. Ihrer Auffassung der Reproduktion zufolge werden die Charaktermerkmale eines Kindes durch die physischen Eigenschaften, das Verhalten und die Einstellungen beider Eltern beeinflußt.

Hildegard zufolge findet Empfängnis statt, wenn im Geschlechtsverkehr der Schaum des Mannes und der Schaum der Frau aufeinandertreffen. Der Schaum ist Produkt der Erregung des Blutes, wobei das Blut des Mannes von Natur aus Samen enthält, das der Frau nicht. Das Blut der Frau ist relativ schwach und dünn und ihr Schaum ist weniger weiß, da sie aus dem Fleisch des Mannes geschaffen ist.[11] Und aus dem gleichen Grund dient sie dem Mann als Gefäß. Der vereinigte Schaum setzt sich im Schoß der Frau ab und durchläuft dort eine Reihe physischer Prozesse: Erwärmung, Abkühlung und Trocknung. Zwar nennt Hildegard weitere Einflüsse auf das gezeugte Kind – die Phasen des Mondes bei der Empfängnis zum Beispiel oder die Eigenschaften der umgebenden Luft[12] –, aber sie sieht in den Eltern den Schlüssel für das Kind. Sie zählt folgende Konstellationen und deren Ergebnisse auf:

1. Wenn der Mann einen starken Samen hat und der Mann und die Frau sich aufrichtig lieben, wird ein kluger, tüchtiger Sohn entstehen.

2. Wenn der Mann einen starken Samen hat und die Frau liebt, sie aber ihn nicht liebt, wird ein wenig tüchtiger Sohn geboren werden.

3. Wenn der Samen schwach ist, aber der Mann und die Frau einander lieben, wird ein tüchtiges Mädchen entstehen.

4. Wenn der Samen schwach ist und beide Eltern keine Liebe empfinden, wird das Kind ein Mädchen und wahrscheinlich wenig tüchtig sein.

5. Wenn der Samen stark ist, aber beiden Eltern die Liebe fehlt, wird ein bitterer Sohn geboren werden.

6. Wenn der Samen schwach ist und beide Eltern ohne Liebe sind, wird das Kind eine bittere Tochter sein.[13]

11 Hildegard, *Causae et curae*, Buch II, S. 60, 67-68 und 76.
12 Hildegard, *Causae et curae*, Buch I, S. 18, und Buch II, S. 97.
13 Hildegard, *Causae et curae*, Buch II, S. 35-36.

Das Geschlecht des Kindes hängt also von der Stärke des Samens des Vaters ab, während der Charakter des Kindes auf die eheliche Liebe beider Eltern zurückgeht.

Trotz der entscheidenden Rolle des Vaters in der Determinierung des Geschlechts haben wir es hier nicht mit dem aristotelischen Modell männlich-weiblicher Dichotomien zu tun, demzufolge Männer heiß und Frauen kalt, Männer aktiv und Frauen passiv sind. Hildegard, die zu einer Zeit schrieb, als Aristoteles' Werke gerade in lateinischer Sprache zugänglich wurden, führt eine solche Lehre weder an, noch geht sie indirekt darauf ein. Obwohl sie offensichtlich glaubt, daß Frauen schwächer und eher Gefäße als Ursachen der Nachkommenschaft sind, hält sie nachdrücklich daran fest, daß die allgemeine Konstitution und die generative Wirksamkeit jedes der beiden Geschlechter eine beträchtliche Variationsbreite aufweisen.[14] Dicke Frauen haben genügend Hitze, um den Samen des Mannes zu überwältigen, was zu Kindern führt, die in den Gesichtszügen der Mutter ähneln; die Kinder magerer Frauen sehen ihren Vätern ähnlich.[15]

Auch wenn der Mann unter physischen Gesichtspunkten der entschieden stärkere reproduktive Partner ist, haben Charakter und Verhalten der Mutter und des Vaters doch vergleichbare Auswirkungen. Wir bemerken dieses Muster in der eben erwähnten Beziehung zwischen der Zuneigung der Eltern zueinander und der Veranlagung der Kinder. Es wird auch in Hildegards Kommentaren über die reproduktiven Auswirkungen des Ehebruchs deutlich. Wenn in der Ehe kein angemessener Geschlechtsverkehr stattfindet, mag es sein, daß beide, Ehemann und Ehefrau, sich voller Begierde mit einem Fremden zu vereinen suchen. Diese unangemessene Blutvermischung wird unglückliche Kinder verursachen, die befleckt sein werden, insbesondere in ihrer Vernunft. Hildegard behandelt die Untreue von Mann und Frau symmetrisch, mit einer durch die strukturelle Asymmetrie des Reproduktionsprozesses bedingten Ausnahme, daß nämlich die Schwangerschaft im Mutterleib ausgetragen wird. Wenn eine Frau bereits empfangen hat und dann, während der Fötus in einem noch schwachen Stadium ist, Geschlechtsverkehr mit einem anderen Mann hat, wird der Fötus dadurch beschmutzt.[16]

14 Hildegard, *Causae et curae*, Buch II, S. 70-76 und 87-89.
15 Hildegard, *Causae et curae*, Buch II, S. 36.
16 Hildegard, *Causae et curae*, Buch II, S. 68-69.

In beiden Erklärungen der Ursprünge der Geschlechtsunterschiede – der auf dem göttlichen Schöpfungsplan beruhenden und der das Resultat einer menschlichen Zeugung interpretierenden – respektieren und integrieren Hildegards Vorstellungen wissenschaftliche, theologische und soziale Traditionen. In jedem Aspekt ihres Verständnisses der Konzepte von »weiblich« und »männlich« sind Geschlechtsunterschiede im engen biologischen Sinn und Geschlechterunterschiede im weiteren Sinn verflochten. Adam, geschaffen aus Umwandlung von Lehm, ist stärker als Eva, die durch Umgestaltung eines Teils von Adam entstanden ist. Und auf Grund ihrer Stärke und ihrer Macht, zu transformieren, bestimmen Adams Söhne das Geschlecht ihrer Nachkommen. Dennoch ist Hildegard nicht so eng an die theologischen oder wissenschaftlichen Standardvorstellungen gekettet, daß sie Gelegenheiten auslassen würde, weibliche Stärken festzustellen. Frauen, so bemerkt sie beiläufig, sind weniger anfällig für Hernie (Brüche) und Gicht als Männer.[17] Hildegard hat keine Abhandlungen geschrieben, die die Stärken und Tugenden von Frauen preisen. Obgleich sie nicht direkt versucht, Frauen gegen übergreifende ökonomische, soziale, religiöse und moralische Geschlechterimplikationen ihrer biologischen Schwäche zu verteidigen, war ihr Bewußtsein gegenüber diesen Implikationen so geschärft, daß sie die Standardansichten über den Geschlechterunterschied regelmäßig umschrieb, und zwar wie um die misogynen Möglichkeiten abzumildern. Ein eindrucksvolles Beispiel ihrer Kunstfertigkeit, die Beziehungen zwischen biologischen, sozialen und moralischen Konstrukten neu zu fassen, ist ihre Behandlung der weiblichen und der männlichen Sexualität.

Weibliche und männliche Sexualität

Im 12. Jahrhundert entsprach die übliche intellektuelle Sichtweise von Sexualität einem Paradox. Die meisten Abhandlungen über Sexualität, gleich ob Verurteilungen von Sodomie oder Kuren gegen Impotenz, handelten von männlicher Sexualität. Gleichzeitig wurden Frauen nicht selten als von Grund auf geschlechtliche Wesen dargestellt – sie wurden mit dem Fleisch und den Sünden des

17 Hildegard, *Causae et curae*, Buch II, S. 99-100 und 102.

Fleisches identifiziert. In beiden Hinsichten lief Hildegards Ansicht der Norm zuwider. Erstens diskutierte sie offen die Sexualität von Frauen und stellte sie als bedeutsam und besonders dar. Zweitens vertrat sie die Minderheitenposition, daß Frauen keineswegs stärker von Begierden beherrscht werden als Männer. Einer ihrer medizinischen Abhandlungen, der *Heilkunde*, zufolge kommen die Winde der Geschlechtslust bei Männern und Frauen aus dem Mark.[18] Beim Mann verlaufen Gefäße von der Leber zum Unterleib, die in den Genitalien zusammentreffen. Möglicherweise dringt der Wind der Leidenschaft durch sie in die Lenden. Bei der Frau strömt der Wind in den Leib. Das Ergebnis ist bei beiden, daß das Blut zur Lust hinbewegt wird. An diesem Punkt des Prozesses kommt ein wichtiger anatomischer Unterschied ins Spiel. Beim Mann blasen die libidinösen Winde in eine enge geschlossene Stelle in den Lenden, wo sie wenig Raum haben, um sich auszubreiten; bei der Frau dringen die Winde in den weiten Raum des Leibes, sie können sich in ihrem Unterleib ausbreiten. Derart gewaltsam konzentriert, wirkt der Wind in den Genitalien des Mannes folgendermaßen: er füllt zwei Zelte, die Testikel, die als Blasebälge dienen. Die Blasebälge blasen gleichmäßig und stark und verursachen die Erektion des Penis. So ist die Einschnürung der Lust im Mann sowohl Resultat der geschlechtlichen Anatomie als auch Ursache der offensichtlichsten anatomischen Reaktion auf sexuelles Begehren. Die Enge der männlichen Anatomie und die Räumlichkeit der weiblichen erklären jedoch mehr als diese spezifischen Elemente der Sexualität. Sie erklären auch, was Hildegard als allgemeine Physiologie und Psychologie des männlichen und weiblichen Sexualverhaltens ansieht. Da die Leidenschaft des Mannes stärker konzentriert, die der Frau zerstreuter ist, haben Männer stärkere und heftigere geschlechtliche Impulse als Frauen. Das Bild des Windes ausmalend, legt Hildegard dar, daß das Begehren einem Sturm auf dem Meer gleicht. Ein Mann wird von einem so heftigen Sturm geschüttelt, daß er sich auf Grund der Sturmböen und der mächtigen Wogen kaum enthalten kann. Bei einer Frau sind Wind und Wogen sanfter, und daher ist sie eher in der Lage, sich zu beherrschen – obwohl es Mühe kostet. Der Geschlechtstrieb einer Frau ist also nicht nur weniger stark, sondern auch gleichmäßiger. Sie ist daher eher in der Lage, sich zu

18 Hildegard, *Causae et curae*, Buch II, S. 69-70 und 76-77.

zügeln, und sie ist weniger impulsiv. Diese Charaktereigenschaften sind nicht nur moralisch hoch zu bewerten, sie sind auch biologisch funktional: sie ermöglichen es den Frauen, Kinder zu empfangen, auszutragen und zu gebären. Wie Hildegard es formuliert: »Die geschlechtliche Lust bei der Frau kann mit der Sonne verglichen werden, die milde und leicht und ständig die Erde mit ihrer warmen Glut durchdringt, auf daß sie Früchte hervorbringe.«[19]

Die Unterscheidungen, die Hildegard zwischen männlicher und weiblicher Sexualität trifft, sind Unterschiede im Grade, nicht in der Art: sie betrachtet Frauen und Männer nicht als Gegensätze. Darüber hinaus setzt sie das, was sie als weibliche Schwäche betrachtet, in ein eher günstiges Licht. Die Frau ist kühler und feuchter, aber es sind diese Eigenschaften, die sie fruchtbar machen. Sie ist in ihrer Anatomie räumlicher, und ihre Leidenschaften sind milder, und eben diese Eigenschaften erlauben ihr, Kinder zu empfangen, auszutragen und zu gebären. In Hildegards Erörterungen der Sexualität ist Moralisches und Körperliches eng verknüpft, und auch hierin hat die Schwäche der Frau ihre gute Seite. Da ihr Begehren weniger heftig ist, ist eine Frau eher in der Lage, sich zu enthalten – auf Grund ihrer Feuchte, die die Hitze der Lust dämpft, und auf Grund von Scheu oder Scham.[20] Abgesehen von dieser Unterscheidung sind die moralischen Differenzen zwischen Frauen und Männern sogar noch geringer als die physischen. Wenn Hildegard Frauen und Männer vergleicht, so tut sie es nicht, um Gegensätze herauszustreichen, sondern um Ähnlichkeiten wie Unterschiede zu erörtern. Sie vertritt nicht die Position, die biologischen und gesellschaftlichen Beiträge von Frauen und Männern seien dieselben, auch nicht, daß sie gleichwertig seien, aber sie stellt sie regelmäßig als symmetrisch dar: für jede männliche biologische oder gesellschaftliche Funktion beschreibt sie eine entsprechende oder komplementäre weibliche Funktion.

19 Hildegard, *Causae et curae*, Buch II, S. 76: »Delectatio autem in muliere soli comparatur, qui blande et leniter et assidue terram calore suo perfundi, ut fructus proferat...«
20 Hildegard, *Causae et curae*, Buch II, S. 76.

Schlußfolgerungen über Sexualität und Geschlechtsunterschiede als Gegenstand der Wissenschaft

Hildegards Erörterungen der Geschlechtsunterschiede laden zu zwei Arten von Schlußfolgerungen über das mittelalterliche Denken zu diesem Thema ein: Die erste hat mit dem Inhalt ihrer Vorstellungen zu tun, die zweite mit der Art, in der diese Vorstellungen Aspekte einer Kultur und Gesellschaft aufnahmen und widerspiegelten, die wir heute als unwissenschaftlich betrachten.

Auf Grund ihrer Ursprünge sind Mann und Frau von verschiedener Konstitution – er wurde direkt durch Umwandlung geschaffen, sie war eine sekundäre Schöpfung durch Umbildung. Folglich ist der Mann härter, stärker und wärmer. Seine geschlechtlichen Impulse sind heftiger, und in der Zeugung spielt er die Hauptrolle. Schließlich ist er derjenige, der durch seine Arbeit Nahrung produziert. So formuliert, scheint die Wichtigkeit des Mannes wenig Raum für die Würde der Frau zu lassen, dennoch stellt Hildegard in jedem Bereich ihre positive Bedeutung heraus. Die Frau ist weicher und feuchter. Ihre geschlechtlichen Impulse sind ausgeglichener und daher dem Empfangen, Austragen und Gebären von Kindern zuträglich. In der Zeugung wirkt sie auf die physische und moralische Eigenart der Nachkommen ein. Und ihre Arbeit schließlich beinhaltet, Agrarprodukte und Erzeugnisse des Mannes zu nehmen und ihnen durch Bearbeitung nützliche Formen zu geben. Tatsächlich hat Hildegard selbst es unternommen, die Rohmaterialien der Theologie und Naturphilosophie des 12. Jahrhunderts umzuformen. Sie hat eine Reihe von Vorstellungen, die das Männliche betonen und eine hierarchische Beziehung zwischen den Geschlechtern schaffen, aufgenommen und so umgearbeitet, daß dem Weiblichen ein ebenbürtiger Platz eingeräumt und eine mehr symmetrische Beziehung zwischen den Geschlechtern hergestellt wird.

Hildegards Fähigkeit, eine solche Umformung vorzunehmen, hat zu tun mit einer gewissen Dehnbarkeit des Materials, mit dem sie arbeitete. Systematische Anschauungen über die natürliche Welt im Mittelalter – wie überhaupt jede systematische Anschauung über die natürliche Welt in jedem Zeitalter – konnten nicht so geschlossen und dogmatisch sein, daß sie Neuinterpretationen und Neukombinationen von Ideen und Vorstellungen ausschlossen, die sich am Ende als Innovationen und Transformationen erwiesen. Beide, die Wissenschaftsideologien und die Geschlechterideologien des Mittelalters, sind manchen außenstehenden Beobachtern besonders rigide und mächtig erschienen. Diese Ansicht rührt zum Teil aus den gerade diskutierten Umständen – der Integration dessen, was man heute allgemein als getrennte Lager gesellschaftlicher und ideologischer Macht, als getrennte Horte wissenschaftlicher, religiöser und gesellschaftlicher Orthodoxien ansieht. Aber wie wir gesehen haben, existieren Spielräume innerhalb dieser Bereiche – zum Beispiel hatte die Theologie mit zwei verschiedenen Versionen der Erschaffung des Menschen zu tun, von denen die eine in egalitären, die andere in hierarchischen Begriffen gefaßt war. Überdies hatten wissenschaftliche, religiöse und gesellschaftliche Orthodoxien unterschiedliche Funktionen und entstammten verschiedenen Traditionen, was bedeutete, daß sie nicht immer reibungslos übereinstimmten. So mag die Bibel zum Beispiel behaupten, daß der Frau die Arbeit des Gebärens und der Fortpflanzung obliegt, dem Mann dagegen die produktive Arbeit, aber in einer Subsistenzwirtschaft war es für Hildegard plausibel, ebenso von der produktiven Arbeit der Frauen zu sprechen. Kurz, Hildegards Originalität besteht nicht in irgendeinem Versuch, außerhalb des gegebenen Rahmens zu operieren, sondern in ihrer Fähigkeit, innerhalb dieses Rahmens zu navigieren.

Die zweite Schlußfolgerung, die sich aus dem Inhalt von Hildegards Vorstellungen über die Geschlechterunterschiede ergibt, hat ebenfalls mit der Zusammenführung von wissenschaftlichen, religiösen und gesellschaftlichen Momenten zu tun. Sie lautet ganz schlicht, daß diese Integration im 12. Jahrhundert bewußt, explizit und gewollt war. Genau diese Integration ist der Grund, weshalb manche modernen Wissenschaftler dazu neigen, im Mittelalter die Existenz von dem, was sinnvoll »Wissenschaft« genannt werden könnte, zu leugnen. Für feministische Wissenschaftlerinnen ist diese Leugnung nicht ohne Ironie, da wir daran festhalten, daß in der Ausbildung von Wissenschaft *immer* gesellschaftliche und ideologische Kräfte am Werk sind. Das Problem für uns ist daher weniger, warum mittelalterliche Autoren diese Wechselbeziehungen so offen zugeben (tatsächlich begrüßen), sondern vielmehr, wieso spätere Autoren versucht haben, sie zu verbergen. In dieser Hinsicht ist ein feministisches Studium mittelalterlicher Wissenschaft einfach, da die Spur der Geschlechterthematik oft deutlich in die Oberfläche der Texte eingeschrieben ist, während Forscherinnen wie Londa Schiebinger und Elvira Scheich die verborgenen Botschaften einer Ära finden und entschlüsseln müssen, die vorgibt, die Dinge anders zu handhaben.

Schlußfolgerungen über Frauen und das Betreiben von Wissenschaft

Dieser Aufsatz hat sich bis jetzt auf nur einen Weg konzentriert, auf dem wissenschaftliche Themen und die Bestimmung der Geschlechter sich treffen: die Inhalte von Wissenschaft weisen geschlechterbezogene Implikationen auf. Hildegards Werk legt indessen noch einen zweiten Weg nahe, auf dem Wissenschaft und Geschlecht sich überschneiden: manchmal betreiben Frauen Wissenschaft, selbst im Mittelalter. Welchen Unterschied macht es, daß Hildegard eine Frau war, bezogen auf ihre wissenschaftlichen Schlüsse und die Art, wie sie zu ihnen gelangte und sie darstellte?

Endgültige Antworten auf diese Fragen verlangen eine detaillierte Darstellung dessen, was männliche Autoren über diese Themen sagen. Hier genügt es festzuhalten, daß Hildegard sich auf signifikante Weise von ihren männlichen Zeitgenossen unterscheidet, sowohl in dem Maß an Aufmerksamkeit, die sie den Frauen schenkt, als auch in der Art, wie sie die übliche hierarchische Sprache mildert. Genauer gesagt, ihre Behandlung der Geschlechtsunterschiede scheint mit ihrem Wunsch verbunden zu sein, als Frau erstens der weiblichen Konstitution, der Sexualität der Frau und ihrer Rolle in der Reproduktion angemessene Aufmerksamkeit entgegenzubringen, und zweitens, Mann und Frau in ihrer Existenz und ihren Funktionen symmetrisch darzustellen.

In der Art der Präsentation ähnelt Hildegards Werk in vieler Hinsicht dem ihrer männlichen Zeitgenossen. In einer intellektuellen Welt, in der Legitimität nicht auf Autonomie und Objektivität beruhte, sondern auf einem sorgfältig hergestellten Bezug zu Traditionen und Autoritäten, würden Hildegards allgemeine Strategien für jeden Autor einen Sinn ergeben. Wir haben beispielsweise gesehen, in welchem Maß sie sich explizit auf die Autorität der Bibel beruft und auch die Sorgsamkeit, mit der sie Standardmeinungen beachtet und einbezieht. Dennoch ist Hildegards Werk von einem ungewöhnlichen Grad an Ehrerbietung gekennzeichnet. Nicht nur insistiert sie öfter als die meisten männlichen Autoren auf ihrer Unwürdigkeit und ihrem Mangel an Bildung, sondern sie entscheidet sich auch, ihre wissenschaftlichen Vorstellungen in Werke einzubetten, die ihrer Rolle und ihrem Stand im Leben angemessen erscheinen.[21] Hildegard schrieb keine Abhandlungen über Naturphilosophie, keine Enzyklopädien oder pädagogischen Dialoge, das heißt, sie verwendete nicht die Ausdrucksmittel, die Männer benutzten, wenn sie systematische Behauptungen über die natürliche Ordnung aufstellen wollten. Statt dessen sind ihre Erörterungen wissenschaftlicher Themen, einschließlich dessen, was sie über die Geschlechtsunterschiede zu sagen hatte, entweder in ihren medizinischen Werken enthalten, die in Zusammenhang mit der Leitung einer Nonnengemeinschaft als praktische Handbücher geschrieben sein konnten, oder in ihren visionären Werken, in denen das, was sie schrieb, ihr von Gott diktiert wurde. Ihre Autoritätsquellen und ihre Ausdrucksformen sind daher ebenso wie ihre spezifischen Vorstellungen über Frauen und Männer davon geprägt, daß sie eine Frau war, die über die Natur schrieb.

Die Art und Weise, in der Hildegard ihre Position bestimmte – die Art, in der sie ihre ungewöhnlichen Sichtweisen mit den überkommenen Traditionen verband, die Art, wie sie eine akzeptable Nische schuf, innerhalb deren sie ihre Vorstellungen ausdrücken konnte –, hatte zur Folge, daß sie mit einer gewissen Freiheit und mit einem gewissen Erfolg operieren konnte. In mancher Hinsicht war sie eine wissenschaftlich Konservative: obwohl das, was sie sagt und wie sie es sagt, eine implizite Kritik an Inhalt und Vorgehensweise der Wissenschaft ihrer Zeit beinhaltet, war sie dem damaligen Unterfangen verpflichtet, zu einem systematischen Verstehen der natürlichen Welt zu gelangen. Sie sah die Möglichkeiten und Grenzen von Wissenschaft von innen.

21 Vgl. Barbara Newman, *Sister of Wisdom: St. Hildegard's Theology of the Feminine*, Berkeley 1987, und Joan Cadden, *Wissenschaft, Sprache und Macht im Werk Hildegards von Bingen*, in: *Feministische Studien*, Jg. 9, Nr. 1, 1991, S. 69-79.

IV

Konstruktionen von Männlichkeit und Weiblichkeit in der modernen Biologie

Die »Gründungsväter« der modernen Biologie, Carl von Linné, Erasmus Darwin und sein Enkel Charles Darwin, bilden den Mittelpunkt des abschließenden Kapitels. Sie stehen dabei stellvertretend für den im 18. Jahrhundert langsam fortschreitenden Prozeß, die »Natur« in neuen Ordnungskategorien zu denken, zu klassifizieren, zu formalisieren, zu abstrahieren und schließlich neu zu rekonstruieren – Aufgaben, die mit der Entstehung der »Biologie« als akademischer Disziplin zusammenhängen. Der menschliche Körper wird vor diesem Hintergrund neu entdeckt und im Sinne eines wissenschaftlichen Konstruktes überhaupt erst geschaffen; davon bleibt die Deutung der Zeugungs- und Fortpflanzungsvorgänge nicht unberührt. Im Licht der Vernunft wandelt sich auch die Differenz zwischen den Geschlechtern.

Der Bruch zwischen den traditionellen und den neuen Konzepten der Natur, die in der Folge der »wissenschaftlichen Revolution« entstehen, liegt in der Methode der Betrachtung. In den Vordergrund treten formalisierte Systeme von Bezeichnungen, die eine unsichtbare abstrakte Ordnung repräsentieren sollen. Natur wird ihrer konkreten Wirklichkeit und theologischen bzw. symbolischen Bedeutung enthoben, in einer Meta-Sprache erfaßt und beschrieben. Indem die Untersuchungsgegenstände ihres Zusammenhangs beraubt und sozusagen auf einen »reinen Kern« reduziert werden, wird ihre Beschreibung verallgemeinerbar, werden die Naturgesetze empirisch nachweisbar und experimentell wiederholbar. Natur erscheint passiv, unterwürfig, verfügbar; und erst als Folge dieses Prozesses kann eine Trennung zwischen dem sozialen und dem biologischen Körper gedacht werden, kann Natur der Kultur gegenübergestellt werden. Der Schein der Naturhaftigkeit verdeckt die Konstruiertheit, die Gesellschaftlichkeit von »Natur«.

Die Bilder, in denen fortan Sexualität und Befruchtung gedacht wurden, sind in dem neuen Verständnis der Natur von fundamentaler Bedeutung. Wie vor allem Carolyn Merchant zeigte, hat die Verwendung einer Geschlechtsmetaphorik in der Beschreibung von Natur und die Nähe von Frau zur Natur eine jahrtausendealte Tradition. Dennoch unterscheidet sich der Gebrauch von Geschlechterkonstruktionen und das Interesse an der Sexualität der

Pflanzen, wie es Carl von Linné und seine Schüler im 18. Jahrhundert entwickeln, deutlich von Traditionen, Natur z. B. in weiblichen Allegorien zu fassen. Wie Londa Schiebinger ausführt, ist das Interesse der Botaniker auch und gerade darauf konzentriert, einheitliche Naturgesetze zu finden. Vorstellungen von einer allgemeinen Sexualität – geprägt von den gelebten Geschlechterbeziehungen der europäischen Gesellschaft des 18. Jahrhunderts – und die Anatomie der Sexualorgane werden für Linné zur Basis einer taxonomischen Einteilung der Pflanzenwelt. Sie dienen gleichermaßen dazu, einen exakten Unterschied zwischen den Geschlechtern – bei Pflanzen, Tieren, wie Menschen – zu entwerfen.

Zwei Wissenschaftlergenerationen später haben sich dann die hierarchischen Setzungen der Geschlechterdifferenz weiter verselbständigt. Die Evolutionstheorie, so legt Elvira Scheich dar, setzt an gegebenen Systematiken der Artenteilung an, die zu Zeiten Charles Darwins zum unwidersprochenen Gedankengut der Biologie gehören. Darwin läßt sie als Bausteine in seine Abstammungslehre einfließen, nach der die Vielfalt des Lebendigen eine historisch gewordene ist. Er übernimmt damit stillschweigend die etablierten Vorstellungen zum Geschlechterkampf, ohne hierauf noch besonderen Bezug nehmen zu müssen. In Darwins Vorstellungen von Entwicklung ist die Konkurrenz unter den Individuen in der Population einer Art entscheidend, mithin also abstrakte Kategorien, die die Zeitlosigkeit von Reproduktion und Arterhaltung ausdrücken sollen. Derweil sind die Bilder des Weiblichen und des Männlichen deutlich verortet im zeitgenössischen kulturellen Kontext. Elvira Scheich versucht deutlich zu machen, daß mit der Hervorhebung des abstrakten Systems eine neue Stufe erreicht wird in der Naturalisierung der Geschlechterdifferenz und der Ausgrenzung von Frauen aus der bürgerlichen Öffentlichkeit des 19. Jahrhunderts.

Londa Schiebinger
Das private Leben der Pflanzen: Geschlechterpolitik bei Carl von Linné und Erasmus Darwin

In her wane beauty, Ninon won
With fatal smiles her gay unconscious son. –
Clasp'd in his arms she own'd a mother's name, –
»Desist, rash youth! restrain your impious flame,
»First on that bed your infant form was press'd,
»Born by my throes, and nurtured at my breast.«
Back as from death he sprang, with wild amaze
Fierce on the fair he fix'd his ardent gaze;
Dropped on one knee, his frantic arms outspread,
And stole a guilty glance toward the bed;
Then breath'd from quivering lips a whisper'd vow
And bent on heaven his pale repentant brow;
»Thus, thus!« he cried, and plung'd the furious dart,
And life and love gush'd mingled from his heart.*

Erasmus Darwin,
The Loves of the Plants, 1789

Hermaphroditische Pflanzen, von unnatürlichen Müttern »kastriert«. Bäume und Sträucher, die »Hochzeitskleider« tragen, Blumen, ausgebreitet als »Hochzeitsbetten« für einen grünen Bräutigam und seine zärtlich geliebte Braut. Sind dies Abhandlungen einer Wissenschaftsakademie des 18. Jahrhunderts oder Geschichten aus dem Boudoir?

Tatsächlich sind es einige der Kategorien, die Carl von Linné,

* In ihrer blassen Schönheit eroberte Ninon, / mit unheilvollem Lächeln ihren heitren, unerfahrnen Sohn. / In seinen Armen besann sie sich als Mutter, / »Halt ein, du unbesonn'ner Jüngling! Bezähm' dein ruchlos Feuer, / »Auf diesem Bett ward deine kindlich Form geprägt, / »In meinen Schmerzen warst du geboren dort, genährt an meiner Brust.« / Er sprang zurück wie angerührt vom Tode, und mit verstörtem Staunen / Traf ungestüm die Schöne nun sein glühnder Blick; / Auf Knien, die heißen Arme ausgestreckt, / Wandt flüchtig er dem Bett sein schuldbewußtes Auge zu; / Die blasse Stirn zum Himmel reuevoll gehoben / entrang den bebend' Lippen sich geflüstert fast ein Schwur; / »So sei's, so sei's! schrie er und rasend stieß er zu mit seinem Speer, – / Und aus gebrochnem Herzen brach Lieb und Leben eins in eins hervor.

der Vater der modernen Botanik, und seine Schüler in ihrem Versuch, die Sexualität von Pflanzen zu verstehen, entwickelten. Sexualität von Pflanzen gehörte nicht nur beiläufig zu der Umwälzung, die das Studium des Pflanzenreichs im 18. Jahrhundert erfuhr, sie bildete vielmehr deren innersten Kern. Vom Mittelalter bis in die Renaissance gab es nur einen wesentlichen Grund für das Studium der Botanik: Pflanzen wurden als Heilmittel genutzt. Im 18. Jahrhundert dagegen standen nicht mehr die medizinischen Eigenschaften der Pflanzen im Mittelpunkt des Interesses, nun ging es vielmehr darum, eine abstrakte und universelle Methode der Klassifikation zu finden. Paradoxerweise koinzidierte diese »Verwissenschaftlichung« der Botanik mit einer leidenschaftlichen »Sexualisierung« der Pflanzen.

Warum wurde im 18. Jahrhundert das Studium der Sexualität bei Pflanzen ein Hauptanliegen der botanischen Wissenschaften? Wichtiger noch, warum wurde Sexualität zum Schlüssel der Klassifikation? Botaniker priesen Linné, weil er eine neue Sprache für die Botanik geschaffen habe. Seine Nomenklatur war tatsächlich präzise und praktisch; Rousseau verglich ihren Wert für Botaniker mit der Erfindung der Algebra für Mathematiker.[1] Die Vorstellung von der geschlechtlichen Natur der Pflanzen entstand freilich nicht unangefochten. Im späten 18. und frühen 19. Jahrhundert brachen große Debatten aus über die wissenschaftliche und moralische Angemessenheit dessen, was Erasmus Darwin (der Großvater von Charles Darwin) »die Lieben der Pflanzen« nannte. Es ist indessen wichtig klarzustellen, daß jene selbsternannten Zensoren die offensichtlichste Unzulänglichkeit der Sexualisten verfehlten – daß die Naturgesetze durch die Linse sozialer Beziehungen gedeutet wurden. Wie wir sehen werden, rekapitulierten die wesentlichen Unterscheidungen, die Linné als Grundlage seiner neuen botanischen Taxonomie ersann, die geschlechtliche Hierarchie in Westeuropa.

In diesem Aufsatz unterscheide ich zwei Ebenen in der Geschlechterpolitik der frühen modernen Botanik – den *impliziten*

1 Linné erfand ein binäres Benennungssystem für Pflanzen und Tiere, das weltweit übernommen wurde und auch heute noch Grundlage der biologischen Klassifikation ist. 1905 bezeichnete der *International Code of Botanical Nomenclature* Linnés *Species plantarum* aus dem Jahr 1753 als den Ausgangspunkt der botanischen Nomenklatur. Vgl. Frans A. Stafleu, *Linnaeus and the Linnaeans: The Spreading of Their Ideas in Systematic Botany. 1725-1789*, Utrecht 1971, S. 110.

Gebrauch von Geschlechterkonstrukten (gender) zur Strukturierung der botanischen Taxonomie und den *expliziten* Gebrauch einer auf Menschen bezogenen Geschlechtsmetaphorik, um Vorstellungen von der Fortpflanzung der Pflanzen in die botanische Literatur einzuführen. Ich skizziere zunächst den wichtigsten Aspekt der Geschlechterpolitik in der frühen modernen Botanik – die Art und Weise, wie unausgesprochene Vorstellungen vom Geschlechterverhältnis Linnés Taxonomie strukturierten. In dem Aufruhr, der die Einführung von Sexualitätsvorstellungen in die Botanik begleitete, bemerkte niemand, daß mit Linnés Taxonomie – die auf sexueller Differenz aufgebaut war – ganz traditionelle Vorstellungen über geschlechtliche Hierarchie Eingang in die Botanik fanden. Ich untersuche dann die Ursprünge und Implikationen der deutlich geschlechtlichen Sprache, die Carl Linné und Erasmus Darwin gebrauchten. Die Analyse der spezifischen Umstände, die die Rezeption dieser beiden Botaniker in England begleiteten, vertieft unser Verständnis von der Wechselbeziehung zwischen Wissenschaft und sich verändernden kulturellen Situationen, etwa den sich verändernden Einstellungen gegenüber Frauen und weiblicher Sexualität, der Stabilität von Kirche und Staat. Aber, so werde ich argumentieren, die Geschlechterpolitik der Botanik ist sogar noch tiefer in die politische Landschaft eingebettet, da sie letztlich mit der ganz Europa erfassenden Revolution der wissenschaftlichen Anschauungen über die Geschlechterdifferenz zu tun hat, die sich im Verlauf der zur Französischen Revolution führenden Umwälzungen etablierte.

Die Suche nach neuen Klassifikationsmethoden

Innerhalb der mittelalterlichen Kosmologie betonte die Klassifikation von Pflanzen im allgemeinen ihre Nützlichkeit für die Menschen: als Nahrungsmittel und als Heilmittel. Selbst im 17. Jahrhundert blieb die Botanik eng an die Medizin gebunden; Kräuterbücher klassifizierten Pflanzen entsprechend ihres Gebrauches; Pflanzen wurden häufig alphabetisch aufgeführt, wobei jede Eintragung eine Beschreibung ihres Aussehens und der verschiedenen Erscheinungsarten enthielt, sowie Angaben, zu welcher Jahreszeit und an welchen Orten sie gesammelt werden konnten, welche Teile nutzbar waren und wie man sie konservieren konnte. Auch der Wärme- und Feuchtigkeitsgrad, ihre Wirkungskraft bei speziellen Leiden, Dosierungen, Zubereitungs- und Anwendungsmethoden sollten enthalten sein.[2] Pflanzenkenntnis in jener Zeit war lokal und spezifisch, beruhte auf direkter Erfahrung mit Pflanzen in Landwirtschaft, Gartenbau und Heilkunde.

Im 17. Jahrhundert begannen akademische Botaniker, ihre Beziehungen zu den Heilpraktikern zu lösen. Die in Zusammenhang mit dem neuen Pflanzenmaterial, das von den Entdeckungsreisen und aus den neuen Kolonien nach Europa strömte, geschärfte Beobachtung ließ die Unvereinbarkeiten zwischen alten Schriften und neuem Wissen immer stärker hervortreten. Die rasche Zunahme an Wissen verlangte neue Methoden, um dieses Wissen zu ordnen. In der Klassifizierung verschob sich die Betonung von der medizinischen Anwendung zu allgemeineren und theoretischeren Themen reiner Taxonomie: die Botaniker suchten einfache Klassifikationsprinzipien, die universelle Gültigkeit besaßen.[3]

Daß die geschlechtliche Differenzierung von Pflanzen dieses vereinheitlichende Prinzip liefern würde, war nicht sofort einsichtig. Botaniker stimmten zwar überein, daß eine neue Begrifflichkeit wünschenswert sei, aber nur wenige waren sich über das System einig. Als Robert Thornton 1799 seine populäre Version des Linnéschen Systems veröffentlichte, zählte er zweiundfünfzig verschiedene Botaniksysteme auf; der »Systemwahn«, so klagte ein Botaniker, hatte wahrlich »epidemische« Ausmaße.[4] Die Botaniker gründeten ihre Systeme auf verschiedene Teile der Pflanze. In England entwickelte John Ray ein System, in dem die *genera*

2 Vgl. Christoph Trew, *Vermehrtes und verbessertes Blackwellisches Kräuter-Buch*, Nürnberg 1750, Vorwort, und Karen Reed, *Botany in Medieval and Renaissance Universities*, Ph. D. Harvard University, 1975. Agnes Arber hat darauf hingewiesen, daß seit der Zeit des Aristoteles das Studium der Pflanzen unter zwei verschiedenen Gesichtspunkten betrieben wurde: als Zweig der Naturphilosophie und als Nebenprodukt von Medizin oder Agrikultur; vgl. A. Arber, *Herbals: Their Origin and Evolution, a Chapter in the History of Botany 1470-1670*, 3. Aufl., Cambridge 1989, S. XXV und Kap. 1.

3 Botanikhistoriker betonen traditionellerweise den Bruch zwischen Kräuterkunde und moderner Botanik. Aber es sollte festgehalten werden, daß dieser Wechsel graduell vonstatten ging und daß viele derer, die heute als Gründer der modernen Botanik gelten, weiterhin über die medizinischen Eigenschaften von Pflanzen schrieben. Linné zum Beispiel dachte, daß Pflanzen, die zur selben natürlichen Pflanzengruppe gehören, ähnliche medizinische Eigenschaften aufweisen.

4 Thomas Martyn, zitiert bei David E. Allen, *The Naturalist in Britain: A Social History*, 1976; Harmonsworth, Middlesex 1978, S. 39.

auf der Blüte, dem Blütenkelch, dem Samen und der Samenkapsel beruhten; in Frankreich definierte Joseph Pitton de Tournefort die *genera* prinzipiell nach den Merkmalen der Korolla und der Frucht. Sébastian Vaillant und Linné waren frühe Verfechter einer Klassifikation nach geschlechtlichen Unterschieden. Andere, einschließlich Albrecht von Haller, betonten weiterhin, daß die Geographie entscheidend für das Verständnis pflanzlichen Lebens sei und daß in einem Klassifikationssystem Entwicklung wie auch Aussehen dargestellt sein sollten.

Trotz der Zahl und Vielfalt der Systeme wurde ab 1737 Linnés Sexualsystem zumeist übernommen und bis in die ersten Jahrzehnte des 19. Jahrhunderts allgemein als das präziseste und geeignetste Klassifikationssystem betrachtet. Linnés System, wie es in seiner ersten wichtigen Veröffentlichung, *Systema Naturae* (1735), formuliert war, basierte auf dem Unterschied zwischen männlichen und weiblichen Teilen der Pflanzen. Linné teilte die Welt der Vegetabilien (wie er sie nannte) in *Klassen* ein, die auf der Anzahl, den relativen Proportionen und Positionen der männlichen Teile oder Staubgefäße beruhten. Diese Klassen wurden dann in etwa fünfundsechzig *Ordnungen* unterteilt, die auf der Anzahl, den relativen Proportionen und Positionen der weiblichen Teile oder Stempel beruhten. Diese wiederum wurden in *Gattungen* (beruhend auf dem Blütenkelch, der Blüte und anderen Teilen der Pflanzen), *Arten* (beruhend auf den Blättern oder einigen anderen Merkmalen der Pflanze) und *Varietäten* eingeteilt.

Man könnte argumentieren, daß Linné sein System auf Geschlechtsunterschiede gründete, weil er einer der ersten war, der die biologische Bedeutung der geschlechtlichen Reproduktion der Pflanzen erkannt hatte. Aus diesem Grund betrachtete er die Staubgefäße und Stempel als »die wirkliche Essenz der Blume«.[5] Aber der Erfolg des Linnéschen Systems beruhte nicht darauf, daß es »natürlich« war, wirkliche Verwandtschaften zwischen Organismen zu berücksichtigen. Tatsächlich gestand Linné selbst bereitwillig ein, daß es höchst artifiziell war.[6] Obwohl auf Fort-

5 Carl Linné, *Systema Naturae* (1735), hg. von M. S. J. Engel-Ledeboer und H. Engel, Nieuwkoop 1964. »Obversationes in Regnum vegetabile«, no. 7.

6 Linnés letztes Ziel war, ein natürliches System zu schaffen, aber bis zu diesem Zeitpunkt war ein künstliches System erforderlich, das ermöglichte, die Pflanzen auf methodische Weise zu ordnen. *Ibid.*, No. 12. Vgl. auch Linnés Brief an Haller

pflanzungsorgane zentriert, erfaßte sein System nicht die grundlegenden Fortpflanzungsfunktionen. Es konzentrierte sich vielmehr auf rein morphologische Züge (d. h. die Zahl und den Modus der Vereinigungen) – gerade die Charakteristika der männlichen und weiblichen Organe, die für ihre geschlechtliche Funktion am *wenigsten* wichtig waren.[7]

Angesichts dieses Sachverhalts ist auffallend, daß Linné überhaupt beschloß, die geschlechtlichen Teile der Pflanzen herauszuheben. Zudem ist wichtig festzuhalten, daß er sein System so konstruierte, daß die Zahl der Staubgefäße (oder der männlichen Teile) einer Pflanze die *Klasse* bestimmte, der sie zugeschrieben wurde, während die Zahl ihrer Stempel (der weiblichen Teile) ihre *Ordnung* festlegte. In der taxonomischen Gliederung steht die Klasse über der Ordnung. In anderen Worten, Linné gab männlichen Teilen die Priorität in der Bestimmung des Status der Organismen im Pflanzenreich. Es ist keine empirische Rechtfertigung für dieses Resultat vorzubringen; vielmehr führte Linné unbesehen traditionelle Vorstellungen der Geschlechterhierarchie in die Wissenschaft ein. Er deutete die Natur durch die Sicht sozialer Beziehungen, und zwar so, daß die neue Sprache der Botanik gleichermaßen grundlegende Aspekte der sozialen wie der natürlichen Welt beinhaltete. Zwar sind in der heutigen Klassifikation Linnés Gruppen oberhalb der Gattungen aufgegeben worden, aber sein binomisches Benennungssystem zusammen mit vielen seiner *Gattungen* und *Arten* besteht weiterhin.

Doch die Debatte, die über Linnés Vorstellungen von der Geschlechtlichkeit der Pflanzen entstand, richtete sich nicht auf diese grundlegende (Miß-)Deutung der Gesetze der Natur. Niemand hat damals und seither aus diesem Grund sein System als mangelhaft beanstandet. Die Auseinandersetzung konzentrierte sich vielmehr auf wissenschaftliche und moralische Fragen über die Natur der Pflanzensexualität und die Sprache, die Linné und seine Schüler gebrauchten, um die Lieben der Pflanzen zu beschreiben.

vom 3. April 1737, in *The Correspondence of Linnaeus*, hg. von James E. Smith, 2 Bd., London 1821, Bd. 2, S. 229. Linnés System war künstlich, aber es war weder willkürlich noch heterodox. Vgl. James Larsons Diskussion in seiner Studie *Reason and Experience: The Representation of Natural Order in the Work of Carl von Linné*, Berkeley und Los Angeles 1971, S. 61-63.

7 Vgl. Julius von Sachs, *Geschichte der Botanik vom XVI. Jahrhundert bis 1860*, München 1876, S. 82-83.

Linnés System zentrierte sich ebenso auf die »Hochzeiten« lebender Pflanzen wie auf ihre Sexualität. Vor ihrer gesetzlichen Heirat ziehen Bäume und Büsche »Hochzeitskleider« an. Blumenblätter breiten sich als »Hochzeitsbetten« aus für einen grünen Bräutigam und seine umhegte Braut, während der Vorhang der *Korolla* den amourösen Neuvermählten Alleinesein gewährt. Andere Pflanzen lassen sich in »ehebrecherische« Beziehungen ein. Der Wunsch jener Botaniker, Pflanzen als zutiefst erotische Geschöpfe anzusehen, erreichte seinen Höhepunkt in dem Werk von Erasmus Darwin. In seinem Poem *The Loves of the Plants* weist eine gewöhnliche *gloriosa superba* die inzestuösen Annäherungen ihres Sohnes zurück, der, von ihren Armen umfangen, verstohlen einen schuldbewußten Blick auf das Bett seiner Leidenschaft wirft und sich zitternd einen Dolch ins eigene Herz stößt.[8]

Die Frage nach der Natur der sexuellen Metaphern bei Linné und Darwin – ihrem sozialen Kontext und ihren sozialen Implikationen – ist Gegenstand einer Debatte unter Wissenschaftshistorikern gewesen. Einige haben sie als »charmante Absurditäten« abgetan.[9] Andere meinten, die Aufklärung sei eine Zeit freierer Sexualität gewesen und den Pflanzen Sexualität zuzuschreiben

8 Carl von Linné, *Praeludia Sponsaliorum Plantarum*, Uppsala 1729, Sekt. 16. Ich danke Vigdis Eriksen für ihre Hilfe bei der Übersetzung dieses Essays aus dem Schwedischen. Erasmus Darwin, *The Loves of the Plants*, 1789, in *Botanic Gardens*, New York 1978, Bd. 2, S. 14-15. Wir meinen oft, der Gebrauch von Metaphorik und nichtwissenschaftlichen Bildern gehöre der Vergangenheit an, aber er durchzieht noch heute die Wissenschaft. Mary Willsons Pflanzen lassen sich nicht auf die für Linné oder Erasmus Darwin charakteristischen zarten Ehen ein. Zeitnaher, lenken sie ihre Energien in ihren Anlagebereich. Willsons Pflanzen erwägen ihren »Reproduktionserfolg« (in der soziobiologischen Literatur »reproductive success«: »RS«), gemessen an den Kosten ihrer Paarungsinvestition (mating investment: MI) und ihrer elterlichen Investition (parental investment: PI). Willson stellt es so dar: »Die Intensität der sexuellen Selektion kann durch die Disparität (als eine Relation) des Netto-RS (Reproduktionserfolg) sich fortpflanzender männlicher und weiblicher Pflanzen indiziert werden, wobei der Netto-RS errechnet wird als der Nutzen für die Eltern (an vorhandenen Abkömmlingen) minus den Kosten (durch reduzierte Zahl oder Qualität zukünftiger Abkömmlinge).« So haben Willsons Pflanzen »Taktiken«, treffen Entscheidungen, sind in »Konflikten«, etc. Vgl. Mary Willson und Nancy Burley, *Mate Choices in Plants*, Princeton 1983, S. 3-4.

9 Vgl. z. B. William T. Stern, zitiert in Wilfrid Blunt, *The Compleat Naturalist: A Life of Linnaeus*, London 1971, S. 244.

hätte verständnisvolle Leserkreise anreizen sollen.[10] Wieder andere wiesen auf die Widerstände der Botaniker hin, Sexualität auch dann zu akzeptieren, wenn Pflanzen nicht die Sitten der damaligen Gesellschaft beachteten und geschlechtliche Beziehungen nicht nur entsprechend gesetzlicher Eheschließungen eingingen.[11]

Die Ursprünge und Implikationen dieser Metaphorik sind komplex. Ihr Gebrauch war nicht national gebunden: Vaillant, ein Franzose, gebrauchte sie 1717; der Schwede Linné gab sie niemals auf; Charles Bonnet, der Schweizer Naturalist, begrüßte sie ebenfalls; der Engländer Erasmus Darwin brachte sie in den achtziger und neunziger Jahren des 18. Jahrhunderts zu ihrem Höhepunkt. Diese Metaphorik war nicht, wie man meinen könnte, lediglich Produkt des Gemütszustandes junger Männer; Vaillant und Darwin schrieben beide gegen Ende ihres Lebens. Es gab auch keine klaren politischen Ausrichtungen. In England assoziierten Konservative wie der Rev. Richard Polwhele lose Sexualmetaphorik mit der freien Liebe der Jakobiner, und Erasmus Darwin, ein radikaler Demokrat und Atheist, mag durch seine Enthüllung der Pflanzenpolygamie versucht haben, die enggestrickte Mittelschichtmonogamie zu untergraben.[12] Linné dagegen war in seinen sozialen Einstellungen ausgesprochen konservativ. Er wollte, daß seine Töchter zu handfesten, tüchtigen Haushälterinnen heranwuchsen, nicht zu »modischen Puppen« oder Blaustrümpfen.

Verallgemeinerungen über die Bedeutung dieser Metaphorik lassen sich also nicht einfach ziehen. Einstellungen gegenüber Sexualität – sei es der von Pflanzen oder der von Menschen – wurden beeinflußt durch wechselnde Einstellungen gegenüber Frauen und weiblicher Sexualität, durch die Stabilität von Kirche und Staat und die Bedeutung, die dem Geschlecht als Erklärungsmuster beigemessen wurde. Wir können diese wechselnden Umstände am besten begreifen, wenn wir die Rezeption von Linnés Werken in England mit dem wechselnden Schicksal von Darwins *The Loves of Plants* wiederum in England vergleichen.

Der Historiker François Delaporte hat behauptet, daß im

10 John Farley, *Gametes and Spores: Ideas about Sexual Reproduction. 1750-1914*, Baltimore 1982.

11 Vgl. François Delaporte, *Das zweite Naturreich, Über die Fragen des Vegetabilischen im XVIII. Jahrhundert*, übersetzt von Eva Brückner-Pfaffenberger, Frankfurt am Main, Berlin, Wien 1983, S. 128-129.

12 Desmond King-Hale, *Erasmus Darwin*, New York 1963, S. 114.

18. Jahrhundert Pflanzensexualität innerhalb gesetzlicher Eheschließungen bleiben sollte, und es ist richtig, daß bei Linné Pflanzensexualität nahezu ausschließlich innerhalb der Ehebande stattfand. Als Linné eine neue Terminologie einführte, um die geschlechtlichen Beziehungen von Pflanzen zu beschreiben, gebrauchte er nicht die Begriffe Staubgefäß und Stempel, sondern *andria* und *gynia*, die griechischen Worte für Ehemann und Ehefrau. Die Namen seiner Pflanzenklassen enden in »andria« (*monandria*, *diandria*, *triandria* etc.), seine Ordnungen in »gynia« (*monogynia*, *digynia*, *trigynia* etc.). Sein Text ist voll von zärtlichen Umarmungen rechtmäßig verheirateter Paare:

»Die Blütenblätter ... dienen lediglich als Hochzeitsbetten, die der große Schöpfer so herrlich hergerichtet, mit so edlen Vorhängen versehen und mit so süßen Düften parfümiert hat, damit das Paar dort seine Hochzeit mit einer erhöhten Feierlichkeit begehen kann. Ist das Bett so bereitet, ist es Zeit für den Gatten, seine Gattin zu umarmen und ihr seine Geschenke anzubieten ...«[13]

Tatsächlich ist sein berühmter »Schlüssel des Geschlechtssystems« auf die *Nuptiae Plantarum* (die Hochzeit der Pflanzen) gegründet; die Pflanzenwelt ist eingeteilt in Hauptgruppen entsprechend der Art der Heirat, die jede Pflanze eingegangen ist – ob sie zum Beispiel »öffentlich« oder »heimlich« verheiratet waren. (Es ist interessant zu beobachten, daß diese beiden Heiratsformen dem tatsächlichen Brauch in weiten Teilen Europas entsprachen; erst 1753 schaffte Lord Harwicks Ehegesetz durch die Notwendigkeit eines öffentlichen Aufgebots die heimlichen Eheschließungen ab.)

Der Großteil von Linnés Pflanzen ging keine gesetzlichen Ehen ein. Lediglich eine Pflanzenklasse – Linnés *monandria* – praktiziert Monogamie. Pflanzen anderer Klassen gehen Ehen ein, die zwei, drei, zwanzig oder mehr »Ehemänner« einschließen, die ihr Hochzeitsbett (i. e. die Blütenblätter der gleichen Blume) mit einer Frau teilen. Pflanzenehemänner seiner »Klasse XXIII« – *polygamia* – leben mit ihren Ehefrauen und Dirnen, die später Konkubinen genannt werden, in verschiedenen Ehebetten. Jede dieser »Hochzeiten« bezeichnet ein besonderes Arrangement von Staubgefäßen und Stempeln in der Blume. *Monandria* haben nur einen Staubfaden oder Ehemann in einer hermaphroditischen

13 Linné, *Le mariage des fleurs*, zitiert in F. Delaporte, a. a. O., S. 127.

Blüte. *Diandria* haben zwei Staubfäden (oder Ehemänner) in einer Blüte mit einem Stempel usw.

Diese Bilder glücklich verheirateter Pflanzen sind zwar verlokkend, aber überflüssig; unmittelbar nach jeder Heiratsmetapher gibt Linné eine nüchterne Beschreibung der Anordnung der Geschlechtsorgane der Blume. Obschon überflüssig, bleibt die Vorstellung, daß Pflanzen und Tiere sich innerhalb ehelicher Beziehungen fortpflanzen, bis ins 19. Jahrhundert bestehen. Der Begriff »Gamet« – von den Biologen um 1860 aufgenommen zur Bezeichnung einer Keimzelle, die fähig ist, sich mit einer anderen Zelle zu vereinigen, um ein neues Individuum zu schaffen – ist abgeleitet von dem griechischen Wort *gamein*, heiraten, und bedeutet Gatte.[14]

Es gibt kein Indiz dafür, daß Linné geschlechtliche Metaphern benutzte, um die Heiratspraktiken des 18. Jahrhunderts zu lokkern. Er war konservativ in seinen religiösen Anschauungen (die ganze Natur feiert die Glorie ihres Schöpfers). So durften seine vier Töchter nicht Französisch lernen, da er befürchtete, sie würden mit der Sprache auch die freien französischen Sitten übernehmen. Als seine Frau die Tochter Sophia in eine Schule schickte, nahm Linné sie sofort wieder heraus, um das, was er als »unsinnige« Erziehung betrachtete, zu beenden. Er lehnte auch Königin Luisa Ulrikas Angebot ab, eine seiner Töchter am Hof aufzunehmen, da dieser, wie er meinte, verderblich für die Moral sei.[15] Immerhin ließ er zu, daß seine älteste Tochter ein gelindes Interesse an Botanik entwickelte; Elisabeth Christina steuerte zu den *Sitzungsberichten* der Königlichen Akademie der Wissenschaften einen Aufsatz bei, der den Titel trug: *Anmerkungen zu einer Leuchtenden Erscheinungsform der Kapuzinerkresse* (oder *Tropaeolum*, obwohl sie den Terminus technicus nicht benutzte).

Es scheint daher klar, daß Linné seine geschlechtliche Metaphorik nicht als Affront gegen gesellschaftliche Sitten einführte. Er neigte schlicht dazu, alles Weibliche als Ehefrau anzusehen. Er betrachtete die »Dame Natur« als seine andere Frau und wahre Ehegefährtin.[16] Die gefeierte Botanik-Illustratorin Mademoiselle Basseporte, die am Jardin du Roi in Paris arbeitete, nannte er seine

14 *Deutsches Universal Wörterbuch*: »Gamet«.
15 Blunt, *The Compleat Naturalist*, S. 176-177.
16 Ibid.

»zweite Ehefrau«.[17] Seine eigene Frau nannte Linné »meine Monandria-Lilie«, wobei die Lilie Reinheit bedeutete und *Monandria* besagte, daß sie »nur einen Mann« hat.[18]

Heute erscheinen uns Linnés Metaphern unvereinbar mit seiner Wissenschaft, aber als er sie Mitte des 18. Jahrhunderts benutzte, waren sie nicht völlig fehl am Platz. Es bestand noch keine scharfe Trennungslinie zwischen wissenschaftlichem Schreiben und poetischer Imagination. Rhetorische Verzierungen – Ausschmückungen, Metaphern oder Allegorien – in wissenschaftlichen Texten und Illustrationen wurden geschätzt.[19] Frühe moderne Botaniker benutzten eine Vielfalt von Bildern. Im 16. Jahrhundert hat der italienische Botaniker Andreas Caesalpinus Pflanzen wie eine zur Schlacht bereite Armee angeordnet. Linné stellte in seinen *Deliciae Naturae* die Natur als eine Kopie der menschlichen Gesellschaft mit ihren militärischen und zivilen Klassen dar. Darwins Zeitgenosse Robert Thornton gebrauchte eine christliche Metaphorik und betrachtete die Passionsblume als Verkörperung der Passion Christi; die Blätter sollten genau dem Speer gleichen, der seine Seite durchbohrte, die Ranken schienen die Fesseln zu sein, die seine Hände banden.[20] Überdies bezog Linné vieles von seiner geschlechtlichen Metaphorik direkt von den Klassikern.[21] Plinius zum Beispiel hatte Liebesleidenschaft und wechselseitige Umarmung der Dattelpalme

17 Bernard de Jussieu an Linné, 30. Januar 1749, in: *Correspondence of Linnaeus*, ed. Smith, S. 221.

18 Blunt, *The Compleat Naturalist*, S. 165-166.

19 Zum Problem des Stils in der Sprache der Wissenschaft vgl. Wolf Lepenies, *Das Ende der Naturgeschichte: Wandel kultureller Selbstverständlichkeiten in den Wissenschaften des 18. und 19. Jahrhunderts*, Frankfurt am Main 1978; Ludmilla Jordanova (Hg.), *Languages of Nature*, New Brunswick 1986; und Londa Schiebinger, *The Mind Has No Sex? Women in the Origins of Modern Science*, Cambridge, Mass. 1989, Kap. 5.

20 Zitiert von Ronald King in: Robert Thornton, *The Temple of Flora*, 1799, Boston 1981, S. 19.

21 Linné liebte insbesondere die großen römischen Dichter: Vergil und Ovid. Zusätzlich zur klassischen Mythologie benutzte er Bilder aus der traditionellen Hochzeitsdichtung und aus dem Buch der Psalmen der Bibel. Vgl. Sten Lindroth, *The Two Faces of Linnaeus*, in: Tore Frängsmyr (Hg.), *Linnaeus: The Man and His Work*, Berkeley and Los Angeles 1983, S. 10. Vgl. auch John L. Heller, *Classical Mythology in the »Systema Naturae« of Linnaeus*, in: *Transactions and Proceedings of the American Philological Association* 76, 1945, S. 333-347. Am unmittelbarsten bezog Linné seine sexuellen Bilder aus Frankreich, insbesondere von dem Botaniker Sébastien Vaillant, dessen Essay über die Sexualität von Pflanzen ihn als jungen Mann beeinflußte. Aber das wäre Thema eines anderen Aufsatzes.

beschrieben. Auch Erasmus Darwin benutzte eine Art Ovidsche Personifizierung, indem er Blumen und Pflanzen in Männer und Frauen verwandelte.[22] In dieser Hinsicht standen die Väter der modernen Botanik alten Traditionen näher, waren ebenso Angehörige einer früheren Zeit wie Herolde einer neuen.[23]

Linnés Rezeption in England und die botanischen Träumereien Erasmus Darwins

Linnés System eroberte England in den fünfziger und sechziger Jahren des 18. Jahrhunderts im Sturm. Sein Sexualsystem – das ab Mitte des 18. Jahrhunderts die europäische Botanik beherrschte – fand in England um so leichter Aufnahme, als die akademische Naturgeschichte seit den zwanziger Jahren im Niedergang begriffen war; die klassifikatorischen Vorleistungen John Rays (er war einer der ersten, der ein auf natürlichen Verwandtschaften beruhendes System entwickelte) bestanden zwar fort, aber ein weitergehendes Interesse und eine weitere Entwicklung waren ausgeblieben. Während der gleichen Periode wurde indessen Naturgeschichte – insbesondere Entomologie, Konchyliologie und schließlich Botanik – in der gehobenen Gesellschaft populär. Damen vornehmer Herkunft wie die Duchess of Beaufort, Lady Margaret of Portland und Mrs. Eleanor Glanville gingen voran, sie sammelten seltene und exotische Pflanzen aus der ganzen Welt.[24] Die königliche Familie (Königin Charlotte, Georg III. und seine Mutter Augusta waren Botanikenthusiasten) steigerte als einflußreicher Förderer und durch Ausbau des Royal Botanical Garden in Kew die Popularität der Botanik weiter.

22 Anne Seward, *Memoirs of the Life of Dr. Darwin*, Philadelphia 1804, S. 95. Darwin sah auch in der Gnome, Luftgeister, Nymphen und Salamander beinhaltenden Lehre der Rosenkreuzer ein geeignetes Kunstmittel für ein botanisches Poem. Er meinte, daß Hieroglyphen in allegorischer Form viele den Ägyptern bekannte Wahrheiten über die Natur enthielten, die später in die griechische und römische Mythologie übernommen wurden. Vgl. Erasmus Darwin, *Botanic Garden*, 1791, New York 1978, Apology, VII-VIII.

23 Es ist behauptet worden, Linné sei im Grunde ein Scholastiker gewesen, der die Pflanzenwelt nach den gleichen Prinzipien in Klassen, Ordnungen, Arten und Gattungen ordnete wie die gelehrten Doktoren des Mittelalters. Lindroth folgt Julius Sachs in dieser Interpretation; vgl. Lindroth, *The Two Faces of Linnaeus*, a. a. O., S. 33-37.

24 Allen, *The Naturalist in Britain*, Kap. 1 und 2.

Es war diese Atmosphäre, in der Linnés Werk weite Anerkennung fand. 1754 rühmte das *Gentleman's Magazine* sein Werk. Zwischen 1777 und 1807 wurden drei populäre Übersetzungen seines mit einem Preis ausgezeichneten Essays über die Geschlechter der Pflanzen veröffentlicht.[25] 1788 wurde die *Linnean Society* gegründet. Die Botanische Gesellschaft von Lichfield finanzierte (unter der Schirmherrschaft von Erasmus Darwin und mit Hilfe von Samuel Johnson) eine Übersetzung von Linnés *Systema Naturae* und seiner *Species Plantarum*.

Aber es war auch England, in dem beinahe sofort langwährende Kämpfe um die wissenschaftlichen und moralischen Implikationen von Linnés Sexualsystem ausbrachen. Anti-Sexualisten, besonders jene, die in Edinburgh arbeiteten, griffen Linnés Werk hauptsächlich aus empirischen Gründen an. Charles Alston, Professor für Medizin und Botanik an der Universität von Edinburgh, machte 1754 in einer Rede vor der Philosophischen Gesellschaft geltend, es gebe schlicht nicht genügend Material, das Botanikern erlaube, den Pollen eine befruchtende Rolle zuzuschreiben. Das entscheidende Experiment für die Anti-Sexualisten war, herauszufinden, ob eine weibliche Pflanze fruchtbare Samen erzeugen könne, ohne auf irgendeine Weise mit einer männlichen in Kontakt zu kommen; dies, so behaupteten sie, war tatsächlich der Fall.[26]

William Smellie, Hauptverfasser der ersten Ausgabe der *Encyclopaedia Britannica*, verfluchte die »verlockenden Verführungen« der analogischen Argumentation, auf der die Hypothese der Sexualisten aufbaute, und führte ins Feld, daß sie den Erfahrungstatsachen nicht standhielte. Viele Tiere (er nannte Polypen und Tausendfüßler) pflanzen sich ungeschlechtlich fort, und wenn viele Tierarten »aller Zärtlichkeiten der Liebe« ermangeln, was, fragte er, sollte uns zu der Meinung veranlassen, daß Eiche oder Pilz diese herausragenden Privilegien genießen? Weder war Smellie die Vorstellung ertragbar, Pflanzen könnten ihr Geschlecht wechseln – daß Bäume, die weiblich gewesen waren, plötzlich die

25 John Miller, *An Illustration of the Sexual System of Carolus von Linnaeus*, London 1777; James E. Smith, *A Dissertation on the Sexes of Plants*, London 1786; und Robert Thornton, *A New Illustration of the Sexual System of Carolus von Linnaeus*, London 1799-1807.

26 Charles Alston, *A Dissertation on the Sexes of Plants*, in: *Essays and Observations Physical and Literary Read before the Philosophical Society in Edinburgh*, 1754; Edinburgh 1771, vol. 1, S. 315-318.

dem Männlichen eigenen robusten Züge annehmen –, noch glaubte er, daß die Natur eine derart wichtige Sache wie die der Fortpflanzung dem Zufall überlasse. Er war sicher, daß »wahllos« in der Luft umherfliegende Pollen eine allgemeine Anarchie produzieren und die Erde mit »monströsen Hervorbringungen« bedecken würden.[27]

Abgesehen von seinen empirischen Bedenken prangerte Smellie an, Linné habe seine Analogie »weit über jegliche Anstandsgrenzen hinausgetrieben« und in der Unanständigkeit seiner Metaphern übertreffe er den »obszönsten Romanschreiber«.[27] Smellies Empfinden wurde von anderen Botanikern geteilt. William Withering, ebenso wie Erasmus Darwin Mitglied der Lunar Society, empfahl, »die geschlechtliche Unterscheidung in den Benennungen der Klassen und Ordnungen« zu verbieten.[29] Einige Jahre zuvor hatte auch Johann Siegesbeck in St. Petersburg die Vorstellung von Sexualität bei Blumen als nicht überzeugend und moralisch empörend hingestellt. Welcher Mensch, so schäumte er, wird jemals glauben, der allmächtige Gott könnte eine »solch schändliche Prostitution« in das Pflanzenreich eingeführt haben?[30] John Amman, ein anderer Botanikprofessor in St. Petersburg, beanstandete Linnés System, weil eine so große Zahl von Ehegatten für eine Frau »den Gesetzen und Sitten unserer Bürger unangemessen« sei.[31]

Angesichts solchen Widerstands machten nur wenige der Autoren, die Linnés System verbreiteten – John Miller, James Smith oder John Rotheram –, von seiner sexuellen Metaphorik Ge-

27 William Smellie, *Botany*, in: *The Encyclopedia Britannica*, Edinburgh 1771, Bd. 1, S. 627-653; und *The Philosophy of Natural History*, 2 Bde., Edinburgh 1790, Bd. 1, S. 245-263. 1790 veröffentlichte John Rotheram *The Sexes of Plants Vindicated* als Antwort auf Smellies wissenschaftliche Einwände, aber er ging nicht auf Fragen der Moral ein.

28 W. Smellie, *Botany*, in: *The Encyclopedia Britannica*, Bd. 1, S. 653.

29 William Withering, *A Botanical Arrangement of British Plants*, 2 Bde., Birmingham 1787, Bd. 1, S. XV. Auch Ch. G. Ludwig in Leipzig vermied in seiner Explikation der Linnéschen Klassen und Ordnungen sexuelle Begriffe und ersetzte Linnés *andria* und *gynia* durch die einfachen botanischen Begriffe Staubbeutel und Griffel. Richard Pulteney, *A General View of the Writings of Linnaeus*, 2. Aufl., London 1805, S. 243.

30 Johann Siegesbeck, *Verioris brevis sciagrapphia*, St. Petersburg 1737, S. 49. Linné, der Kritik nie freundlich aufnahm, nannte ein unschönes kleinblütiges Unkraut *Siegesbeckia*, vgl. R. King in: R. Thornton, *The Temple of Flora*, a. a. O., S. 9.

31 Amman an Linné, 15. November 1737, in: J. F. Smith (Hg.), *A Selection of the Correspondence of Linnaeus*, Bd. 2, S. 193.

brauch. Dies blieb Erasmus Darwin überlassen, der 1789 mit *The Loves of the Plants* das Linnésche Sexualsystem zur vollen Blüte entfaltete und dabei Linnés Vorstellungen auf eine Weise ausarbeitete, die sehr wohl Linné selbst schockiert haben könnte.

Anders als die Pflanzen Linnés beschränkten Darwins Pflanzen ihre Geschlechtsbeziehungen keineswegs auf die heiligen Ehebande. Sie verliehen vielmehr freimütig jeder vorstellbaren Form menschlicher Sexualität Ausdruck. Die schöne *Collinsonia* – schmachtend in süßer Unruhe – befriedigt abwechselnd die Liebe zweier Brüder. Die *Meadia* (eine gewöhnliche Schlüsselblume) neigt sich mit »wollüstger Miene«, rollt ihre dunklen Augen und schwingt ihr goldenes Haar, während sie jeden ihrer fünf Liebhaber belohnt. Drei jugendliche Verehrer erliegen dem reiferen Alter der *Gloriosa*.[32] Für Darwin war Sexualität nicht nur Quelle reinsten Glücks – »der belebende Tropfen in dem sonst schalen Kelch des Lebens« –, sondern auch der Mechanismus, um den Bestand der lebenden Organismen zu verbessern und zu diversifizieren.[33]

Dem modernen Leser erscheint Darwins Poesie geheimnisvoll und überzogen. Aber obwohl Anna Seward, eine enge Freundin und bekannte Dichterin, rühmte, der *Botanic Garden* habe durch die Umsetzung wissenschaftlicher Entdeckungen in epische Verse eine neue poetische Form geschaffen, war Darwins Poesie tatsächlich weder neu noch esoterisch oder ungewöhnlich.[34] Das 18. Jahrhundert war überflutet von Lehrgedichten über den Anbau von Hopfen, Rohrzucker, über Gartenbau und ähnliches.[35] Auch die Botanik war Thema ausgearbeiteter Dichtungen; ein Rezensent von Darwins *Loves of the Plants* behauptete gar, Darwin hätte sich des Plagiats von Monsieur de la Croixs poetischer *Connubia florum* schuldig gemacht.[36]

Darwins Impuls, in Versen über Botanik zu schreiben, verdankte sich zweifellos Linné. Aber Darwin war auch nicht unzu-

32 E. Darwin, *The Loves of the Plants*, Canto I.

33 E. Darwin, *Zoonomia*, London 1794, Bd. 1, S. 147.

34 A. Seward, *Memoirs of the Life of Dr. Darwin*. Zu einer anderen Ansicht vgl. D. King-Hale, *Erasmus Darwin*, S. 116-117.

35 Vgl. James Logan, *The Poetry and Aesthetics of Erasmus Darwin*, in: *Princeton Studies in English* 15, 1936, S. 114.

36 *The Monthly Review* 9, Juni 1793, S. 183. Der französische Übersetzer von Darwins Poem führt eine Genealogie botanischer Poesie an, die von Ovid bis zu Paul Contants *Jardin et cabinet poétique* aus dem Jahre 1609 reicht; vgl. J.-P.-F. Deleuze, *Les amours des plantes*, Paris 1800, Vorwort.

frieden, an der Botanikmanie Geld zu verdienen. James Watt und den Industriellen der Lunar Society gegenüber rechtfertigte er sein scheinbar frivoles Unterfangen mit den Worten: »*The Loves of the Plants* bringen mir gutes Geld ein ... ich schreibe für Geld, nicht für Ruhm.«[37] Gleichzeitig fürchtete er die »berufliche Gefährdung« durch das Schreiben von Poesie. Er veröffentlichte *The Loves of the Plants* 1789 zunächst anonym, weil er meinte (so schrieb er einem Verleger), sie könnten seiner lukrativen Arztpraxis abträglich sein.[38] Ursprünglich hatte Darwin vorgeschlagen, Anna Seward solle den poetischen Teil schreiben – ein Genre, das damals einer Frau angemessener erschien –, während er ausführliche wissenschaftliche Annotationen in Prosa beisteuern wollte. Anna Seward indessen lehnte ab, da sie nicht genug von Botanik verstehe und das Thema auch »der Feder einer Frau nicht wirklich angemessen« sei (aber sie sagt nicht, weshalb).[39] Schließlich übernahm Darwin die Aufgabe selbst (obwohl er einige von Anna Sewards Versen übernahm, ohne sie allerdings als ihre auszuweisen). Darwins formulierte Absicht beim Schreiben dieser Gedichte war, »die Imagination unter das Banner von Wissenschaft« zu stellen.[40] Zwar meinte Anna Seward, *The Loves of the Plants* seien etwas für Philosophen (für die die ausführlichen Annotationen von wesentlichem Interesse seien) und Ladies und Gentlemen (die von dem poetischen Charme angezogen würden), aber Darwin selbst hatte das Gedicht für ein breites Publikum gedacht. Das galt auch für sein späteres Werk. Als er seine *Economy of Vegetation* vorbereitete, bat er James Watt um einige »gentlemanlike facts« (das heißt um allgemeinverständliche Fakten und nicht »abstruse, nur für Philosophen geeignete Kalkulationen«) über seine Dampfmaschine.[41]

Die Tatsache, daß Darwin Wissenschaft in Verse setzte, stand also den Erwartungen im 18. Jahrhundert nicht völlig entgegen. Aber wie wurde seine erotische Dichtung aufgenommen? Es ist

37 Brief an James Watt, 20. November 1789, in: D. King-Hale (Hg.), *The Letters of Erasmus Darwin*, Cambridge 1981, S. 196. Darwin verkaufte seine *Loves of the Plants* für £ 800 und seinen *Botanic Garden* für £ 900. Vgl. D. King-Hale (Hg.), *The Letters of Erasmus Darwin*, a. a. O., S. 206 und 225.

38 Brief an Joseph Johnson, 23. Mai 1784, a. a. O., S. 139-140.

39 A. Seward, *Memoirs of the Life of Dr. Darwin*, a. a. O., S. 95.

40 E. Darwin, *The Botanic Garden*, a. a. O., Bd. 1, S. V.

41 Brief an James Watt, 20. November 1789, in: D. King-Hale (Hg.), *The Letters of Erasmus Darwin*, a. a. O., S. 196.

schwierig, etwas genaues über Darwins eigene Intention in dieser Hinsicht zu sagen. Er konnte sich kaum im unklaren darüber sein, daß die offen erotischen Szenen Anklang bei einem größeren, bereits von Liebesromanen völlig hingerissenen Publikum finden würden. Dennoch gibt er in seinem *Commonplace Book* seiner Überzeugung Ausdruck, Linnés sexuelle Terminologie könne übersetzt werden, ohne anstößige Vorstellungen zu erwecken.[42] Auch Anna Seward verteidigte Darwin gegen den Vorwurf der Anstößigkeit: »Wenn der *Botanic Garden* für unsittlich gehalten wird«, schrieb sie, »dann ist die Unanständigkeit in der eigenen Phantasie, nicht in den Seiten des Dichters enthalten.« Für sie war die sexuelle Natur der Pflanzen schlicht ein wissenschaftliches Faktum. Tatsächlich wurde Darwins Poesie zu jener Zeit sogar wegen mangelnder »Empfindsamkeit« kritisiert; zwar entzücke sie die Imagination, doch, so wurde gesagt, sie erwecke keine tieferen Emotionen.[43]

Aber das ist nicht die ganze Geschichte. Darwin war kein Konservativer wie Linné. Er war Gründungsmitglied der Lunar Society von Birmingham, in der ungefähr die Hälfte der Mitglieder Dissenter waren, und er selbst war Atheist. Mitglieder wie Joseph Priestley und Josiah Wedgewood förderten Innovationen in der Industrie, traten für Freiheit und Gleichheit ein und forderten die politische Führung für den Mittelstand. (Die Arbeiterklasse sollte die wohlgeordnete und disziplinierte Arbeitskraft für das neue Fabriksystem stellen.)[44] Darwin selbst trat für die Abschaffung des Sklavenhandels, Religionsfreiheit und Pressefreiheit ein, und er begrüßte, wie die meisten Mitglieder der Lunar Society, die Französische Revolution.[45] Zu seinem Verleger machte er Joseph Johnson, der bekannt werden sollte für das Vertreiben radikaler Literatur während der Französischen Revolution, etwa der Werke

42 D. King-Hale, *Erasmus Darwin*, a. a. O., S. 116-117.

43 A. Seward, *Memoirs of the Life of Dr. Darwin*, a. a. O., S. 124-125. Im gesamten *Botanic Garden* fand A. Seward lediglich eine anstößige Passage, die eine Homersche Geschichte so wiedergab, daß azoisches Gas mit Mars personifiziert und zum Liebhaber der unberührten Luft (Venus) gemacht wurde, wobei Feuer (Vulcanos) den eifersüchtigen Rivalen darstellte. Hier, so urteilte Anna Seward, überschritt Darwin – wie schon vor ihm Homer – mit seinen ausschweifenden und treulosen Gottheiten die Grenzen des Anstands.

44 Vgl. Maureen McNeil, *Under the Banner of Science: Erasmus Darwin und His Age*, Manchester 1987, S. 64-66.

45 Vgl. dazu seine *Economy of Vegetables*, VI, S. 341-344, wo er die Französische Revolution feiert.

von Joseph Priestley, Thomas Paine, William Goodwin und Mary Wollstonecraft.

Als die *Loves of the Plants* 1789 erschienen, fühlte sich die Öffentlichkeit erstaunlicherweise weder durch Darwins Stil noch durch seine politischen Ansichten gestört. Das zweihundertseitige Poem wurde enthusiastisch begrüßt und im *Monthly Review* der Whigs ebenso wie im *Critical Review* der Tories günstig rezensiert.[46] Sein *Botanic Garden* (1791) und *Zoonomia* (eine medizinische Abhandlung und eine frühe systematische Darstellung der Evolutionstheorie von 1794) hatten ähnlichen Erfolg, und eine Zeitlang war Darwin einer der meistgelesenen Dichter in England.

Diese anfängliche Indifferenz gegenüber Darwins unorthodoxen wissenschaftlichen, religiösen und politischen Ansichten ist als Resultat der gesellschaftlichen Stabilität, die England seit den fünfziger Jahren erlebte, interpretiert worden.[47] In einer solchen Atmosphäre konnte die milde Äußerung unorthodoxer Ansichten durch Angehörige der Gentry und der höheren Berufsstände toleriert werden. Die Aufklärung hatte, Roy Porter hat es dargelegt, auch tolerantere Ansichten über die menschliche Sexualität eingeleitet.[48] Sie wurde nicht länger als Sünde oder Übel angesehen, sondern als Teil der natürlichen Ökonomie – als natürlicher Impuls, der freie Äußerung finden sollte. Porter hat darauf hingewiesen, freie Liebe wurde in den höheren Schichten nicht nur diskutiert, sie wurde praktiziert: seit den siebziger Jahren begannen pornographische Zeitschriften zu erscheinen, die Zahl erotischer Erzählungen nahm rasch zu; wohlhabende Männer zeigten sich öffentlich mit ihren Mätressen; und uneheliche Kinder wuchsen als akzeptierte Familienmitglieder auf (ohne allerdings den Familiennamen oder -besitz zu erben). Selbst Fanny Hill sprach vom Penis als einer »empfindsamen Pflanze«. Sexualität, geäußert innerhalb der Grenzen einer Höhere-Schichten-Sensibilität und deren Gebräuchen, konnte toleriert werden, da sie keine ernsthafte Bedrohung der sozialen Ordnung darstellte.[49]

46 Vgl. Norton Garfinkle, *Science and Religion in England, 1790-1800: The Critical Responses to the Work of Erasmus Darwin*, in: *The Journal of the History of Ideas* 16, 1955, S. 378.

47 Ibid., S. 380; vgl. auch M. McNeil, *Under the Banner of Science*, a. a. O., S. 133-135.

48 Vgl. Roy Porter, *Mixed Feelings: The Enlightenment and Sexuality in Eighteenth-Century Britain*, in: Paul-Gabriel Boucé (Hg.), *Sexuality in Eighteenth-Century Britain*, Manchester 1982, S. 1-27.

49 Ibid., S. 8-15 und 19-20.

Die Französische Revolution machte dieser Ruhe ein jähes Ende. Im Birminghamer Aufruhr 1791 wurden Mitglieder der Lunar Society wegen ihrer offen geäußerten Unterstützung der Revolution attackiert, Priestleys und Witherings Häuser wurden niedergebrannt. Danach löste sich die Gesellschaft auf, und die Mitglieder suchten sich von der Politik zu distanzieren.[50] In dem Maße, wie Kirche und Staat sich stärker bedroht fühlten, veränderte sich die offizielle Reaktion auf Darwins Werk. Im Jahr 1789 erschien im *Anti-Jacobin*, einer halboffiziellen Wochenzeitschrift, die von George Canning, Staatssekretär im Auswärtigen Amt der Pitt-Regierung, kontrolliert wurde, ein Poem mit dem Titel *The Loves of the Triangles* (geschrieben in Darwin imitierenden Spottversen). In diesem Poem wurde Darwin unter anderem als Befürworter der freien Liebe angegriffen – einer Tendenz, die nach Meinung der Konservativen die englische Gesellschaft auf die gleiche Weise zu unterminieren drohte, wie es in der französischen geschehen war.[51] Darwin mag tatsächlich unter dem Deckmantel dichterischer Freiheit die freie Liebe vertreten haben, die er selbst nach dem Tode seiner ersten Frau praktizierte. Er hatte zwei uneheliche Töchter (aus einer Liaison mit einer unbekannten Frau) – Susan und Mary Parker –, die er und seine zweite Frau zusammen mit ihren anderen Kindern aufzogen.

Und natürlich stellte der Reverend Richard Polwhele, Bischof von Exeter, in seinem Poem *The Unsex'd Females* klar, daß das offene Lehren eines Sexualsystems in der Botanik unerlaubte Geschlechtsbeziehungen fördere. Für ihn waren demokratische Tendenzen, emanzipierte und ungläubige Frauen und freie Liebe samt und sonders Aspekte der Gefahr, die England drohte. Polwhele bezichtigte diese Amazonenbande »weiblicher Don Quichotes

50 Vgl. M. McNeil, *Under the Banner of Science*, a. a. O., S. 8-84. Vgl. auch William Witherings Darstellung in *The Miscellaneous Tracts*, 2 Bde., London 1822, Bd. 2, S. 115-123.

51 *The Anti-Jacobin: or Weekly Examiner* 23, April 1798, S. 180-182; 24, April 1798, S. 188-189; und 26, Mai 1798, S. 204-206. Darwin behauptete anscheinend, von dieser Satire nie gehört zu haben. Geometrie mag hier als satirisches Mittel gewählt worden sein, weil geometrische Linien in der damaligen Zeit in Arten, Klassen oder Ordnungen – entsprechend der Zahl der Dimensionen einer die Relation zwischen Ordinaten und Abzissen ausdrückenden Gleichung – eingeteilt wurden. Vgl. *Dictionarium Britannicum*, hg. von G. Gordon, P. Miller und N. Bailley, London 1730: *gender*. Das gleiche Wörterbuch definiert »man« als ein mit Vernunft begabtes Geschöpf, während »woman« nicht definiert wird, obzwar eine Etymologie angegeben wird (*pamb* oder *womb* [Leib] plus *man*).

der neuen Philosophie«, die Gesinnungen und Sitten des republikanischen Frankreich übernommen zu haben, und pickte Mary Wollstonecraft als Prophetin der Bewegung heraus. In einer verblüffenden Passage nutzte Polwhele das volle Potential der von ihm so verabscheuten botanischen Allegorie, um dem Leser ein lebendiges Bild von Mary Wollstonecrafts »schändlichem« Leben zu malen:

> But hark! lascivious murmurs melt around;
> And pleasure trembles in each dying sound.
> A myrtle bower, in feirest bloom array'd
> to laughing Venus streams the silver shade...
> Bath'd in new bliss, the Fair-one ›Wollstonecraft‹ greets the bower
> And ravishes a flame from every flower;
> Low at her feet inhales the master's sighs,
> and darts voluptuous poison from her eyes.
> Yet, while each heart pulses, in the Paphian grove,
> Beats quick to Imlay and licentious love.* [52]

Polwhele bleibt in seinem Gedicht absichtlich doppeldeutig; der Leser wird im unklaren gelassen, ob Wollstonecraft tatsächlich eine von Darwins »ehebrecherischen« Pflanzen wird oder ob ihre libertinären Beziehungen einfach in der wogenden Atmosphäre der Blumenlaube stattfinden.

In jedem Fall ist die Botschaft klar: Verbindung mit Pflanzen führt zu sittenloser Liebe. In seinen Anmerkungen erklärt Polwhele, wie Wollstonecraft durch ihre Liebschaften in England mit Henry Fuseli, dem bekannten Maler, der mehrere Illustrationen für Darwins *Botanic Garden* stellte, und in Frankreich mit dem amerikanischen Schriftsteller Gilbert Imlay zu ihrem Selbstmordversuch getrieben wurde, aus dem sie zwar von Godwin gerettet wurde, aber nur, um bald darauf im Kindbett zu sterben. Nach Polwheles Ansicht war dies ein gerechtes Ende eines ausschweifenden Lebens. Unsere botanisierenden Mädchen, schrieb er, sind

* Doch horch! Laszives Murmeln wispernd streut / Und Lust erbebt in jedem sterbend Laut. / Die Myrthenlaube, geschmückt in liebster Blütenpracht – / Zur lachend Venus fließt die Silberschattennacht... / Getaucht in neue Wonnen, neigt sich die Holde / ›Wollstonecraft‹ dem Blütenbogen zu / Und raubt von jeder Blume eine Flamme; / Zu Knieen atmet sie die Seufzer des Gebieters / Und schleudert lüstern Gift aus ihrem Aug'. / Doch während hier, in dieser Liebeslaube, / noch jedes Herz pulsiert, / schlägt es schon Imlay zu und sittenloser Liebe.

52 Rev. Richard Polswhele, *The Unsex'd Females: a Poem*, 1798, New York 1800, S. 33-34.

würdige Jüngerinnen Miss Wollstonecrafts. Diese »geschlechtslosen Weiber«, Todfeinde jeden Errötens, werfen ihr Schamgefühl beiseite – die schönste Zierde ihres Geschlechts.[53]

Polwhele betrachtete Erasmus Darwins *Botanic Garden*, in dem »lüsterne Knaben eine Pflanze zerlegen«, als eine wesentliche Quelle moralischen Verfalls.[54] Zwar war Darwin Demokrat und Materialist, aber es sollte festgehalten werden, daß seine Radikalität in bezug auf Frauen begrenzt war. Sein *Plan for the Conduct of Female Education*, geschrieben für die von seinen unehelichen Töchtern in Ashbourne errichtete Schule, stand in Einklang mit den neuen Mittelstandsnormen einer Geschlechterkomplementarität, die in der Gesellschaft für Männer und Frauen unterschiedliche Rollen forderten.[55] Wie Rousseau, Europas führender Vertreter einer Geschlechterkomplementarität, und Madame Genlis, deren Werke er seinen Lesern empfahl, hielt Darwin daran fest, daß der weibliche Charakter eher sanfte und bescheidene als kühne und auffallende Eigenschaften aufweisen sollte. Er unterstrich, daß weibliches Wissen und weibliche Bildung nicht zu beruflicher Beschäftigung führen, sondern darauf gerichtet sein sollten, das häusliche Leben des zukünftigen Ehemanns zu fördern. Darwins einzige wirkliche Innovation war sein Insistieren auf Leibeserziehung für Mädchen.[56] Im ganzen aber sollten seine Mädchen lernen, gute Ehefrauen zu sein – fröhlich, zutiefst moralisch und ehrerbietig gegenüber der Religion.

Obwohl die Polwheles jener Zeit lehrten, daß Linnés botanisches System in sich gefährlich sei, erschien es als Gefahr für die gesellschaftliche Ordnung nur dann, wenn es sich (wie im Fall von Erasmus Darwin) mit radikalen politischen Überzeugungen verband. Man betrachte das Beispiel Robert Thorntons, eines Zeitgenossen Darwins. Thornton, der sich selbst als Patriot und »Freund von sozialer Ordnung« bezeichnete, veröffentlichte seine *New Illustration of the Sexual System of Carolus Linnaeus* 1799 als eine

53 Ibid., S. 10-20.

54 Er nahm Emma Crewes Darstellung des Cupido auf dem Titelblatt der *Loves of the Plants* zum Beweis eines Überschreitens des natürlichen Anstands. Ibid., S. 27.

55 Erasmus Darwin, *A Plan for the Conduct of Female Education in Boarding Schools*, London 1797.

56 Vgl. Desmond King-Hale, *Doctor of Revolution: The Life and Genius of Erasmus Darwin*, London 1977, S. 234-237. King-Hale hat zu Unrecht die Radikalität von Darwins Traktat hervorgehoben.

Herausforderung der französischen Vorherrschaft in den Schönen Künsten.[57] Obwohl Thornton ausgiebig Gebrauch von Darwins Poesie machte, erfreute sich sein Projekt königlicher Unterstützung. Es war Königin Charlotte gewidmet, und viele seiner Tafeln wurden von den Graveuren des Königs ausgeführt. Thorntons Buch verkaufte sich gut, bis im Jahre 1808 eher Krankheit und Alter als politische Reaktion dem königlichen Enthusiasmus für Botanik ein Ende setzten und der volkstümliche Geschmack begann, sich der neuen Wissenschaft der Chemie zuzuwenden.

Die Politik des Geschlechterunterschiedes

Den politischen Hintergründen und Implikationen der offen sexuellen Metaphorik, die Linné und Darwin benutzten, ist viel Aufmerksamkeit geschenkt worden. Diese Geschichten sind in der Tat faszinierend, aber sie lenken ab vom Wichtigsten – den breiteren politischen Tendenzen, die die Botaniker im 18. Jahrhundert dazu bewegten, der Erforschung des Geschlechtsunterschiedes bei Pflanzen Priorität zu geben.

Es ist bezeichnend, daß die Botaniker die Reproduktion von Pflanzen erst weit im 18. Jahrhundert als sexuelle Reproduktion erkannten. Sicher, Linné weist selbst darauf hin, den frühesten Naturbeobachtern (Aristoteles und, für das Studium der Pflanzen besonders wichtig, Theophrast) war die Geschlechtszugehörigkeit von Pflanzen nicht unbekannt.[58] Aber obwohl die Griechen wußten, daß manche Pflanzen sich geschlechtlich fortpflanzen, stand dies nicht im Zentrum ihrer Aufmerksamkeit. Noch in der Renaissance gaben Botaniker den Teilen der Blüte, die wir heute als ihre geschlechtlichen Teile bezeichnen, Namen, die in keinerlei Verbindung zu ihrer Funktion standen. Das männliche Organ wurde *stamen* genannt, ein lateinisches Wort, das den Webfaden eines Stoffes bezeichnet. Das weibliche Organ nannte man *pistillum*, ein Wort, das die Ähnlichkeit dieser Blütenteile mit einem Stempel nahelegt.[59] Die Pflanzenkundigen der Renaissance erkannten die

57 Vgl. Robert Thornton, *The Politician's Creed*, London 1795-1799, Titel und Einleitung.

58 Carl Linné, *Sponsalia Plantarum*, 1746, in: *Amoenitates Academicae*, Erlangen 1785-1789, S. 329.

59 *Dictionarium Britannicum*: pistillum. J.-P. de Tournefort standardisierte 1694 den

geschlechtliche Natur der Pflanzen nicht oder sie waren einfach nicht daran interessiert. Warum kam es dann im 18. Jahrhundert zu der Beschäftigung mit dem geschlechtlichen Unterschied – ein Projekt, das sich bis ins 19. Jahrhundert fortsetzen sollte?

Betrachtet man zunächst die Wissenschaftsgemeinschaft, so ist klar, daß die Erkenntnis der geschlechtlichen Reproduktion bei Pflanzen durch die Entwicklung in der Zoologie vorangetrieben wurde. Es war die Zeit leidenschaftlichen Interesses an Entwicklungstheorien, in der Debatten zwischen Präformationisten und Epigenesisten, Ovisten und Homunculisten tobten. Die Botaniker, darauf festgelegt, einheitliche Naturgesetze zu finden, zogen Analogien zwischen pflanzlichem und tierischem Leben und übertrugen so das Interesse an der Sexualität der Tiere auf die Pflanzen.

Auch liegt die Vermutung nahe, daß der Ausbau der Landwirtschaft und die Notwendigkeit höherer Ernteerträge zu einem verstärkten Interesse an der Reproduktion von Pflanzen führten. Es scheint wahrscheinlich, daß die Erkenntnis eines notwendigen Bevölkerungszuwachses – die das Interesse an der wissenschaftlichen Erforschung der menschlichen Entwicklung ausgelöst hatte (insbesondere in Frankreich) – auch die Interessen der Botaniker beflügelte.

Aber es gibt einen weiteren Zusammenhang, der in Betracht gezogen zu werden verdient. Die ersten Untersuchungen über Sexualität bei Pflanzen entstanden im 18. Jahrhundert und koinzidierten mit einem leidenschaftlichen Interesse an genauer Differenzierung des geschlechtlichen Charakters bei Tieren und Menschen. Botanik und Anatomie waren Zweige der Medizin, wie sie an den frühen modernen Universitäten gelehrt wurde. Aber mehr noch, beide waren dem Imperativ unterworfen, der die Wissenschaftsgemeinschaften im 18. Jahrhundert beherrschte: Unterschiede zwischen den Geschlechtern (im biologischen und im gesellschaftlichen Sinn) zu finden und zu untersuchen. Es war schließlich die Zeit der wissenschaftlichen Revolutionierung der

modernen Gebrauch des Begriffs *Pistill* (Stempel): er bezeichnet seitdem Fruchtknoten, Griffel und Narbe der Blüte; in England wurde der Begriff um 1750 in die Botanik eingeführt. Der Gebrauch des Begriffs *Stamen* (Staubfaden) ist viel älter; schon Plinius spricht von dem *stamen* der Lilie. Zum botanischen Fachbegriff wurde er um 1625.

Anschauungen über den Geschlechterunterschied.[60] Drei Aspekte lohnt es sich zu betrachten. Erstens führte diese Revolution zu einer durchgreifenden Reform in den Erklärungen von Sexualität. Anatomen entwarfen neue Vorstellungen über Ursprünge und Charakter der Geschlechtsunterschiede, die Beziehung zwischen biologischem Geschlecht (sex) und gesellschaftlichem Geschlechterverhältnis (gender) und über die Präsenz von Sexualität im menschlichen Körper. Mit Hilfe neuer Techniken wogen und maßen sie jede erdenkliche Differenz zwischen Knochen, Haar, Mündern, Augen, Stimmen, Blutgefäßen, Schweiß und Gehirn von Männern und Frauen.

Zweitens ist es wichtig zu begreifen, daß diese Revolution sich als wesentlicher Bestandteil jener politischen und sozialen Umwälzungen entwickelte, die zur Französischen Revolution führten. Für die Denker der Aufklärung stellte sich die Frage, was mit den Frauen zu tun sei. Die sexuellen Freiheiten, die die Frauen der Oberschicht genossen (die, wie wir gesehen haben, die allgemeine Diskussion über Pflanzensexualität förderten), und die potentiellen Freiheiten, die die Frauen des Dritten Standes forderten, schreckten die Männer der entstehenden Mittelschicht. Wenn Frauen nicht auf der gleichen Ebene wie die Männer in die neue Republik eintreten sollten (und sie sollten nicht), wie konnte das mit der Grundannahme der Aufklärung in Einklang gebracht werden, daß alle Menschen von Natur aus gleich seien? In zunehmendem Maß wurde der von Frauen erhobene Anspruch auf Gleichheit nicht als eine Sache der Ethik, sondern als eine der Anatomie verstanden, die Frage nach der genauen Natur des Geschlechterunterschiedes erlangte für die medizinischen Wissenschaften Priorität.

Auf diese Weise in Dienst genommen, lieferten die Anatomen eine ideologische Lösung der Frauenfrage, die einen dritten Aspekt der Umwälzung im Geschlechterunterschied darstellt – eine Lösung, die bekannt ist als Theorie der Geschlechterkomplementarität. Diese Theorie, die bis weit ins 19. Jahrhundert hinein die Ideologie der getrennten Bereiche für beide Geschlechter begründete, besagte, daß Männer und Frauen in Physis und Moral nicht gleich seien, sondern komplementäre Gegensätze darstellten. Die Theorie der Geschlechterkomplementarität fügte sich

60 Vgl. Londa Schiebinger, *The Mind has no Sex?*, a. a. O., Kap. 7 und 8.

aufs schönste in vorherrschende Strömungen des entstehenden demokratischen Denkens ein, da sie Ungleichheiten natürlich erscheinen ließ und gleichzeitig die Bedürfnisse der europäischen Gesellschaft nach einer Fortsetzung der geschlechtlichen Arbeitsteilung befriedigte.

Die Tatsache, daß Linnés System im 18. Jahrhundert eine solche Verbreitung fand, scheint daher am ehesten zurückführbar auf die Umwälzungen, die in jenem Jahrhundert Natur und Definition von Sexualität und Geschlechtsrollen erfuhren. Für Linné war Sexualität die Basis der taxonomischen Einteilung, weil er in den Sexualorganen die wichtigsten Organe der Pflanze sah. Und ich behaupte, daß er Pflanzen auf diese Weise betrachtete, weil er sie aus dem Blickwinkel des 18. Jahrhunderts sah. Die sexuelle Revolution der Aufklärung hatte tiefe Auswirkungen auf den Aufstieg der Botanik als Wissenschaft. Nicht nur nahmen in der Sprache der Botaniker sexuelle Bilder eine wesentliche Stelle ein, sondern die botanische Taxonomie rekapitulierte wesentliche Aspekte der europäischen Hierarchie zwischen den beiden Geschlechtern.

Elvira Scheich

Klassifiziert nach Geschlecht
Die Funktionalisierung des Weiblichen für die Genealogie des Lebendigen in Darwins Abstammungslehre

Die Bestimmung der Geschlechterdifferenz: Politik und Biologie

Als »Periode der wissenschaftlichen Revolution im Hinblick auf sexuelle Differenz, Sexualität und Geschlechterrolle« bezeichnet Londa Schiebinger die Entwicklungen in der Anatomie und der Botanik des 18. Jahrhunderts. Das starke Interesse am exakten Unterschied der Geschlechter – bei Menschen, Tieren und Pflanzen – interpretiert sie im Kontext der politischen und sozialen Umwälzungen, die zur Französischen Revolution führten. In einer ausführlichen und bewegten Debatte wurde das Postulat der Aufklärung, nach dem alle Menschen von Natur aus gleich seien und also jedem die grundlegenden Menschenrechte zuzubilligen seien, auf das männliche Geschlecht eingeschränkt.[1] Zunehmend werden dann im Übergang zum 19. Jahrhundert Argumente der Anatomie und Biologie herangezogen, um den Frauen den Zutritt als Freie und Gleiche zur neuen Republik zu verwehren, und ihre Stellung in der neuen bürgerlichen Ordnung wird nicht mehr als eine Frage der Ethik behandelt. Die Familie gilt als eine Tatsache der Natur, und die Bestimmung der Geschlechterdifferenz wird zur Angelegenheit der Naturwissenschaft.

Linné – das hat Londa Schiebinger ausgeführt – las die Gesetze der Natur durch die Brille der gesellschaftlichen Verhältnisse seiner Zeit: Nicht nur sah er die Natur in einer militärischen Formation; seine Einteilungen spiegeln zugleich eine sexuelle Hierarchie, in der das männliche Geschlecht einen höheren Rang innehat als das weibliche. Mit einem Zitat, das zugleich die Richtung angibt, in der sich die biologische Theorie weiterentwickeln wird,

1 Vgl. Ute Gerhardt, Mechthild Jansen, Andrea Maihofer, Pia Schmid, Irmgard Schultz (Hg.), *Differenz und Gleichheit. Menschenrechte haben (k)ein Geschlecht*, Frankfurt 1990.

möchte ich dies noch einmal verdeutlichen: »Alle Arten derselben Gattung dürften am Anfang eine Art dargestellt haben, aber späterhin durch Kreuzung fortgepflanzt worden sein, und zwar so, daß alle Gattungsgenossen aus einer Mutter entsprossen wären, die verschiedenen Arten aber aus jeweils einem Vater gezeugt.«[2] Linné, auf den die systematische Klassifikation zur Arteneinteilung zurückgeht, die nun seit über zwei Jahrhunderten zum festen Wissensbestand der Biologen gehört, spricht hier ein Thema an, das zu seiner Zeit heftigst umstritten war: die Idee der Verwandtschaft und der gemeinsamen Abstammung der Arten. Auch im Rahmen seines eigenen Werks ist dieser Satz wohl eher als »Ausrutscher« zu bezeichnen, im allgemeinen vertrat Linné nämlich die gängige Lehrmeinung der Naturgeschichte, die da lautete: die Arten sind seit der Schöpfung unveränderlich.

Die biologische Definition der Art als Reproduktionsgemeinschaft[3], deren Grenzen durch die Unmöglichkeit einer Kreuzung bestimmt waren, verbot jede Vorstellung eines Wandels. Alle Klassifikationssysteme beruhten auf dieser Setzung, was Buffon seinerzeit so formulierte: »Dieser Punkt ist der festeste, den wir in der Naturgeschichte haben.«[4] In der Naturgeschichte blieb der Entwicklungsgedanke auf den individuellen Organismus begrenzt; erst gegen Mitte des 19. Jahrhunderts setzte sich mit Darwins Abstammungslehre die Überzeugung durch, daß die Vielfalt des Lebendigen eine historisch gewordene ist. »Es haben aber die Naturforscher schon seit langer Zeit die tiefe Überzeugung gehabt, daß es ein natürliches System gebe. Wie jetzt allgemein zugegeben wird, muß dieses System soweit wie nur möglich genealogisch in seiner Anordnung sein, – d.h. die verschiedenen Nachkommen einer und derselben Form müssen in einer Gruppe zusammengehalten werden und zwar getrennt von den verschiedenen Nachkommen einer anderen Form. (...) Die Größe der Verschiedenheit zwischen den verschiedenen Gruppen, – welche den Beitrag der Modificationen, denen eine jede derselben unterlegen ist, bezeichnet, – wird durch derartige Ausdrücke wie Gattungen,

2 Carl Linné zit. nach Ilse Jahn/Rolf Löther/Konrad Senglaub, *Geschichte der Biologie. Theorien, Methoden, Institutionen, Kurzbiographien*, Jena 1982, S. 279.

3 Diese Definition stammt von John Ray, vgl. Jahn/Löther/Senglaub, *Geschichte der Biologie*, a. a. O., S. 203.

4 Georges Louis Leclerc Buffon zit. nach Wolfgang Lefèvre, *Die Entstehung der biologischen Evolutionstheorie*, Frankfurt/Berlin/Wien 1984, S. 212.

Familien, Ordnungen und Classen angegeben. Da wir keine Urkunden über die Descendenzreihen besitzen, so können die Stammbäume nur durch die Beobachtung der Ähnlichkeitsgrade zwischen den einzelnen zu classificierenden Wesen entdeckt werden«, so schreibt Darwin in seinem zweiten großen Werk über die Abstammung des Menschen.[5] Die Evolutionstheorie, in der die artenübergreifende Genealogie der organischen Natur begründet wurde, kann in ihren Auswirkungen auf das Verständnis von Mensch, Natur und Gesellschaft kaum überschätzt werden. Die Herstellung eines Zusammenhangs zwischen den Lebewesen durch Verzeitlichung führte in allen Dimensionen des Weltbildes zu Umwälzungen.[6]

Meine Fragen lauten nun: Welches sind die einzelnen Elemente des Übergangs von der Naturgeschichte zur Evolutionsbiologie? Welche Rolle spielt das Geschlecht in der Art und Weise, wie die Entwicklung der Natur begriffen wird? Warum wird der Wandel in der Natur so in Bewegung gesetzt, daß im Ergebnis das weibliche Geschlecht davon ausgeschlossen ist und daß feministische Wissenschaftsforscherinnen heute kritisieren: »Have only men evolved?«[7]

Darwins Rekonstruktion einer männlichen Genealogie

Vier Begriffe spielen in der Evolutionstheorie Darwins eine Schlüsselrolle: Konkurrenz, Population, Individuum und Art. Nach Darwin kommt die Veränderung einer Art zustande durch die *Konkurrenz* der *Individuen* in der *Population* einer *Art*.[8] Im Unterschied zu den Anschauungen der Naturgeschichte spielt sich hier der »Kampf ums Dasein« nicht nur zwischen den Arten ab (zwischen Löwe und Lamm), sondern vor allem unter den Exemplaren ein und derselben Art. Damit verändert sich die Vorstellung vom Lebewesen: es ist nicht mehr nur hauptsächlich Repräsentant seiner Spezies, sondern es gewinnt Individualität innerhalb der Artgemeinschaft. Und es sind genau die kleinen Unterschiede, die

5 Charles Darwin, *Die Abstammung des Menschen*, Wiesbaden 1986, S. 164.
6 Vgl. Wolfgang Lepenies, *Das Ende der Naturgeschichte*, München/Wien 1976.
7 Ruth Hubbard, *»Hat die Evolution die Frauen übersehen?«*, in: *Denkverhältnisse*, hg. von Elisabeth List und Herlinde Studer, Frankfurt 1989, S. 301-333.
8 Lefèvre, *Die Entstehung der biologischen Evolutionstheorie*, a. a. O.

in der natürlichen Auslese zur Wirkung kommen und also die Geschichte der Natur ins Werk setzen.

In der Evolutionstheorie Darwins haben verschiedene Autorinnen[9] Elemente der bürgerlichen Gesellschaft des 19. Jahrhunderts wiedererkannt. Sie haben dabei an die Überlegungen der marxistischen Diskussion angeknüpft. »Die ganze darwinistische Lehre vom Kampf ums Dasein ist einfach die Übertragung der Hobbesschen Lehre vom bellum omnium contra omnes und der bürgerlich-ökonomischen von der Konkurrenz, nebst der Malthusschen Bevölkerungstheorie. Nachdem man dies Kunststück fertiggebracht..., so rücküberträgt man dieselben Theorien aus der organischen Natur wieder in die Geschichte und behauptet nun, man habe ihre Gültigkeit als ewige Gesetze der menschlichen Gesellschaft nachgewiesen.«[10]

Ein solcher Zirkelschluß bei Darwin, wie er hier für die Welt der Männer, mit dem die Naturnotwendigkeit des Konkurrenzkampfs im Erwerbsleben und des kapitalistischen Markts behauptet wurde, läßt sich auch für die weibliche Seite der Geschichte aufzeigen. Wenn man sich dafür interessiert (was die Wissenschaftsgeschichte im allgemeinen nicht tut), wird bald deutlich, daß die Stellung der Frau in der viktorianischen Gesellschaft, ihre Funktion in der Familie und ihre Rolle als Hausfrau und Mutter in die Biologie übertragen wurden. Darwin selbst hat der Funktion der Geschlechterdifferenz für den Stammbaum des Lebens einen beachtlichen Teil seines Werkes gewidmet; er faßt zusammen: »In den meisten Fällen stehen die Verschiedenheiten im Bau in einer mehr oder weniger directen Beziehung zu der Fortpflanzung der Art.«[11] In der geschlechtlichen Zuchtwahl erkennt er ein zweites, die natürliche Selektion ergänzendes Prinzip der Evolution zweigeschlechtlicher Arten. Wenig Neues ergab sich daraus für Frauen.

9 Ruth Bleier, *Science and Gender. A Critique of Biology and Its Theories on Women*, Oxford 1984; Anne Fausto-Sterling, *Gefangene des Geschlechts? Was biologische Theorien über Mann und Frau sagen*, München 1988; Hubbard, *Hat die Evolution die Frauen übersehen?*, a. a. O.; Michael Gross/Mary Beth Averill, *Evolution und patriarchale Mythen von Knappheit und Konkurrenz*, in: *Das Argument*, 150 (1985), S. 204-218.

10 Friedrich Engels, *Brief an Lawrow*, 12.-17. November 1875, in: *MEW* 34, Berlin 1966, S. 170.

11 Darwin, *Die Abstammung des Menschen*, a. a. O., S. 235.

»Die Frau scheint dem Manne in Bezug auf geistige Anlagen hauptsächlich in ihrer größeren Zartheit und geringeren Selbstsucht verschieden zu sein (...). In der Folge ihrer mütterlichen Instincte entfaltet die Frau diese Eigenschaften gegen ihre Kinder in einem außerordentlichen Grade. Es ist daher wahrscheinlich, daß sie dieselben häufig auch auf ihre Mitgeschöpfe ausdehnen wird. Der Mann ist der Nebenbuhler anderer Männer; er freut sich der Concurrenz und diese führt zu Ehrgeiz, welcher nur zu leicht in Selbstsucht übergeht. Die letzteren Eigenschaften scheinen sein natürliches und angeborenes Recht zu sein. Es wird meist zugegeben, daß beim Weibe die Vermögen der Anschauung, der schnellen Auffassung und vielleicht der Nachahmung stärker angesprochen sind als beim Mann. Aber mindestens einige dieser Fähigkeiten sind für die niederen Rassen charakteristisch und daher auch für einen vergangenen und niederen Zustand der Civilisation.«[12]

In naturwissenschaftliche Fakten übersetzt war dann die »Natur der Frau« ein scheinbar unwiderlegbares Argument für ihre Rechtlosigkeit und Diskriminierung.

Beispiele und Überlegungen innerhalb der Abstammungslehre zum weiblichen Geschlecht spiegeln unverkennbar das zeitgenössische normative Frauenbild des 19. Jahrhunderts, wobei Darwin selbst noch eher zu den zurückhaltenden Autoren gehörte. Feministische Kritik an den ideologischen Elementen seiner Theorie ist deshalb begrenzt auf deren historischen und sozialen Geltungsbereich. Was aber von den androzentrischen Voraussetzungen und Bestimmungen auch dann noch bestehen bleibt, wenn die Evolutionstheorie von ihrer altmodisch anmutenden, bildhaften Rhetorik gereinigt ist, sind die abstrakten Kategorien, die Zeitlosigkeit der Gegenüberstellung von Reproduktion und Arterhaltung mit Konkurrenz und Artentwicklung. So stellt Evelyn Fox Keller[13] fest, daß die Biologie über zwei verschiedene Arten von theoretischen Modellen verfügt, die zusammen die Einheit des jeweiligen Forschungsobjekts festlegen. Am Beispiel der Evolutionstheorie heißt das, die Population einer Art wird als statistische Anhäufung formal gleicher Elemente angesehen, während die Betrachtung des Einzelorganismus das funktionale Zusammenwirken seiner Organe berücksichtigt. Nach außen hin wird das Konzept der konkurrierenden Individuen angewandt, und nur die internen Beziehungen werden als wechselseitige Abhängigkeiten – meist in

12 Ibid., S. 637.
13 Evelyn Fox Keller, *Demarcating Public from Private Values in Evolutionary Discourse*, in: *Journal of the History of Biology*, Nr. 2, 21 (1988), S. 195-211.

hierarchischer Form – thematisiert. Keller zufolge spiegelt sich darin die Spaltung von Öffentlichkeit und Privatsphäre, wie sie für die bürgerliche Gesellschaft charakteristisch ist. Denn nicht nur gesellschaftliche Bereiche und normative Zuweisungen, auch wissenschaftliche Konzepte seien gespalten auf männliche bzw. weibliche Erfahrungsräume sowie entsprechende normative Anforderungen zu beziehen.

In der Evolutionstheorie hat der »atomic individualism«[14] außerdem zur Folge, daß es nicht so recht gelingt, die Vorgänge der natürlichen und der sexuellen Auslese miteinander zu vereinbaren. Die Rede von den »Nachkommen *eines* Organismus« unterschlägt die komplizierte Kooperation beider Geschlechter bei der Fortpflanzung und der Vererbung. Die moderne Biologie hat die Widersprüche, die in den Erklärungen dadurch auftreten, daß im Modell der natürlichen Selektion die Aktivität des weiblichen Geschlechts nicht vorgesehen ist, beseitigt durch den Wechsel auf die Ebene der Populationsgenetik; hier gibt es keine Sexualität, keine Geschlechter und keine Geschlechterdifferenz mehr. Nur: mit der Replikation des Gens – des neuen Forschungsobjekts – ist das Zustandekommen der Veränderung, die Evolution nicht zu erklären.[15]

Diese Überlegungen, daß nämlich nicht nur die Ausgrenzung der Frauen aus der Öffentlichkeit durch die Biologie legitimiert wird, sondern daß darüber hinaus die Abspaltung des Privaten und die Ausgrenzung der mütterlichen bzw. weiblichen Fähigkeiten aus dem Selbstverständnis der bürgerlichen Gesellschaft nachhaltige Effekte auf die Struktur der wissenschaftlichen Theorien selber hat, will ich fortführen. Ich werde daran insofern kritisch anknüpfen, indem ich meine Aufmerksamkeit vor allem auf das *System* der Abspaltungen und Gegenüberstellungen richten werde.

In der Herausbildung der modernen Gesellschafts- und Naturwissenschaften lassen sich nicht nur dieselben Ideologeme auffinden, darüber hinaus sind ihre Theorien strukturell vergleichbar.

14 Evelyn Fox Keller, *Language and Ideology in Evolutionary Theory: Reading Cultural Norms into Natural Law*, in: *The Boundaries of Humanity*, hg. von J. J. Sheehan und M. Sosna, Berkeley 1990, S. 20.

15 Vgl. Evelyn Fox Keller, *Reproduction and The Central Project of Evolutionary Theory*, in: *Biology and Philosophy* 2 (1987), S. 73-86.

Die Malthusianische Bevölkerungstheorie[16], die für den zentralen Gedanken der Evolutionstheorie so bedeutend wurde[17], empfiehlt eine Politik, in der das Private – die familiale Reproduktion – mit der industriellen Ökonomie in ganz spezifischer Weise verbunden ist. Staatliche Kontrolle und die gewaltsame Durchsetzung einer repressiven Sexualmoral hatten die Aneignung der weiblichen Arbeit zur »Produktion« von Untertanen und Arbeitskräften zum Ziel. Ganz entsprechend vervollständigt die anthropologische Theorie der Geschlechterpolarität die Menschlichkeit des männlichen Charakters, die kalkulierende Rationalität, durch die spontane Emotionalität seiner weiblichen Ergänzung. In beiden Fällen werden also durchaus »Ganzheiten« betrachtet. Meine Frage lautet deshalb auch in bezug auf die Naturwissenschaft, ob sich diese *Form des Zusammenhangs durch Ausgrenzungen und Abspaltungen* entlang der Geschlechtermarkierungen in ihren theoretischen Entwürfen nachzeichnen läßt.

Dafür ist entscheidend, die Evolutionstheorie als ein System von vier Kategorien zu betrachten – Konkurrenz, Individuum, Population und Art –, die miteinander in Beziehung gesetzt werden, um biologische Naturvorgänge zu erklären. Das Augenmerk will ich hier auf den Begriff der Art richten. Seine Bedeutung in der Geschichte der Evolutionstheorie wird meistens vernachlässigt, da er nicht zu ihren neuen Errungenschaften – wie vor allem der Begriff der Population – gehörte. Die Wurzeln des biologischen Artbegriffs, der in der Abstammungslehre Verwendung findet, reichen vielmehr zurück bis ins 17. Jahrhundert, als eine Art als reproduktive Einheit begriffen wurde. An diesem Begriff wird deshalb besonders deutlich, daß die Evolutionstheorie nicht nur den Bruch mit den naturhistorischen Vorstellungen

16 In seinem Buch *Eine Abhandlung über das Bevölkerungsgesetz*, das 1798 erschien, legt Thomas Robert Malthus seine Vorstellung dar, daß das Bevölkerungswachstum die zur Verfügung stehenden Subsistenzmittel naturnotwendig um ein Vielfaches überschreite. Er widerspricht darin seinem Kollegen Adam Smith, die Bevölkerungsexplosion seit 1740, die die Industrielle Revolution in England begleitete, sei nicht etwa eine Ursache für den Wohlstand der Nation, sondern ganz im Gegenteil für Verelendung und den dauernden Überlebenskampf. Vgl. dazu Gunnar Heinsohn/Rolf Knieper/Otto Steiger, *Menschenproduktion. Allgemeine Bevölkerungslehre der Neuzeit*, Frankfurt 1979, S. 103-111.

17 Darwin berichtet es selbst in seiner Autobiographie, daß die Lektüre von Malthus' Buch ihn zu dem Gedanken der natürlichen Auslese inspirierte. Sein Zeitgenosse, der Sozialdarwinist Herbert Spencer, prägte dafür den Ausdruck vom »Überleben des Tüchtigsten«, vgl. Hubbard, *Hat die Evolution ...?*, a. a. O., S. 309.

vollzog, sondern zugleich in deren Kontinuität gesehen werden muß.[18]

Ein anderes Konzept, das die Evolutionstheorie von der Naturgeschichte übernahm und das in engem Zusammenhang mit dem Artbegriff steht, war, den Organismus als Funktionssystem zu beschreiben. In einer Umkehrung der traditionellen Betrachtungsweise bestimmte demnach nicht mehr die Gestalt, die göttliche Schöpfung, die Eigenart und die Möglichkeiten eines individuellen Lebewesens, sondern die Morphologie des Organismus wird als Resultat der Funktionen seiner Organe im Rahmen seines Lebensbereichs angesehen.[19] Die Funktion der Geschlechterdifferenz, des weiblichen Geschlechts, wurde im Rahmen der Vorstellung vom Organismus als Funktionssystem definiert. Und es war in diesem Moment einer epistemologischen Umordnung, daß die besondere Funktion der Fortpflanzung bestimmend wurde für den Begriff des Lebewesens und grundlegend für die Systematik der Arten: Linné erkannte in den Sexualorganen den wichtigsten Teil der Pflanze und in der Sexualität das Prinzip seiner Taxonomie. Der Bau der Sexualorgane bei Exemplaren zweigeschlechtlicher Arten wurde im 18. Jahrhundert zur Basis der erfolgreichsten Vereinheitlichung naturgeschichtlichen Wissens.

Biologische Erkenntnis war damit auf stabile Voraussetzungen gestellt: Reproduktion und Sexualität waren als feste Kriterien zur Definition des Lebendigen festgelegt. Zugleich mit dieser allgemeinen Definition werden Vielfalt und Differenzierung des Organischen wahrgenommen auf der Ebene der Art als Reproduktionsgemeinschaft und der Fortpflanzungsfunktionen. Die Besonderheit, die »Abweichung« des weiblichen Geschlechts vom »Regelfall«, d. h. vom männlichen Exemplar, resultierte demnach aus der Funktion der Fortpflanzung zur Erhaltung der Art und reduzierte sich darauf.

Mit Darwins Evolutionstheorie entsteht die Biologie als theoretisch einheitliche, d. h. moderne Wissenschaft. Über die Kategorien des Individuums, der Konkurrenz, der Population und der Art rekonstruierte er den Zusammenhang der organischen Vielfalt

18 Vgl. dazu Lefèvre, *Geschichte*, a. a. O.

19 So konnte erkannt werden, daß die Flügel bei Schmetterlingen und Vögeln deshalb eine ähnliche Gestalt haben, weil sie der gleichen Funktion dienen, aber auch, daß, trotz ganz verschiedener Morphologie, die Funktion von Lungen und Kiemen eine analoge ist.

als eine sich historisch entwickelnde Genealogie. Die Abstammungslehre erklärt die Veränderung der Art aus der Konkurrenz der Individuen in Auseinandersetzung mit der *Umwelt*. Indem die Veränderungen auf den Einfluß der Umwelt zurückgeführt werden, ist jede Weiterentwicklung der Arten nur die des »eigentlichen«, nämlich des männlichen Teils. Die funktionale Reduktion des weiblichen Geschlechts zu einer Reproduktionsressource verhilft dieser Schlußfolgerung zur Geltung. Der Begriff der Art verliert im Kontext der Evolutionstheorie nichts von seiner zentralen Bedeutung, vielmehr gehen darüber zwei Elemente der Naturgeschichte als Voraussetzungen in die neue Genealogie des Lebendigen ein: in bezug auf die Arterhaltung sind die Lebewesen einer Spezies formal gleich und die Geschlechter funktional unterschieden. Die Festlegung der biologischen Geschlechterdifferenz, des weiblichen Geschlechts auf Fortpflanzung und Arterhaltung ist hier zum Bestandteil eines *Systems der Natur* geworden.

Darwins Erklärung des Wandels in der Natur erledigte eine brisante und hochbesetzte Frage, die jahrhundertelang die Naturforscher beschäftigt hatte: ob nämlich das männliche oder das weibliche Geschlecht mehr zur Gestalt und Eigenart der Nachkommen beitrug.[20] Das Problem, das Darwin noch offenließ, nämlich den genauen Mechanismus der Vererbung, war letztlich ein rein technisches; der Weg war frei für die instrumentellen Verfahren der modernen Genetik. Denn mit der (gesellschaftlichen) Bedeutung der Geschlechter, vor allem der eigenen Bedeutung des sogenannten »anderen Geschlechts«, hatten die biologischen Themen nichts mehr zu tun.

Die Stellung des Menschen in der Natur

Das neue historische Verständnis der Natur wird begleitet von einer Neubestimmung des gesellschaftlichen Verhältnisses zur Natur, in

20 Von Aristoteles bis zu den Präformisten des 17. und 18. Jahrhunderts war dieses Gebiet der Biologie ein wissenschaftlicher Schauplatz des Kampfes um die Legitimität männlicher Vorherrschaft. Vgl. dazu Barbara Duden, *Der Frauenleib als öffentlicher Ort. Vom Mißbrauch des Begriffs Leben*, Hamburg/Zürich 1991; John Farley, *Gametes and Spores. Ideas about Sexual Reproduction 1750-1914*, Baltimore 1982; Thomas Laqueur, *Making Sex. Body and Gender from the Greeks to Freud*, Cambridge/Mass. 1990, und außerdem die Beiträge von Joan Cadden und Nancy Tuana in diesem Band.

einer Debatte, an der so ziemlich alle Wissenschaften teilhaben und die in einer breiten Öffentlichkeit geführt wird.[21] Der Mensch erkennt sich als ein Naturwesen, das Teil der Geschichte von Natur, der gewordenen Vielfalt und des ökologischen Zusammenhangs der Lebewesen ist. Nun ließ sich nicht mehr eine gottgegebene Vernunft als Unterschied zum Rest der Lebewesen angeben, und die Grenze zwischen Natur und Gesellschaft mußte neu gezogen werden. Die Art und Weise, wie das geschah, nämlich indem menschliche Geschichte und Gesellschaftlichkeit mit dem *Fortschritt der produktiven Arbeit* verbunden wurden, grenzte Frauen auf doppelte Weise davon aus. Zum einen verwehrten die gesellschaftlichen Zuschreibungen, zusammengefaßt unter dem Titel »Mütterlichkeit«, den Frauen die Teilhabe an der Arbeit außerhalb des häuslich-familialen Bereichs, die hier gemeint war. Und darüber hinaus war mit der biologischen Definition der Geschlechterdifferenz das weibliche Geschlecht generell auf die Funktion der Art*erhaltung* festgelegt und damit von der aktiven Beteiligung an jeder Entwicklung getrennt. Im neuen Verständnis der Beziehung zwischen Natur und Gesellschaft ist die Naturhaftigkeit des Menschen selbst durch das weibliche Geschlecht repräsentiert.

Die Veränderung des gesellschaftlichen Naturverhältnisses entspricht der Industrialisierung und der Verallgemeinerung bürgerlich-familialer Lebensformen. Sie geht einher mit der durch Bevölkerungspolitik und Familienrecht abgesicherten Ausgrenzung weiblicher Reproduktionsarbeit aus der Geld- und Warenökonomie. Es sind die *objektiven Verhältnisse des 19. Jahrhunderts*, die den Fortschrittsgedanken in der Debatte über die Evolutionstheorie, über den »Platz des Menschen in der Natur« prägen. Da die Arbeit für die Produktion der Lebensmittel als das Kriterium bestimmt wird, das die Grenze zwischen Natur und Gesellschaft festlegt, erscheint die »Produktion« des menschlichen Lebens als bloße Biologie, werden Elternschaft und Geschlechterverhältnis auf ihre biologischen Dimensionen reduziert. In gesellschaftlichen Verhältnissen, in denen die Reproduktion als private, familiale Arbeit der Frau organisiert ist, bedeutet eine solche Grenze

21 Robert M. Young, *The Historiographic and Ideological Contexts of the Nineteenth-Century Debate on Man's Place in Nature*, in: *Changing Perspectives in the History of Science*, hg. von Mikulas Teich u. Robert M. Young, London 1973, S. 344-438.

für die Frau den »Entzug von Geschichte«[22] und Gesellschaftlichkeit.

In der Folge der politischen Auseinandersetzungen um die bürgerliche Ordnung und den Platz, den die Frauen darin einnehmen sollten, waren die Themen der Geschlechterdifferenz schon im 18. Jahrhundert zum Gegenstand der Naturwissenschaft geworden. Aber dabei hatten sich zugleich wesentliche Anschauungen dieser Wissenschaften verändert, denn nicht mehr der strikte cartesische Mechanismus, sondern ganzheitliche Konzepte wurden favorisiert. Nicht mehr der Unterschied der Geschlechtsorgane war von Interesse, vielmehr (daraus abgeleitet) die gesamte körperliche, moralische und geistige Verschiedenheit von Männern und Frauen versuchten die Anthropologen, Physiologen und Mediziner zu erfassen. Die Welt ihrer Vorstellungen wird von Ludmilla Jordanova als »cosmology of gender« charakterisiert; an diesem Ort wurde das »andere« Geschlecht geschaffen.[23]

Nun besteht das wissenschaftliche Resultat der Darwinschen Abstammungslehre gerade darin, die Entwicklung des Biologischen von der Geschlechterfrage zu trennen: als gestaltende Momente wirken in erster Linie Umwelteinflüsse und Selbstveränderung der Art. Möglich wird diese Erkenntnis durch den besonderen »Dreh« der Evolutionstheorie, nämlich durch die Überführung der Ideologie vom besonderen weiblichen Geschlechtscharakter, der im Rückgriff auf Natur noch begründet werden mußte, in eine wissenschaftliche Abstraktion, den Begriff der Art und der funktionalen Bestimmung des weiblichen Geschlechts. Während den naturhistorischen Begriffen ihre Herkunft aus einer patriarchalen Ideologie noch anzumerken war, geht ihre Spur in der Evolutions-

22 Vgl. Irmgard Schultz, *Julie & Juliette und die Nachtseite der Geschichte Europas. Naturwissen, Aufklärung und pathische Projektion in der »Dialektik der Aufklärung« von Adorno und Horkheimer*, in: *Zwielicht der Vernunft. Die Dialektik der Aufklärung aus der Sicht von Frauen*, hg. von Christine Kulke und Elvira Scheich, Pfaffenweiler 1993.

23 Vgl. dazu Ludmilla J. Jordanova, *Naturalizing the Family: Literature and the Bio-Medical Sciences in the Late Eighteenth Century*, in: *Language of Nature. Critical Essays on Science and Literature*, hg. von ders., New Brunswick 1986, S. 86-116; dies., *Sexual Visions. Images of Gender in Science, Medicine between the Eighteenth and the Twentieth Centuries*, Madison 1989; Claudia Honegger, *Die Ordnung der Geschlechter. Die Wissenschaften vom Menschen und das Weib 1750-1850*, Frankfurt 1991; Lieselotte Steinbrügge, *Das moralische Geschlecht. Theorien und literarische Entwürfe über die Natur der Frau in der französischen Aufklärung*, Weinheim/Basel 1987.

biologie verloren. Die biologischen Aussagen über das Geschlecht erscheinen deshalb unbezweifelbar und galten auch im feministischen Diskurs bis vor kurzem als eine verläßliche Größe. Wenn aber das biologische Geschlecht selbst eine Kategorie darstellt, deren spezifische gesellschaftliche Bedeutung zu rekonstruieren ist, wie ist dann die Unterscheidung zwischen »sex« und »gender« zu verstehen?[24] Das ist eine Frage, die es notwendig macht, das Verständnis von wissenschaftlicher Objektivität in der feministischen Kritik neu zu diskutieren.

Die Transformation von Ideologie in Abstraktion

Ich möchte an dieser Stelle noch einmal kurz bestimmen, worum es geht: Meine Überlegungen beziehen sich auf einen bestimmten Typus naturwissenschaftlicher Theorie, in der universal wirkende Naturgesetze angenommen werden. Das prominenteste Beispiel dafür ist Newtons Theorie der Gravitation. Auch Darwins Theorie der Evolution erklärt das Werden und Gewordensein der Arten, das Biologische, aus gleichbleibenden Mechanismen und Gesetzen. Beide Fälle haben gemeinsam, daß sie das wissenschaftliche Weltbild ihrer Zeit revolutionierten und sie »wirkliche« Theorien, d. h. experimentell nicht zu beweisen sind – obwohl es viele Experimente und Beobachtungen gibt, die damit zu erklären sind. Darin besteht die Qualität ihrer theoretischen Abstraktionen.

Das grundlegende Problem vieler Ansätze zu einer feministischen Forschung über die Biologie und besonders der Evolutionsbiologie besteht darin, daß sich die Kategorien einer naturwissenschaftlichen Theorie nicht beliebig durch andere ersetzen lassen, die andere gesellschaftliche Werte zum Ausdruck bringen. So läßt sich in der Evolutionstheorie nicht »Konkurrenz« durch »Wohlwollen« ersetzen[25], ohne daß ihr Erklärungswert – oder, wie Evelyn Fox Keller das genannt hat: ihr Erfolg – eingeschränkt wird. Die unvermittelte Entgegensetzung von zwei angeblich gleichermaßen möglichen Evolutions- und Naturvorstellungen bleibt

24 Zu einer ähnlichen Fragestellung aus der gesellschaftstheoretischen Perspektive kommt Judith Butler in ihrem Buch, *Das Unbehagen der Geschlechter*, Frankfurt/Main 1991.

25 Wie Gross und Averill, *Evolution und patriarchalische Mythen*, das tun, a. a. O.

wirkungslos, wenn es um wissenschaftliche Alternativen geht, und sie verfehlt die Aussagen der Darwinschen Theorie, die zu den Grundgedanken der neueren Ansätze in der Biologie und Ökologie gehören.[26] Eine rein ideologiekritische Herangehensweise in der feministischen Wissenschaftsforschung ist begrenzt auf die Auseinandersetzung mit den vorurteilsbelasteten und falschen Aussagen der Biologie über die Geschlechter bzw. mit biologistischen Argumenten zur Legitimation der Frauendiskriminierung.[27]

In welcher Weise aber die universale Struktur naturwissenschaftlicher Theorie und ihr Anspruch auf Objektivität von patriarchalen Verzerrungen bestimmt ist – vor allem, wenn sie sich auf andere Themen richtet, die nicht das Geschlecht zum Gegenstand haben –, läßt sich mit dem Hinweis auf kollektive Normen und ihre Abbildung in wissenschaftlichen Denkmustern nicht zureichend erklären. Denn die Herstellung einer wissenschaftlichen, intersubjektiven, objektiven »Wahrheit« läßt sich nicht unmittelbar und direkt auf politische Interessen zurückführen. Die Eigenständigkeit von Theorieentwicklung sperrt sich gegen ihre Reduktion auf bloße Ideologieproduktion. Deswegen ist es sinnvoll, zwei Formen der Gesellschaftlichkeit wissenschaftlichen Denkens zu unterscheiden: Ideologie und Abstraktion.

In die Bestimmung der biologischen Geschlechter*differenz* sind gesellschaftliche Wertvorstellungen und die Metaphorik einer patriarchalen Weiblichkeitsideologie eingegangen. Die Abstraktionen, die zentralen Kategorien der Evolutionstheorie aber reichen über einen konkreten historischen Kontext hinaus und abstrahieren eben auch von den partikularen Erfahrungen und Interessenlagen der Männer in dieser Gesellschaft und derer, die die Differenz

26 Die implizierte Gegenüberstellung von Evolutionsbiologie und (holistischer) Ökologie läßt nicht nur die Herkunft der Evolutionstheorie aus der Naturgeschichte außer acht, sie negiert auch die zentrale These Darwins, daß nämlich die *Selbst*veränderung der Art und die Entwicklung organischer Vielfalt sich in der Auseinandersetzung mit der Umwelt, also im ökologischen Kontext vollzieht, vgl. Maria Böhm/Michael Weingarten, *Evolution und feministische Mythen von Überfluß und Harmonie*, in: *Das Argument* 153 (1985), S. 725-727.

27 Das Thema solcher Kritik an der Biologie ist es, die Vorurteile ausfindig zu machen, die die Beobachtung und Beschreibung der Natur verzerren. Z.B. daß unsere Entwicklung zur menschlichen Kultur den männlichen Aktivitäten des Großwildjagens und Kriegführens zu verdanken sei oder daß ein Paarungsverhalten bei Enten als Vergewaltigung beschrieben wird. Vgl. Bleier, a.a.O., und Fausto-Sterling, a.a.O.

der Geschlechter definierten. Das abstrakte Denken der Naturwissenschaften verweist vielmehr auf die *Gesamtheit* der patriarchalen Gesellschaft, die alles andere als identisch mit dem Selbstverständnis ihrer Mitglieder ist, und zwar sowohl unterschieden von der herrschenden als auch den marginalen Vorstellungen. Ins Zentrum unserer Analyse rückt damit ein Begriff von wissenschaftlicher Objektivität, der sich nicht umstandslos auf die Gegenstände der Forschung, sondern den Blick auf seinen Ursprung in den Verhältnissen der materiellen Produktion und Reproduktion von Gesellschaft richtet.[28] Wir haben also zu fragen nach der Form der Vergesellschaftung und der Rolle des Geschlechter*verhältnisses* dabei, nach den Auswirkungen gesellschaftlicher Objektivität auf die abstrakten Denkstrukturen und die Form der Zusammenhänge, die erkannt werden.[29]

An einem Unterschied zwischen Newtonscher Gravitationstheorie und Darwins Theorie der Evolution läßt sich die Fortentwicklung formaler Vergesellschaftung und des bürgerlichen Patriarchats ablesen: im Entstehungszusammenhang der neuzeitlichen Physik wird die Arbeit und Gesellschaftlichkeit der Frau (»bloß«) negiert, während die moderne Biologie einer Gesellschaft entstammt, in und für deren Verhältnisse die Arbeit und Gesellschaftlichkeit des weiblichen Geschlechts nicht mehr wegzudenken ist. Sie existiert jedoch in besonderer Weise: nicht nur ausgegrenzt, sondern angeeignet und funktionalisiert. Und sie erscheint als Natur. Aufklärung und Naturgeschichte stritten noch um die Rolle der Frau, um das Verhältnis zwischen den Geschlechtern, dem evolutionären Denken aber ist ihre Unterordnung in einer Hierarchie eine fraglose Bedingung.

Im Entstehungszusammenhang einer erfolgreichen Theorie treffen beide Arten der Gesellschaftlichkeit, die Aspekte der symbolischen und der materiellen Reproduktion von Gesellschaft, zusammen, doch was ihr über diese besondere gesellschaftliche Epoche hinaus Geltung verschafft, ist die Ablösung aus den spezifischen Bedingungen ihrer Entstehungszeit. Was bleibt, sind die

28 Es ist dies ein Verständnis von Objektivität, wie es die Kritische Theorie entwikkelt hat. Vgl. Max Horkheimer, *Mittel und Zwecke*, in: ders., *Zur Kritik der instrumentellen Vernunft*, Frankfurt 1985, S. 15-62, und Alfred Sohn-Rethel, *Warenform und Denkform*, Frankfurt 1978.

29 Das habe ich weiter ausgeführt in: *Naturbeherrschung und Weiblichkeit. Denkformen und Phantasmen der modernen Naturwissenschaften*, a. a. O.

abstrakten Formen, Denkformen, die in den gesellschaftlichen Verhältnissen der Vergangenheit entstanden sind. Ihre Wirkung allerdings beschränkt sich nicht auf die Vergangenheit, in der Gestaltung gegenwärtiger Verhältnisse bis hin zur Verwissenschaftlichung von Erfahrung und Erleben sind die patriarchalen Traditionen präsent.[30] Die zweifache – gesellschaftliche und wissenschaftliche – Objektivierung garantiert den dauerhaften Erfolg einer Theorie, und es ist dieses Moment, die Umwandlung von Ideologie in Abstraktion, die die spezifische Objektivität moderner Wissenschaft ausmacht.

Unbewußte Gesellschaftlichkeit und wissenschaftliches Phantasma

Die kategoriale Struktur der Darwinschen Evolutionstheorie, der die Arterhaltung als Funktion des weiblichen Geschlechts zugrunde gelegt ist, wiederholt und verallgemeinert das Fortschrittsverständnis und die Geschlechterpolarisierung des 19. Jahrhunderts. Wissenschaft führte die Produktion jener gesellschaftlichen Unbewußtheit weiter, die sich in den Bestimmungen über die »Natur der Frau« Ausdruck verschaffte. Im Übergang von Ideologie zu Abstraktion wird Geschichte zum Verschwinden gebracht, nicht nur die der Frauen, auch die der biologischen Kategorien, des wissenschaftlichen Denkens selber. Ihre Stelle wird ausgefüllt vom Phantasma der Weiblichkeit, das alles zum Inhalt hat, was diese Gesellschaft an sich verleugnet, vor allem aber die Naturabhängigkeit der Gesellschaft und ihrer Individuen. Diese gesellschaftliche Wirklichkeit war im Geschlechterverhältnis den Frauen zugeordnet.

Nur: der Mythos von der unwandelbaren Weiblichkeit war inzwischen zur wissenschaftlichen Wahrheit geworden. Der Übergang von Ideologie zur Abstraktion war möglich gewesen, weil letztere mit der abstrakten Struktur des Vergesellschaftungszusammenhangs selbst korrespondierte. Die Ausgrenzung des Geschlechterverhältnisses, der Privatheit, der Reproduktionsarbeit aus dem gesellschaftlichen Zusammenhang der Geld- und Warenökonomie sichert zugleich, daß sie als »Natur« derselben Gesell-

30 Vgl. dazu die Arbeiten von Barbara Duden, *Geschichte unter der Haut*, Stuttgart 1987, und *Der Frauenleib als öffentlicher Ort*, a. a. O.

schaft sehr wohl zur Verfügung stehen. Diese komplementäre Form gesellschaftlicher Verhältnisse möchte ich als unbewußte Gesellschaftlichkeit der formalen Vergesellschaftung charakterisieren. Sie soll eine besondere Art und Weise bezeichnen, in der Frauen an der bürgerlich-patriarchalen Gesellschaft teilhaben: durch Ausgrenzung.

Die Abspaltung und Ausgrenzung der gesellschaftlichen Praxis und der Verhältnisse in der Reproduktionssphäre aus der Ökonomie richtet sich projektiv auf die Frauen, auf das weibliche Geschlecht. Die Un-Wahrheit dieser Verschiebung, die Wahrheiten nämlich, die in das Phantasma »Weiblichkeit« eingeschlossen sind, verbergen sich hinter dem Vermögen der neuzeitlichen Wissenschaft zur experimentellen Rekonstruktion der Natur und der Herstellung technischer Realität.

Aber: »Aufklärung ist mehr als Aufklärung, Natur, die in ihrer Entfremdung vernehmbar wird. Naturverfallenheit besteht in der Naturbeherrschung, ohne die Geist nicht existiert. Durch die Bescheidung, in der dieser als Herrschaft sich bekennt und in Natur zurücknimmt, zergeht ihm der herrschaftliche Anspruch, der ihn gerade der Natur versklavt.«[31]

Jenseits der Phantasmen von Naturbeherrschung und Weiblichkeit

Die abstrakten Theorien der Naturwissenschaften können weder als direktes Abbild der gesellschaftlichen Verhältnisse in der Produktion oder Reproduktion noch als Widerspiegelung gesellschaftlicher Ideologien interpretiert werden. Die Eigenständigkeit naturwissenschaftlicher Theoriebildung ergibt sich vielmehr aus dem Spannungsverhältnis von materiellen Verhältnissen und symbolischer Selbstdarstellung der Gesellschaft, d.h. für den hier untersuchten Aspekt aus der Widersprüchlichkeit von Geschlechterverhältnis und Geschlechterdifferenz.

Daraus folgt zum einen die enge Zusammengehörigkeit der beiden Phantasmen von technisch-wissenschaftlicher Naturbeherrschung und naturhaft-sinnlicher Weiblichkeit. Andererseits gehen aber auch die überschreitenden Qualitäten des abstrakten Den-

31 Max Horkheimer/Theodor W. Adorno, *Dialektik der Aufklärung*, Frankfurt 1971, S. 35.

kens aus genau solchen Widersprüchen hervor. Die besondere Form der Objektivität ist nicht mit Ahistorizität zu verwechseln, vielmehr gilt es, auch deren historischen Ort zu reflektieren und daran festzuhalten, »daß es Formen des Denkens *im Plural* gibt, daß die objektive Form der Erkenntnis *eine* besondere (und besonders erklärungsbedürftige Form) ist«.[32] Hier haben wir den »Maßstab des Erfolgs« zu diskutieren, von dem Evelyn Fox Keller am Ende ihres Beitrages zu diesem Buch spricht. Seine Wirksamkeit liegt nicht nur in dem begründet, was wir von der Naturwissenschaft wollen können, sondern hängt auch in sehr hohem Maße davon ab, inwieweit es uns gelingt, unsere anderen Ziele zu verwirklichen.[33]

Ich will meine Überlegungen zur Evolutionstheorie zusammenfassen: Mit dem Übergang von der Geschlechterideologie der Naturgeschichte zu den wissenschaftlichen Abstraktionen der Evolutionstheorie hat sich die politische Gestalt der neuen, bürgerlichen Gesellschaft und die Rolle, die Frauen darin einnehmen, entschieden. Erst mit der vollzogenen Reorganisation des Patriarchats zu Beginn der Industrialisierung führt die Thematisierung der »Natur des Menschen« endgültig zur Biologisierung einer gesellschaftlichen Praxis, die Frauen vorbehalten ist. Die ideologische Abwertung der Frau war ein entscheidender Faktor in der Gestaltung objektivierter Verhältnisse, in denen das Geschlechterverhältnis aus der Vergesellschaftung und die private Reproduktion aus der Ökonomie ausgegrenzt wird.

Der »Dreh« in der Entstehungsgeschichte der Evolutionstheorie wird bewirkt durch einen historischen Prozeß, in dem sich die private Reproduktion zur verallgemeinerten Bedingung der Warenproduktion herausbildet und sich das private Geschlechterverhältnis als unbewußte Gesellschaftlichkeit der formalen Vergesellschaftung etabliert. Die Enthistorisierung und Naturalisierung gesellschaftlicher Verhältnisse und gesellschaftlicher Praxis – vorzugsweise von Frauen –, die Vorstellungen von der »Polarisierung der Geschlechtscharaktere«[34] und Neubestimmung des gesell-

32 Bodo von Greiff, *Über materialistische Erkenntnistheorie und Emigration*, in: *Leviathan* 2 (1985), S. 311.

33 Vgl. Helen Longino, *Can There Be a Feminist Science*, in: *Feminism and Science*, hg. von Nancy Tuana, Bloomington 1989, S. 45-57.

34 Karin Hausen, *Die Polarisierung der »Geschlechtscharaktere« – Eine Spiegelung der Dissoziation von Erwerbs- und Familienleben*, in: *Seminar: Familie und Gesellschaftsstruktur*, hg. von Heidi Rosenbaum, Frankfurt 1980, S. 161-191.

schaftlichen Naturverhältnisses greifen ineinander und führen zu einer wissenschaftlichen Wahrheit über das weibliche Geschlecht, zur biologischen Bestimmung der Geschlechterdifferenz und ihrer Funktion als einer zentralen Kategorie im wissenschaftlichen System der Natur. Enthistorisierung und Biologisierung des Geschlechterverhältnisses sind Bedingungen jener Wissenschaft und Gesellschaft, die ideologisch und technisch die natürliche wie die gesellschaftliche Produktivität von Frauen nicht nur ausgrenzen, sondern sich *zugleich* aneignen.

Im modernen Weiblichkeitsmythos, dessen Verkörperung die Norm eines jeden Frauenlebens darstellt, werden die Abspaltungen der aufgeklärten Vernunft: das Private, Sinnliche, Emotionale, Naturhafte des menschlichen Zusammenlebens benannt. In dieser Konstellation steht Weiblichkeit für Geschichtslosigkeit, für das Unwandelbare der Gesellschaft. Dieser moderne Mythos hat jedoch jede »Tiefe«, jeglichen »religiösen« Inhalt eingebüßt und ist zur Verbildlichung, zur Allegorie verflacht. Die übriggebliebene Oberfläche und Oberflächlichkeit, die zur Typologie von Weiblichkeit gehört, bezeichnet den *Verlust* der Geschichte der Frauen in der Neuzeit, und zwar genau in einer Zeit, in der sich die Vorstellung des historischen Gewordenseins von Menschheit und Kultur herausbildet.

Aufgrund dieses Unterschieds trifft die Bezeichnung Phantasma auf die Rolle des modernen, wissenschaftlich begründeten Weiblichkeitsmythos besser zu: Wenn nicht mehr der *Inhalt* einer mythischen Erzählung auf Unbewußtgemachtes hinweist, sondern nur noch die Tatsache eines *Bildes* erahnen läßt, daß sich dahinter etwas verbirgt, was sich von seiner Darstellung auf der Oberfläche unterscheidet, so bleibt nur ein äußerst vager Hinweis auf die Verdrängung erhalten. Oder, wie dies zugespitzt zu formulieren wäre: »Es wird noch einmal verdrängt, daß etwas verdrängt wird.«[35] Durch die verschiebende Wirkung des Phantasmas wird die Erinnerung an etwas anderes unkenntlich, und wir können auch nicht mehr sicher sein, ob wir »dahinter« überhaupt eine Wahrheit über Frauen entdecken können.

Wenn wir uns also weder an das biologische Geschlecht noch an die kulturell definierte Weiblichkeit halten können, wäre dies viel-

35 Gernot Böhme, *Wissenschaft und Verdrängung. Ansätze zu einer psychoanalytischen Erkenntniskritik*, in: ders., *Alternativen der Wissenschaft*, Frankfurt 1980, S. 71.

leicht ein Motto für feministische Wissenschaft: »Deswegen ist Wissen, das nur nach Befriedigung strebt, nichts als eine Kurtisane, die nur dem Vergnügen und nicht der Fruchtbarkeit und Fortpflanzung dient.«[36]

36 Francis Bacon nach Kathrin Braun/Elisabeth Kremer, *Asketischer Eros und die Rekonstruktion der Natur zur Maschine*, Oldenburg 1987, S. 14.

Über die Autorinnen

Joan Cadden ist Professorin für Geschichte am Kenyon College in Ohio. Sie ist Autorin von »Meanings of Sex Difference in the Middle Ages: Medicine, Science, and Culture« (Cambridge University Press 1993). Sie hat sich intensiv mit Hildegard von Bingen, Albertus Magnus und anderen mittelalterlichen wissenschaftlichen und medizinischen Autoren auseinandergesetzt.

Donna Haraway ist Wissenschaftshistorikerin und Professorin am Institut »History of Consciousness Board«, University of California, Santa Cruz. Sie promovierte mit einer Arbeit in Biologie an der Yale University und beschäftigte sich lange mit der Geschichte der Primatenforschung. Sie ist u. a. Autorin von »Primate Visions: Gender, Race, and Nature in the World of Modern Science« (New York: Routledge 1989) und »Simians, Cyborgs, and Women. The Reinvention of Nature« (New York: Routledge 1991).

Evelyn Fox Keller erhielt ihren Ph. D. in theoretischer Physik an der Harvard University, arbeitete einige Jahre an den Schnittstellen von Physik und Biologie. Sie ist heute Professorin für Geschichte und Theorie der Naturwissenschaften im Programm »Science, Technology and Society« am MIT, Boston. Sie wurde bekannt als Autorin von »A Feeling for the Organism: The Life and Work of Barbara McClintock« (New York: Routledge 1983); »Reflections on Gender and Science« (dt. Liebe, Macht und Erkenntnis, München: Hanser 1986); und aktuell »Secrets of Life, Secrets of Death: Essays on Language, Gender and Science« (New York: Routledge 1993). Ihr gegenwärtiges Forschungsgebiet ist die Geschichte der Entwicklungsbiologie.

Barbara Orland studierte Sozialarbeit, Erwachsenenbildung, Geschichte und Politische Wissenschaften in Aachen und Berlin. Promotion mit einem technikhistorischen Thema an der Freien Universität Berlin. Sie ist derzeit wissenschaftliche Mitarbeiterin am Lehrstuhl für Wirtschafts- und Technikgeschichte an der Ruhr-Universität Bochum. Sie ist Bearbeiterin von »Haushalts(t)räume. Ein Jahrhundert Rationalisierung und Technisierung im privaten Haushalt« (Königstein i. Ts.: Langewiesche 1990) und Autorin von »Wäsche waschen. Technik- und Sozialgeschichte der häuslichen Wäschepflege« (Reinbek: Rowohlt 1991).

Jeanne Peiffer, 1948 in Mersch (Luxemburg) geboren. Studium der Mathematik in Freiburg (Schweiz). Promotion mit einem mathematikhistorischen Thema in Paris 1978. Sie ist seither als Mathematikhistorikerin tätig.

Hauptforschungsgebiet: die Analysis im 18. Jahrhundert, insbesondere die Rezeption der Leibnizschen Mathematik durch die Gebrüder Bernouilli in Frankreich.

Elvira Scheich, Diplom in Physik, Promotion in Politikwissenschaften. Derzeit arbeitet sie als wissenschaftliche Mitarbeiterin im Schwerpunkt »Wissenschaft und Kritik« am Hamburger Institut für Sozialforschung. Sie ist Mitherausgeberin von »Zwielicht der Vernunft. Die Dialektik der Aufklärung aus der Sicht von Frauen« (Pfaffenweiler: Centaurus 1992). Sie ist Autorin von »Naturbeherrschung und Weiblichkeit. Denkformen und Phantasmen der modernen Naturwissenschaften« (Pfaffenweiler: Centaurus 1993).

Londa Schiebinger ist Professorin für Geschichte und Women's Studies an der Pennsylvania State University in den USA. Ihr Buch »The Mind Has No Sex? Women in the Origins of Modern Science (Cambridge, Mass.: Harvard University Press 1989) erschien 1993 in deutscher Übersetzung unter dem Titel »Schöne Geister: Frauen in den Anfängen der modernen Wissenschaft« (Stuttgart: Klett-Cotta). Sie ist außerdem Autorin von »Nature's Body: Gender in the Making of Modern Science« (Boston: Beacon Press 1993).

Ruth Lewin Sime, geboren 1939 in New York City, wurde graduiert am Barnard College 1960 und promovierte 1964 in Chemie an der Harvard University. Seitdem hat sie vor allem Chemie unterrichtet, mit besonderem Interesse für Frauen und andere Minoritäten in den mathematisch orientierten Naturwissenschaften. Seit 1968 unterrichtet sie am Sacramento City College in Kalifornien. Ihre Aufmerksamkeit für Lise Meitners Leben und Arbeit entstand im Rahmen eines Seminars zu Frauen in den Naturwissenschaften, als sie feststellen mußte, daß Meitner bislang nur wenig wissenschaftliches Interesse entgegengebracht worden war. Derzeit beendet sie eine Biographie über Lise Meitner.

Nancy Tuana ist Associate Professor für Ideengeschichte an der University of Dallas in Texas. Sie ist Autorin von »Woman and the History of Philosophy« (Paragon 1992) und »The Misbegotten Man: Scientific, Religious, and Philosophical Conceptions of Woman's Nature« (Indiana University Press). Sie ist gemeinsam mit Rosemarie Tong Herausgeberin von »Feminism and Science, Feminism and Philosophy: Essential Readings in Theory, Reinterpretation, and Application« (Paragon 1992), und gemeinsam mit Eve Browning Cole von »Heart and Mind: Essays in Feminist Philosophy« (Paragon 1993). Sie gibt weiterhin den Newsletter on Feminism and Philosophy der American Philosophical Association heraus.

GENDER STUDIES
in der edition suhrkamp

Benhabib, Seyla
Selbst und Kontext. Geschlecht, Gemeinschaft und Postmoderne in der zeitgenössischen Ethik. es 1725

Butler, Judith
Das Unbehagen der Geschlechter. Aus dem Amerikanischen von Kathrina Menke. es 1722

Fraser, Nancy
Widerspenstige Praktiken. Macht, Diskurs, Geschlecht. es 1726

Das Geschlecht der Natur. Feministische Beiträge zur Geschichte und Theorie der Naturwissenschaften. Herausgegeben von Barbara Orland und Elvira Scheich. es 1727

Hahn, Barbara
Unter falschem Namen. Von der schwierigen Autorschaft der Frauen. es 1723

List, Elisabeth
Die Präsenz des Anderen. es 1728

Reflexionen vor dem Spiegel. Herausgegeben von Farideh Akashe-Böhme. Mit zahlreichen Abbildungen. es 1724

Von fremden Stimmen. Weibliches und männliches Sprechen im Kulturvergleich. Herausgegeben von Susanne Günthner und Helga Kotthoff. es 1721

317/1/9.93

Frauenforschung und Feminismus im Suhrkamp Taschenbuch Verlag

Aus der Zeit der Verzweiflung. Zur Genese und Aktualität des Hexenbildes. Beiträge von Gabriele Becker, Silvia Bovenschen, Helmut Brackert, Sigrid Brauner, Ines Brenner, Gisela Morgenthal, Klaus Schneller, Angelika Tümmler. es 840

Johann Jakob Bachofen: Das Mutterrecht. Eine Untersuchung über die Gynaikokratie der alten Welt nach ihrer religiösen und rechtlichen Natur. Eine Auswahl, herausgegeben von Hans-Jürgen Heinrichs. stw 135

Seyla Benhabib: Selbst und Kontext. Geschlecht, Gemeinschaft und Postmoderne in der zeitgenössischen Ethik. es 1725

Berühmte Frauen. Kalender 1992. Erstellt von Luise F. Pusch. st 1992

Berühmte Frauen. Kalender 1993. Von Luise F. Pusch. st 1993

Berühmte Frauen. Kalender 1994. Von Luise F. Pusch. st 1994

Berühmte Frauen. Kalender 1995. Von Luise F. Pusch. st 1995

Silvia Bovenschen: Die imaginierte Weiblichkeit. Exemplarische Untersuchungen zu kulturgeschichtlichen und literarischen Präsentationsformen des Weiblichen. es 921

Briefe berühmter Frauen. Von Liselotte von der Pfalz bis Rosa Luxemburg. Herausgegeben von Claudia Schmölders. it 1505

Judith Butler: Das Unbehagen der Geschlechter. Aus dem Amerikanischen von Kathrina Menke. es 1722

Caroline Walker Bynum: Fragmentierung und Erlösung. Aus dem Amerikanischen von Brigitte Große. es 1731

Dekonstruktiver Feminismus. Literaturwissenschaft in Amerika. Herausgegeben von Barbara Vinken. es 1678

Denksachen. Zur theoretischen und institutionellen Rede vom Geschlecht. Herausgegeben von Gesa Lindemann und Theresa Wobbe. es 1729

Denkverhältnisse. Feminismus und Kritik. Herausgegeben von Elisabeth List und Herlinde Studer. es 1407

Feminismus. Inspektion der Herrenkultur. Ein Handbuch. Herausgegeben von Luise F. Pusch. es 1192

Nancy Fraser: Widerspenstige Praktiken. Macht, Diskurs, Geschlecht. es 1726

Frauen, die pfeifen. Verständigungstexte. Herausgegeben von Ruth Geiger, Hilke Holinka, Claudia Rosenkranz, Sigrid Weigel. es 968

Dagmar von Gersdorff: Dich zu lieben kann ich nicht verlernen. Das Leben der Sophie Brentano-Mereau. it 1276

Das Geschlecht der Natur. Feministische Beiträge zur Geschichte und Theorie der Naturwissenschaften. Herausgegeben von Barbara Orland und Elvira Scheich. es 1727

104/1/8.94

Frauenforschung und Feminismus im Suhrkamp Taschenbuch Verlag

Geschlechtsverhältnisse und Politik. Herausgegeben vom Institut für Sozialforschung Frankfurt. Redaktion: Katharina Pühl. es 1730

Susan Griffin: Frau und Natur. Das Brüllen in ihr. Aus dem Amerikanischen von Renate Stendhal. es 1405

Barbara Hahn: Unter falschem Namen. Von der schwierigen Autorschaft der Frauen. es 1723

Gunnar Heinsohn / Rolf Knieper / Otto Steiger: Menschenproduktion. Allgemeine Bevölkerungstheorie der Neuzeit. es 914

Die Hexen der Neuzeit. Studien zur Sozialgeschichte eines kulturellen Deutungsmusters. Herausgegeben von Claudia Honegger. es 743

Luce Irigaray: Ethik der sexuellen Differenz. es 1362

– Speculum. Spiegel des anderen Geschlechts. Aus dem Französischen übersetzt von Xenia Rajewsky, Gabriele Ricke, Gerburg Treusch-Dieter und Regine Othmer. es 946

Ann Jones: Frauen, die töten. Aus dem Amerikanischen von Ebba D. Drolshagen. es 1350

Die Listen der Mode. Herausgegeben von Silvia Bovenschen. es 1338

Lohn: Liebe. Zum Wert der Frauenarbeit. Herausgegeben von Alice Schwarzer. es 1225

Mütter berühmter Männer. Zwölf biographische Portraits. Herausgegeben von Luise F. Pusch. it 1356

Ulrike Prokop: Weiblicher Lebenszusammenhang. Von der Beschränktheit der Strategien und der Unangemessenheit der Wünsche. es 808

Psychoanalyse der weiblichen Sexualität. Herausgegeben von Janine Chasseguet-Smirgel. Aus dem Französischen übersetzt von Grete Osterwald. es 697

Luise F. Pusch: Alle Menschen werden Schwestern. Feministische Sprachkritik. es 1565

– Das Deutsche als Männersprache. Aufsätze und Glossen zur feministischen Linguistik. es 1217

Rechtsalltag von Frauen. Herausgegeben von Ute Gerhard und Jutta Limbach. es 1423

Reflexionen vor dem Spiegel. Herausgegeben von Farideh Akashe-Böhme. Mit zahlreichen Abbildungen. es 1724

Adrienne Rich: Um die Freiheit schreiben. Beiträge zur Frauenbewegung. Aus dem Amerikanischen von Barbara von Bechtolsheim. es 1583

Heidi Rosenbaum: Formen der Familie. Untersuchung zum Zusammenhang von Familienverhältnissen, Sozialstruktur und sozialem Wandel in der deutschen Gesellschaft des 19. Jahrhunderts. stw 374

104/2/8.94

Frauenforschung und Feminismus im Suhrkamp Taschenbuch Verlag

Giselher Rüpke: Schwangerschaftsabbruch und Grundgesetz. Eine Antwort auf das in der Entscheidung des Bundesverfassungsgerichts vom 25. 2. 1975 ungelöste Verfassungsproblem. Nachwort von Peter Schneider. es 815

Werner Schiffauer: Die Gewalt der Ehre. Erklärungen zu einem deutsch-türkischen Sexualkonflikt. st 894

Schreibende Frauen. Frauen – Literatur – Geschichte. Vom Mittelalter bis zur Gegenwart. Herausgegeben von Hiltrud Gnüg und Renate Möhrmann. st 1603

Schwestern berühmter Männer. Zwölf biographische Porträts. Herausgegeben von Luise F. Pusch. Redaktionelle Mitarbeit: Jutta Wasels. it 796 und st 2348

Bram van Stolk / Cas Wouters: Frauen im Zwiespalt. Zwischen Frauenhaus und Zuhause: Beziehungsprobleme im Wohlfahrtsstaat. Übersetzt von Michael Schröter. Mit einem Vorwort von Norbert Elias. stw 685

Töchter berühmter Männer. Neun biographische Portraits. Herausgegeben von Luise E. Pusch. it 979 und st 2349

Von fremden Frauen. Frausein und Geschlechterbeziehungen in nichtindustriellen Gesellschaften. Herausgegeben von der Arbeitsgruppe Ethnologie, Wien. stw 784

Von fremden Stimmen. Weibliches und männliches Sprechen im Kulturvergleich. Herausgegeben von Susanne Günthner und Helga Kotthoff. es 1721

Wahnsinnsfrauen. Herausgegeben von Sibylle Duda und Luise F. Pusch. Erstausgabe. st 1876

Wahnsinnsfrauen. Elf biographische Portraits. Herausgegeben von Sybille Duda und Luise F. Pusch. st 2351

Ingeborg Weber-Kellermann: Die deutsche Familie. Versuch einer Sozialgeschichte. st 185

Weiblichkeit in geschichtlicher Perspektive. Fallstudien und Reflexionen zu Grundproblemen der historischen Frauenforschung. Herausgegeben von Ursula A. J. Becher und Jörn Rüsen. stw 725

Uwe Wesel: Der Mythos vom Matriarchat. Über Bachofens Mutterrecht und die Stellung von Frauen in frühen Gesellschaften vor der Entstehung staatlicher Herrschaft. stw 333

Wie männlich ist die Wissenschaft? Herausgegeben von Karin Hausen und Helga Nowotny. stw 590

104/3/8.94

Literatur von Frauen
im Suhrkamp Taschenbuch Verlag

Isabel Allende: Eva Luna. Roman. Aus dem Spanischen von Lieselotte Kolanoske. st 1897
– Das Geisterhaus. Roman. Aus dem Spanischen von Anneliese Botond. st 1676
– Die Geschichten der Eva Luna. Aus dem Spanischen von Lieselotte Kolanoske. st 2193
– Der unendliche Plan. Roman. Aus dem Spanischen von Lieselotte Kolanoske. st 2302
– Von Liebe und Schatten. Roman. Aus dem Spanischen von Dagmar Ploetz. st 1735
Vita Andersen: Welche Hand willst du? Roman. Aus dem Dänischen von Angelika Gundlach. st 2225
Ruth Andreas-Friedrich: Der Schattenmann. Tagebuchaufzeichnungen 1938-1945. Mit einem Nachwort von Jörg Drews. st 1267
– Schauplatz Berlin. Tagebuchaufzeichnungen 1945-1948. st 1294
Lou Andreas-Salomé: Lebensrückblick. Grundriß einiger Lebenserinnerungen. Aus dem Nachlaß herausgegeben von Ernst Pfeiffer. st 2340
Bettine von Arnim: Die Günderode. Mit einem Essay von Christa Wolf. st 2341
Ingeborg Bachmann: Malina. Roman. st 641
– Malina. Roman. st 2346
Emmy Ball-Hennings: Gefängnis. st 1936
Djuna Barnes: Nachtgewächs. Roman. Deutsch von Wolfgang Hildesheimer. Mit einer Einleitung von T.S. Eliot. st 2195
– Ryder. Aus dem Amerikanischen von Henriette Beese. Mit elf Zeichnungen der Autorin. st 1638
Margrit Baur: Ausfallzeit. Eine Erzählung. st 1617
– Überleben. Eine unsystematische Ermittlung gegen die Not aller Tage. st 1098
Sylvia Beach: Shakespeare and Company. Ein Buchladen in Paris. Aus dem Amerikanischen von Lilly v. Sauter. st 823
Maria Beig: Hermine. Ein Tierleben. Mit einem Nachwort von Martin Walser. st 1303
– Hochzeitslose. Roman. Mit einem Nachwort von Martin Walser. st 1163
– Kuckucksruf. Roman. st 1825
– Minder oder Zwei Schwestern. Roman. st 1609
– Rabenkrächzen. Eine Chronik aus Oberschwaben. Roman. Mit einem Nachwort von Martin Walser. st 911
– Die Törichten. Roman. st 2219

110/1/8.94

Literatur von Frauen im Suhrkamp Taschenbuch Verlag

Maria Beig: Urgroßelternzeit. Erzählungen. st 1383
Marija Belkina: Die letzten Jahre der Marina Zwetajewa. Aus dem Russischen von Schamma Schahadat und Dorothea Trottenberg. st 2213
Charlotte Beradt: Das Dritte Reich des Traums. Mit einem Nachwort von Reinhart Koselleck. st 2321
Ulla Berkéwicz: Adam. st 1664
– Engel sind schwarz und weiß. Roman. st 2296
– Maria, Maria. Drei Erzählungen. st 1809
– Michel, sag ich. st 1530
Tania Blixen: Ehrengard. Aus dem Englischen von Fritz Lorch. Mit einem Nachwort von Brigitte Kronauer. st 1770
– Moderne Ehe und andere Betrachtungen. Aus dem Dänischen von Walter Boehlich. Mit einem Nachwort von Hanns Grössel. st 1971
Margarete Böhme: Tagebuch einer Verlorenen. Von einer Toten. Neu herausgegeben und mit einem Nachwort versehen von Hanne Kulessa. st 1640
Carmen Boullosa: Sie sind Kühe, wir sind Schweine. Roman. Aus dem Spanischen von Erna Pfeiffer. es 1866
Karin Boye: Kallocain. Utopischer Roman. Aus dem Schwedischen von Hermine Clemens. st 2260
Briefe von Frauen über Krieg und Nationalismus. Aus dem Slowenischen von Marina Einspieler, aus dem Serbokroatischen von Barbara Antkowiak, Angela Richter und Mechthild Schäfer. Mit einem Beitrag von Duŝka Periŝeć-Osti. es 1811
Charlotte Brontë: Jane Eyre. Eine Autobiographie. Aus dem Englischen von Helmut Kossodo. Mit einem Essay und einer Bibliographie herausgegeben von Norbert Kohl. st 2342
Judith Butler: Das Unbehagen der Geschlechter. Aus dem Amerikanischen von Kathrina Menke. es 1722
Antonia Byatt: Besessen. Roman. Aus dem Englischen von Melanie Walz. st 2376
Leonora Carrington: Unten. Aus dem Französischen von Edmund Jacoby. st 2343
Colette: Diese Freuden. Aus dem Französischen von Maria Dessauer. st 2154
Ruth Dinesen: Nelly Sachs. Eine Biographie. Aus dem Dänischen von Gabriele Gerecke. st 2270
Irene Dische: Der Doktor braucht ein Heim. Erzählung. Aus dem Amerikanischen von Reinhard Kaiser. st 2147
Esther Dischereit: Joëmis Tisch. Eine jüdische Geschichte. es 1492

110/2/8.94

110/3/8.94

110/4/8.94

Literatur von Frauen
im Suhrkamp Taschenbuch Verlag

Claire Tomalin: Katherine Mansfield. Eine Lebensgeschichte. Aus dem Englischen von Eike Schönfeld. st 2336

Angeles Mastretta: Frauen mit großen Augen. Aus dem Spanischen von Monika López. st 2297

– Mexikanischer Tango. Roman. Aus dem Spanischen von Monika López. st 1787

Friederike Mayröcker: Die Abschiede. st 1408

– Ausgewählte Gedichte. 1944–1978. st 1302

– Magische Blätter. es 1202

– Magische Blätter II. es 1421

– Magische Blätter III. es 1646

Alice Miller: Am Anfang war Erziehung. st 951

– Bilder einer Kindheit. 66 Aquarelle und ein Essay. st 1158

– Das Drama des begabten Kindes und die Suche nach dem wahren Selbst. st 950

– Du sollst nicht merken. Variationen über das Paradies-Thema. Mit einem neuen Nachwort (1983). st 952

Rosa Montero: Geliebter Gebieter. Roman. Aus dem Spanischen von Susanne Ackermann. st 1879

– Ich werde dich behandeln wie eine Königin. Roman. Aus dem Spanischen von Susanne Ackermann. st 1944

– Zittern. Roman. Aus dem Spanischen von Susanne Ackermann. st 2396

Barbara Neuwirth: Dunkler Fluß des Lebens. Erzählungen. st 2399

Oba Minako: Träume fischen. Roman. Aus dem Japanischen übertragen von Bruno Rhyner. st 2390

Judith Offenbach: Sonja. Eine Melancholie für Fortgeschrittene. st 688

Fabienne Pakleppa: Die Himmelsjäger. Roman. st 2214

J. J. Phillips: Mojo Hand. Eine orphische Geschichte. Aus dem Amerikanischen von Barbara Henninges. es 1574

Linda Wagner-Martin: Sylvia Plath. Eine Biographie. Aus dem Englischen von Sabine Techel. st 2337

Elena Poniatowska: Lieber Diego. Aus dem Spanischen von Astrid Schmitt. st 1592

– Stark ist das Schweigen. Vier Reportagen aus Mexiko. Aus dem Spanischen von Anna Jonas und Gerhard Poppenberg. Mit Abbildungen. st 1438

Ilma Rakusa: Die Insel. Erzählung. st 1964

– Jim. Sieben Dramolette. es 1880

– Steppe. Eine Erzählung. es 1634

110/6/8.94

Literatur von Frauen
im Suhrkamp Taschenbuch Verlag

Gerlind Reinshagen: Drei Wünsche frei. Fünf Theaterstücke. Mit einem Nachwort von Anke Roeder. st 1817

Der Riß am Himmel. Science-fiction von Frauen. Herausgegeben von Karin Ivancsics. Übersetzt von Peter Hiess. st 2175

Christiane Rochefort: Frühling für Anfänger. Roman. Aus dem Französischen von Eugen Helmlé. st 532

– Kinder unserer Zeit. Roman. Aus dem Französischen von Walter Maria Guggenheimer. st 487

– Das Ruhekissen. Roman. Aus dem Französischen von Ernst Sander. st 379

– Die Tür dahinten. Roman. Aus dem Französischen von Eugen Helmlé. st 2160

– Zum Glück gehts dem Sommer entgegen. Roman. Aus dem Französischen von Eugen Helmlé. st 523

Mercè Rodoreda: Auf der Plaça del Diamant. Roman. Aus dem Katalanischen von Hans Weiss. Mit einem Nachwort von Gabriel García Márquez. st 977

– Der zerbrochene Spiegel. Roman. Aus dem Katalanischen von Angelika Maass. st 1494

Friederike Roth: Die einzige Geschichte. Theaterstück. es 1368

– Das Ganze ein Stück. Theaterstück. es 1399

– Krötenbrunnen. Ein Stück. es 1319

Renate Rubinstein: Immer verliebt. Aus dem Niederländischen von Rahel E. Feilchenfeldt. es 1337

– Nichts zu verlieren und dennoch Angst. Notizen nach einer Trennung. Aus dem Niederländischen übersetzt von Johannes Piron. Mit einem Vorwort von Norbert Elias. es 1022 und st 2230

– Sterben kann man immer noch. Notizen von einer Krankheit. Aus dem Niederländischen von Helga van Beuningen. es 1433

Erika Runge: Frauen. Versuche zur Emanzipation. es 359

Nelly Sachs: Fahrt ins Staublose. Gedichte. st 1485

Das Buch der Nelly Sachs. Herausgegeben von Bengt Holmquist. st 398

George Sand: Geschichte meines Lebens. Aus ihrem autobiographischen Werk ausgewählt und mit einer Einleitung versehen von Renate Wiggershaus. st 2345

Rahel Sanzara: Das verlorene Kind. Roman. Mit einem Nachwort von Peter Engel. st 910

Kathrin Schmidt: Flußbild mit Engel. es 1931

Ginka Steinwachs: G-L-Ü-C-K. rosa prosa. Originalfälschung. es 1711

110/7/8.94

Literatur von Frauen
im Suhrkamp Taschenbuch Verlag

Marlene Streeruwitz: New York. New York. Elysian Park. Zwei Stücke. es 1800

– Waikiki-Beach. Sloane Square. Zwei Stücke. es 1786

Karin Struck: Kindheits Ende. Journal einer Krise. es 1123

– Klassenliebe. Roman. es 629

Zulmira Ribeiro Tavares: Familienschmuck. Erzählung. Aus dem brasilianischen Portugiesisch von Maralde Meyer-Minnemann. es 1920

Sabine Techel: Es kündigt sich an. Gedichte. es 1370

Gabriele Tergit: Atem einer anderen Welt. Berliner Reportagen. Herausgegeben und mit einem Nachwort versehen von Jens Brüning. Erstausgabe. st 2280

Dubravka Ugrešić: My American Fictionary. Aus dem Kroatischen von Barbara Antkowiak. es 1895

Wahnsinnsfrauen. Herausgegeben von Sibylle Duda und Luise F. Pusch. Erstausgabe. st 1876

Wahnsinnsfrauen. Elf biographische Portraits. Herausgegeben von Sybille Duda und Luise F. Pusch. st 2351

Quentin Bell: Virginia Woolf. Eine Biographie. Aus dem Englischen von Arnold Fernberg. st 2338

Dorothea Zeemann: Das heimliche Fest. Roman. st 1285

– Jungfrau und Reptil. Leben zwischen 1945 und 1972. st 776

– Eine unsympathische Frau. Erzählungen. st 2224

Maria Razumovsky: Marina Zwetajewa. Eine Biographie. st 2339

110/8/8.94